ERGEBNISSE DER BIOLOGIE

HERAUSGEGEBEN VON

H. AUTRUM · E. BÜNNING · K. v. FRISCH
E. HADORN · A. KÜHN · E. MAYR · A. PIRSON
J. STRAUB · H. STUBBE · W. WEIDEL

REDIGIERT VON

H. AUTRUM

EINUNDZWANZIGSTER BAND

MIT 42 ABBILDUNGEN

SPRINGER-VERLAG
BERLIN · GÖTTINGEN · HEIDELBERG
1959

ISBN-13: 978-3-540-02379-1   e-ISBN-13: 978-3-642-94739-1
DOI: 10.1007/978-3-642-94739-1

Inhaltsverzeichnis

Die Nitratreduktion grüner Pflanzen

Von Erich Kessler, Marburg a. d. Lahn

Aus dem Botanischen Institut der Universität Marburg a. d. Lahn

Inhaltsübersicht

I. Einleitung

Das Nitrat stellt für die meisten Pflanzen die wichtigste natürliche N-Quelle dar. Da der Stickstoff jedoch in fast allen Fällen erst in reduzierter Form in organische Bindung übergeführt werden kann, muß im allgemeinen der N-Assimilation zunächst die Nitratreduktion vorausgehen, ein Vorgang, der damit im Stickstoffhaushalt der Pflanzen eine ähnlich fundamentale Rolle spielt wie die Photosynthese im Kohlenstoffhaushalt.

Während im Bereich der Mikroorganismen, vor allem der Bakterien, dem Nitrat außer seiner Rolle in der Stickstoff-Ernährung in vielen Fällen noch eine wichtige Funktion als H-Acceptor bei respiratorischen Prozessen unter anaeroben Bedingungen zukommt [„dissimilatorische Nitratreduktion", „Nitrat-Respiration", „Denitrifikation", vgl. Verhoeven (1956), Taniguchi, Sato und Egami (1956), Sato (1956)], kann man die Nitratreduktion der grünen Pflanzen wohl fast ausschließlich unter dem Aspekt der N-Assimilation betrachten. Eine interessante Ausnahme von dieser Regel liegt vor bei Keimpflanzen von *Vigna sesquipedalis*. In den Kotyledonen dieser Leguminose dient das Nitrat unter anaeroben Bedingungen als H-Acceptor für respiratorische Vorgänge und wird dabei zum Nitrit reduziert, während in den übrigen Teilen der Keimpflanzen nur die aerobe assimilatorische Nitratreduktion erfolgen kann [Kumada (1953), Egami u. Mitarb. (1957)]. Auch bei der anaeroben Reduktion von Nitrat und Nitrit mit molekularem Wasserstoff durch solche Grünalgen, die das Enzym Hydrogenase besitzen, handelt es sich offenbar um einen Fall von dissimilatorischer Nitratreduktion [Kessler (1957a)].

In seiner allgemeinsten Form läßt sich der Vorgang der Nitratreduktion wiedergeben durch die Gleichung

$$HNO_3 + 8(H) \rightarrow NH_3 + 3H_2O \,.$$

Für die Reduktion eines Moleküls Nitrat bis zum Ammoniak müssen also 8 (H) bzw. 8 Elektronen aufgewendet werden. Die Herkunft dieses Wasserstoffs und der für den Verlauf dieser Reaktion notwendigen Energie, d. h. die Kopplung der Nitratreduktion an den Stoffwechsel der Zelle, stellt eines der wichtigsten Probleme bei der Erforschung der Physiologie dieses Vorgangs dar. Eng damit verknüpft ist die biochemische Frage nach dem Mechanismus der Wasserstoff-(bzw. Elektronen-)Übertragung sowie der Natur der nitratreduzierenden Enzyme. Darüber hinaus ergibt sich das Problem, welche Zwischenprodukte bei der Reduktion des Nitrats bis zum Ammoniak auftreten.

Die Biochemie der Nitratreduktion konnte in den letzten Jahren, vor allem durch die Arbeiten von EVANS, NASON und NICHOLAS sowie EGAMI, SATO u. Mitarb. weitgehend aufgeklärt werden [vgl. NASON (1956), EVANS (1956), NICHOLAS (1957b), SPENCER (1958)]. Die wichtigsten Probleme für die weitere Forschung bestehen nun darin, festzustellen, ob die in vitro erhaltenen Befunde über den Mechanismus der Nitratreduktion auch in vivo und bei *allen* Pflanzen Gültigkeit besitzen, oder ob verschiedene Wege der Reduktion des Nitrats in verschiedenen Organismen beschritten werden. Daß die Möglichkeit unterschiedlicher Reduktionsmechanismen durchaus besteht, geht z. B. aus den Untersuchungen von SILVER u. McELROY (1954) hervor [vgl. auch SATO (1956), DE LA HABA (1950)]. Auch die Tatsache, daß es im tierischen und im pflanzlichen Organismus Enzyme gibt, welche — wie z. B. Aldehydoxydase und Xanthinoxydase — in vitro Nitrat zu reduzieren vermögen [MAHLER u. Mitarb. (1954), MACKLER u. Mitarb. (1954)], ohne deshalb normalerweise in vivo an der Nitratreduktion beteiligt zu sein, läßt eine gewisse Vorsicht bei der Übertragung der in vitro erhaltenen Befunde auf die Verhältnisse in vivo ratsam erscheinen. Außerdem gilt es, die mannigfachen Beziehungen zwischen den anderen Stoffwechselprozessen und der Nitratreduktion weiter aufzuklären.

Im folgenden soll versucht werden, einen Überblick über den gegenwärtigen Stand unserer Kenntnis der Nitratreduktion grüner Pflanzen zu geben. An Bakterien oder Pilzen durchgeführte Untersuchungen werden nur dann berücksichtigt, wenn ihre Ergebnisse von allgemeiner Bedeutung sind. Unser Bericht stützt sich hauptsächlich auf die in den letzten 15 Jahren erschienenen Arbeiten, da die ältere Literatur in mehreren zusammenfassenden Abhandlungen bereits eingehend besprochen worden ist [BURSTRÖM (1945), NIGHTINGALE (1937, 1948), STREET (1949), McKEE (1949), VIRTANEN u. RAUTANEN (1952)].

II. Physiologie der Nitratreduktion

1. Zwischenprodukte

Wie bei den meisten in mehreren Reaktionsschritten verlaufenden biochemischen Prozessen kommt es auch bei der Nitratreduktion gewöhnlich nicht zu einer meßbaren Anhäufung von Zwischenprodukten.

Um diese abzufangen und dem chemischen Nachweis zugänglich zu machen, bedarf es experimenteller Eingriffe, die im günstigsten Fall die Nitratreduktion auf einer sonst glatt durchlaufenen Stufe zu blockieren vermögen. Als solche kommen in erster Linie die Anwendung spezifischer Stoffwechselgifte sowie die Erzeugung biochemischer Mutanten mit Hilfe energiereicher Strahlungen in Frage. Weiterhin ist zu beachten, daß an ein normales Zwischenprodukt die Forderung gestellt werden muß, daß es vom lebenden Organismus mindestens ebenso schnell verarbeitet wird wie das Nitrat selbst.

a) Nitrit. Bereits seit langem wurde das Nitrit für das erste Zwischenprodukt der pflanzlichen Nitratreduktion gehalten. Während es bei heterotrophen Mikroorganismen, den Bakterien und Pilzen, häufig gelang, Nitrit in reichlichen Mengen im Kulturmedium bei der Nitratreduktion nachzuweisen, lagen für grüne Pflanzen lange Zeit nur wenige und meist unsichere Befunde vor [vgl. BURSTRÖM (1945), MEVIUS (1958)]. Der einzige Fall einer starken Nitritanhäufung unter definierten experimentellen Bedingungen (*Chlorella*, Anaerobiose im „Nitratgemisch", p_H 2,0) wurde sogar als eine pathologische Nebenreaktion ohne physiologische Bedeutung betrachtet [WARBURG u. NEGELEIN (1920)], weil die Nitritbildung sich im Gegensatz zur normalen Nitratreduktion als unempfindlich gegen Cyanid erwies. Im Gewebe höherer Pflanzen gestaltet sich der Nachweis des Nitrits besonders schwierig wegen dessen Instabilität und Reaktionsfähigkeit. Nur selten wurde deshalb das Auftreten geringer Nitritmengen in Blättern und Wurzeln beobachtet [z. B. NANCE (1948, 1950), VIRTANEN u. SAUBERT-V. HAUSEN (1951), KUMADA (1953), SPENCER u. WOOD (1954), EGAMI u. Mitarb. (1957)]. In Maceraten und Extrakten kommt die Gefahr einer Infektion des Versuchsmaterials mit nitritbildenden Bakterien hinzu [vgl. BURSTRÖM (1945), WOOD (1953)]. Bei einzelligen Grünalgen läßt sich dagegen im allgemeinen ohne große Schwierigkeit zeigen, daß das Nitrit ein Zwischenprodukt der Nitratreduktion ist [MAYER (1952), KESSLER (1952, 1953a, b, 1955), OMURA (1954), BONGERS (1956)]. So kommt es bei *Ankistrodesmus braunii* in nitrathaltiger Nährlösung im Dunkeln unterhalb von p_H 4 zu einer Anhäufung von Nitrit, deren Stärke zunimmt mit steigender Acidität der Nährlösung [KESSLER (1952, 1953a)]. Dies liegt an einer Hemmung der weiteren Reduktion des Nitrits im stärker sauren p_H-Bereich bei gleichzeitiger Verstärkung der Reaktion Nitrat → Nitrit. Die gleiche auf einer unterschiedlichen p_H-Abhängigkeit von Nitrat- und Nitritreduktion beruhende Methode läßt sich auch bei *Scenedesmus quadricauda* anwenden, nur daß hier bereits unterhalb von p_H 7 die Nitritbildung gegenüber der Nitritreduktion überwiegt und eine Anhäufung dieses Zwischenproduktes der Nitratreduktion stattfindet [KESSLER (1953b)]. Während jedoch auch in stark saurem Medium das nitritreduzierende System dieser Algen nur teilweise inaktiviert wird, gelingt eine *vollständige* Blockierung der Nitratreduktion auf der Nitritstufe bei *Ankistrodesmus* mit Hilfe von 2,4-Dinitrophenol [Kessler (1955a)]. Bei Zusatz von $5 \cdot 10^{-5}$ m (p_H 4,0) bzw. $2 \cdot 10^{-3}$ m (p_H 6,5) DNP wird die weitere Reduktion des Nitrits vollkommen gehemmt, während die Reaktion Nitrat → Nitrit nicht beeinflußt wird; infolgedessen kommt es innerhalb kurzer Zeit zu einer sehr starken Anhäufung von Nitrit. Weitere experimentelle Eingriffe, die einen Nachweis dieses Zwischenproduktes erlauben, sind ein Zusatz von Phenylurethan sowie anaerobe Inkubation bei mehreren *Chlorella*-Stämmen [Kessler (1953b)]. — In allen diesen Fällen erwies sich die Nitritbildung, im Gegensatz zu den Angaben von Warburg u. Negelein (1920), als sehr empfindlich gegen Cyanid, während die weitere Reduktion des Nitrits erst durch erheblich höhere Cyanidgaben vermindert wird. Auch die in Weizenwurzeln unter anaeroben Bedingungen stattfindende Anhäufung von Nitrit wird bereits durch geringe Cyanidkonzentrationen stark gehemmt [Nance (1950)].

Zahlreiche Untersuchungen haben ergeben, daß das Nitrit für niedere und höhere Pflanzen eine vollwertige Stickstoffquelle darstellt [vgl. Burström (1945), Mevius (1958)]. Voraussetzung ist dabei allerdings, daß bei neutralem bis schwach alkalischem p_H-Wert gearbeitet wird, da Nitrit in höherer Konzentration im sauren p_H-Bereich (als freie HNO_2) eine starke Giftwirkung ausübt. Entgegen anderslautenden älteren Angaben ist das Nitrit auch beim Wiederergrünen gelber N-Mangelalgen dem Nitrat und Ammonsalz gleichwertig [Kessler (1953a)].

b) Hyponitrit und Hydroxylamin. Obwohl vieles dafür spricht, daß auch Hyponitrit ein Zwischenprodukt der biologischen Nitratreduktion ist, ist es bisher nicht gelungen, diese recht instabile und reaktionsfähige Substanz in vivo nachzuweisen. Auch über die Fähigkeit der Pflanzen, zugesetztes Hyponitrit zu reduzieren, besteht noch keine Klarheit. McNall u. Atkinson (1957) fanden zwar, daß Hyponitrit von *Escherichia coli* reduziert und als N-Quelle verwendet wird; entsprechende Versuche mit *Aspergillus* und Tabak verliefen jedoch völlig negativ [Steinberg (1953, 1956)].

Ähnlich liegen die Dinge beim Hydroxylamin, das in höherer Konzentration ein starkes Gift für viele biologische Prozesse darstellt. Nach einigen früheren und z. T. unsicheren Angaben über das Auftreten von Hydroxylamin in Nitrat reduzierenden Bakterien sowie Blättern höherer Pflanzen [vgl. Burström (1945)] ist es in neuerer Zeit häufiger möglich gewesen, NH_2OH bei Bakterien und Pilzen nachzuweisen [vgl. Rautanen (1958)]. Silver u. McElroy (1954) gelang es außerdem, durch UV-Bestrahlung Mutanten von *Neurospora crassa* zu erhalten, bei denen eine Anhäufung von Hydroxylamin (und Nitrit) im Kulturmedium stattfindet. Oxime, möglicherweise durch Reaktion von Hydroxylamin mit Ketosäuren entstanden, wurden außerdem mehrfach in niederen und höheren Pflanzen gefunden [vgl. WOOD (1953), RAUTANEN (1958)].

Versuche, NH_2OH als Stickstoffquelle für Pflanzen zu verwenden, waren im allgemeinen wegen dessen starker Giftwirkung wenig erfolgreich. Bei Anwendung sehr geringer Konzentrationen konnte jedoch eine Reduktion und Assimilation von Hydroxylamin durch Bakterien [vgl. RAUTANEN (1958)] und durch höhere Pflanzen [WOOD u. Mitarb. (1948), WOOD u. HONE (1948), YEMM u. WILLIS (1956)] beobachtet werden. Versuche von STEINBERG (1953) mit Tabakpflanzen verliefen dagegen negativ. Bei der Grünalge *Ankistrodesmus* wurde eine Reduktion von NH_2OH mit molekularem Wasserstoff gefunden [KESSLER (1957a)].

c) Ammoniak als Endprodukt. Obwohl grundsätzlich die Möglichkeit einer Überführung des reduzierten Stickstoffs in organische Bindung bereits auf der Hydroxylamin-Stufe besteht [Bildung von Oximen bzw. Hydroxamsäuren; vgl. VIRTANEN (1950), RAUTANEN (1958)], erfolgt doch die N-Assimilation wohl in den meisten Fällen erst nach Reduktion bis zum Ammoniak. Zu einer stärkeren Anhäufung dieses Endproduktes der Nitratreduktion kommt es jedoch im allgemeinen nur dann, wenn dessen Einbau in Aminosäuren durch Mangel an geeigneten C-Verbindungen oder durch experimentelle Eingriffe gehemmt ist. Eine weitere Schwierigkeit beim Nachweis von NH_3 liegt darin, daß dieses nicht nur als Endprodukt bei der Nitratreduktion entsteht, sondern auch durch Desaminierung im Zuge des Aminosäure-Abbaus gebildet werden kann.

Unter den extremen Bedingungen des „Nitratgemisches" ($^m/10\,NaNO_3$, $^m/100\,HNO_3$, p_H 2,0) konnten bereits WARBURG u. NEGELEIN (1920) bei *Chlorella* eine starke Anhäufung von NH_3 im Kulturmedium nachweisen. Während bei den im Dunkeln ausgeführten Versuchen in den ersten beiden Stunden noch ein großer Teil des reduzierten Stickstoffs assimiliert wurde, fand von der 3. bis 4. Stunde an eine fast quantitative Ausscheidung des NH_3 in die Nährlösung statt. Im Licht, bei Abwesenheit von CO_2, wurde gleichfalls eine starke Ammoniak-Anhäufung beobachtet. Bei ähnlichen Versuchen unter normalen p_H- und Konzentrationsbedingungen konnte im Dunkeln sowie im Licht mit CO_2 keine Ausscheidung von NH_3 ins Kulturmedium nachgewiesen werden. Wurde jedoch im Licht durch CO_2-Mangel die Assimilation des NH_3 verhindert, so trat Ammoniak in erheblichen Mengen auf [BONGERS (1956)]. In Blättern höherer Pflanzen fanden DELWICHE (1951) sowie MENDEL u. VISSER (1951) eine Bildung von NH_3 bei der Reduktion von Nitrat, das mit N^{15} markiert war.

2. Beziehungen zu anderen Stoffwechselprozessen

Durch ihren Bedarf an H-Donatoren [reduzierte Pyridinnucleotide: EVANS u. NASON (1952, 1953)] sowie energiereichem Phosphat [KESSLER (1953a, 1955)] ist die Nitratreduktion eng an den übrigen Stoffwechsel der pflanzlichen Zelle gekoppelt. Darüber hinaus vermögen Atmung und Photosynthese auch noch auf indirektem Wege in die Nitratreduktion einzugreifen durch Lieferung der für die Assimilation des NH_3 notwendigen C-Verbindungen. Ganz allgemein hat sich die Nitratreduktion in vivo als in starkem Maße abhängig vom Verhältnis C : N in der Zelle erwiesen; N-Mangelzellen zeigen demgemäß nach Zusatz von Nitrat eine besonders intensive Reduktion und Assimilation [WARBURG u. NEGELEIN (1920), MYERS u. CRAMER (1948), MYERS (1949), PIRSON u. WILHELMI (1950), KESSLER (1953a, b), SYRETT (1954, 1955, 1956a, b), WILLIS u. YEMM (1955), BONGERS (1956)].

a) Atmung. Ein typischer Fall von strikter Kopplung der Nitratreduktion im Dunkeln an die aerobe Atmung liegt bei den Grünalgen vor. Im allgemeinen werden Nitrat- und Nitritreduktion in Anaerobiose (N_2-Atmosphäre) stark gehemmt; lediglich bei einigen *Chlorella*-Stämmen findet unter diesen Bedingungen noch eine Reduktion des Nitrats bis zur Nitritstufe statt [WARBURG u. NEGELEIN (1920), KESSLER (1953a, b)]. Offenbar reicht die geringfügige Gärung dieser Algen nicht für eine nennenswerte anaerobe Nitrat- und insbesondere Nitritreduktion aus [vgl. auch SYRETT (1954)]. Auch unter aeroben Verhältnissen läßt sich die enge Kopplung der weiteren Reduktion des Nitrits an die Atmung leicht nachweisen: Eine starke Anhäufung von Nitrit bei *Ankistrodesmus* im sauren p_H-Bereich setzt erst ein, wenn die Atmung infolge allmählicher Erschöpfung der Kohlenhydratreserven abgesunken ist; denn eine starke Nitritreduktion kann nur dann erfolgen, wenn die Zellen intensiv atmen, während die Reaktion Nitrat → Nitrit auch bei stark verminderter Atmung noch in erheblichem Ausmaß abläuft [KESSLER (1952, 1953a)]. Noch klarer werden die engen Beziehungen zwischen Atmung und Nitritreduktion durch Versuche mit 2,4-Dinitrophenol (DNP), einem Gift, welches durch Entkopplung der Phosphorylierungen atmungsabhängige energieverbrauchende Prozesse hemmt. Mit Hilfe geeigneter DNP-Konzentrationen gelingt es, die weitere Reduktion des Zwischenproduktes Nitrit bei *Ankistrodesmus* vollständig zu unterbinden, ohne daß dadurch die Reaktion Nitrat → Nitrit beeinflußt wird [KESSLER (1955)]. Aus diesem Ergebnis folgt, daß die Funktion der aeroben Atmung sich nicht nur auf die Lieferung der notwendigen H-Donatoren (sowie der für die Überführung des NH_3 in organische Bindung erforderlichen C-Verbindungen) beschränkt, sondern daß sie darüber hinaus auch energiereiches Phosphat zu liefern hat, welches offenbar allein für die weitere Reduktion des Zwischenproduktes Nitrit benötigt wird.

Ähnlich eng verknüpft mit der aeroben Atmung ist auch die Nitratreduktion in den oberirdischen Organen höherer Pflanzen [z. B. FOLKES u. Mitarb. (1952), KUMADA (1953), EGAMI u. Mitarb. (1957)]; eine Ausnahme wurde lediglich bei der anaeroben Reduktion von Nitrat zu

Nitrit in den Kotyledonen von *Vigna* gefunden [KUMADA (1953), EGAMI u. Mitarb. (1957)]. Für die Wurzeln höherer Pflanzen liegen dagegen z. T. sich widersprechende Befunde vor. Während in Wurzeln von Rettich und Gerste die Reduktion und Assimilation von Nitrat mit einer erhöhten Atmung verbunden ist [SAÏD u. EL SHISHINY (1947), WILLIS u. YEMM (1955), YEMM u. WILLIS (1956)], soll die Nitratreduktion von Soja- und Weizenwurzeln durch Sauerstoff gehemmt werden [SHIVE (1941), GILBERT u. SHIVE (1942, 1945), NANCE (1948)] [vgl. dagegen BURSTRÖM (1939b)]. In diesem Fall sind es offenbar Gärungsvorgänge, welche die für die Reduktion des Nitrats notwendigen H-Donatoren liefern. Die weitere Reduktion des Nitrits zum NH_3 ist jedoch auch hier ein aerober, an die Atmung gebundener Vorgang [NANCE (1948), NANCE u. CUNNINGHAM (1951)].

Andere Verhältnisse liegen wohl bei der anaeroben Nitratreduktion vieler obligat oder fakultativ anaerober Bakterien vor. Hier dient das Nitrat im wesentlichen an Stelle von freiem Sauerstoff als H-Acceptor in einem anaeroben Atmungsvorgang. In diesem Fall wird der reduzierte Nitrat-Stickstoff gewöhnlich nicht assimiliert, sondern als N_2, N_2O, Nitrit oder NH_3 ausgeschieden. Bei diesem Vorgang scheinen, wie bei der Atmung, Cytochrome eine wesentliche Rolle zu spielen [vgl. SATO (1956), VERHOEVEN (1956), VERHOEVEN u. TAKEDA (1956)].

Stets ist die Nitratreduktion im Dunkeln verbunden mit einem erhöhten Kohlenhydrat-Abbau. Dieser läßt sich sowohl analytisch [ECKERSON (1924), HAMNER (1935), SYRETT (1956a)] als auch manometrisch durch eine gegenüber der normalen Atmung erhöhte CO_2-Produktion nachweisen. WARBURG u. NEGELEIN (1920) konnten zeigen, daß die Menge dieses „Extra-CO_2" in einem stöchiometrischen Verhältnis zur Menge des reduzierten Nitrats steht, entsprechend der Gleichung [vgl. auch SYRETT (1955)]

$$HNO_3 + 2(CH_2O) \rightarrow NH_3 + 2CO_2 + H_2O \, .$$

Ganz analog entstehen bei der Reduktion von einem Mol Nitrit $1^1/_2$ Mole Extra-CO_2 [KESSLER (1953a), SYRETT (1955)]:

$$HNO_2 + 1^1/_2(CH_2O) \rightarrow NH_3 + 1^1/_2CO_2 + 1/_2H_2O \, .$$

In diesen Gleichungen findet die Tatsache ihren Ausdruck, daß Kohlenhydrate den für die Reduktion des Nitrats bzw. Nitrits nötigen Wasserstoff (in Form von reduzierten Pyridinnucleotiden) liefern und dabei zu CO_2 oxydiert werden.

b) Hydrogenase-Reaktion. Bei denjenigen Bakterien, die durch den Besitz des Enzyms Hydrogenase zur H_2-Aktivierung befähigt sind, kann auch der molekulare Wasserstoff als H-Donator bei der Reduktion von Nitrat, Nitrit und Hydroxylamin dienen [STICKLAND (1931), WOODS (1938), LASCELLES u. STILL (1946), KRASNA u. RITTENBERG (1954)]. An die primäre Aktivierung des H_2 durch die Hydrogenase schließt sich wahrscheinlich eine Reduktion von Pyridinnucleotiden an [Korkes (1955)], die dann ihrerseits als H-Donatoren zur Reduktion des Nitrats Verwendung finden können.

Unter den grünen Pflanzen sind es offenbar nur einige Vertreter der Algen, die gleichfalls Hydrogenase enthalten [Gaffron (1944)]. Solche Algen, wie *Ankistrodesmus* und *Scenedesmus*, besitzen auch die Fähigkeit zu einer anaeroben Reduktion von Nitrat, Nitrit und Hydroxylamin mit molekularem Wasserstoff [Kessler (1957a), Damaschke u. Lübke (1958)]. Während die Reduktion des Nitrats unter diesen Bedingungen relativ langsam verläuft, konnte die Reduktion von Nitrit wegen ihrer hohen Geschwindigkeit eingehend untersucht werden. Wie die entsprechende Reaktion der Bakterien erfolgt auch die Nitritreduktion bei Algen nach der Gleichung

$$HNO_2 + 3H_2 \rightarrow NH_3 + 2H_2O .$$

Für die Reduktion von Nitrat und Hydroxylamin zu NH_3 werden demgegenüber 4 bzw. 1 Mol H_2 benötigt.

c) Photosynthese. Die Frage nach der Rolle des Lichtes bei der Nitratreduktion grüner Pflanzen stellt seit 70 Jahren eines der umstrittensten Probleme dar [vgl. Burström (1956)]. Einigkeit herrscht darüber, daß Belichtung bei Algen und höheren Pflanzen eine starke Beschleunigung der Nitratreduktion bewirkt. Weiterhin besteht kein Zweifel daran, daß die Reduktion von Nitrat und Nitrit im Licht zu einer Bildung von „Extra-O_2", entsprechend dem Extra-CO_2 im Dunkeln, führt. Ob jedoch dieser Sauerstoff indirekt durch Einbeziehung des Extra-CO_2 in die Photosynthese entsteht, oder ob er aus einer direkten Photoreduktion von Nitrat an Stelle von CO_2 resultiert, darüber besteht noch keine Klarheit. Auf Grund der neuen Erkenntnisse über den Mechanismus der Nitratreduktion im Dunkeln erscheint die Annahme verlockend, daß die Rolle des Lichtes einfach auf der photochemischen Erzeugung der notwendigen H-Donatoren (reduzierte Pyridinnucleotide) beruht. Zugunsten dieser Auffassung werden vielfach die Versuche von Evans u. Nason (1953) angeführt. Diesen Autoren gelang es, in vitro in einem aus isolierten Chloroplasten, Nitratreduktase und Triphosphopyridinnucleotid (TPN) bestehenden System die photochemische Reduktion von Pyridinnucleotiden durch isolierte Chloroplasten [Vishniac u. Ochoa (1952)] mit der Reduktion von Nitrat zu Nitrit zu koppeln.

Zu der ähnlichen Folgerung einer Konkurrenz von Nitrat und CO_2 um die primären H-Donatoren der Photosynthese gelangten auch van Niel u. Mitarb. (1953) bei Untersuchungen an *Chlorella*. Sie fanden, daß bei Anwesenheit von reichlich CO_2 im Bereich der Lichtsättigung der Photosynthese zusätzlicher Sauerstoff entwickelt wird, wenn Nitrat vorhanden ist. Im Schwachlicht dagegen war — in Übereinstimmung mit Resultaten von CRAMER u. MYERS (1948) — die Sauerstoffproduktion unabhängig von der Anwesenheit von Nitrat, während die CO_2-Aufnahme in Gegenwart von Nitrat vermindert wird.

Würde die Wirkung des Lichtes auf die Nitratreduktion einfach auf der photochemischen Produktion reduzierter Pyridinnucleotide beruhen, so müßte man erwarten, daß grüne Pflanzen im Licht bei Abwesenheit von CO_2 eine besonders intensive Nitratreduktion aufweisen. Demgegenüber fand jedoch BURSTRÖM (1943), daß Weizenblätter im Licht nur bei Anwesenheit von CO_2 Nitrat zu reduzieren vermögen [vgl. auch ANDREEVA (1951)]. Mit Grünalgen durchgeführte Versuche ergaben gleichfalls in Abwesenheit von CO_2 meist nur eine sehr geringfügige Nitratreduktion [FAN u. Mitarb. (1943), MYERS (1949), KOK (1951), DAVIS (1953), KESSLER (1957b)], die etwa 10% des in Anwesenheit von CO_2 oder Glucose gefundenen Wertes ausmacht. Lediglich in zwei Fällen wurde auch bei Fehlen von CO_2 eine erhebliche Nitratreduktion durch Algen im Licht beobachtet [WARBURG u. NEGELEIN (1920), BONGERS (1956)]. Eine generelle Übertragung der von EVANS u. NASON (1953) in vitro erhobenen Befunde auf die Verhältnisse in vivo erscheint demnach nicht berechtigt. Man muß vielmehr annehmen, daß bei der Lichtwirkung neben der Lieferung von H-Donatoren auch noch andere Faktoren eine wesentliche Bedeutung haben.

Eine besonders starke Förderung der Reduktion von *Nitrit* durch das Licht wurde bei *Lemna* [YOSHIMURA (1952)], Diatomeen [HARVEY (1953)], Grünalgen [KESSLER (1953a)] und Weizenblättern [VANECKO u. VARNER (1955)] beobachtet. Untersuchungen an *Ankistrodesmus* unter CO_2-freier Stickstoff-Atmosphäre, d. h. unter Bedingungen, wo Photosynthese und Atmung ausgeschaltet sind, ergaben eine intensive Nitritreduktion, während die Reduktion von Nitrat nur sehr gering war [KESSLER (1957b)]. Der Temperaturkoeffizient der Nitritreduktion im Licht liegt nur wenig über 1, ein Zeichen dafür, daß photochemische Prozesse bei dieser Reaktion eine wesentliche Rolle spielen. Es handelt sich jedoch bei der lichtabhängigen Nitritreduktion nicht um eine einfache HILL-Reaktion. Denn während die Reduktion von Chinon durch Algen oder isolierte Chloroplasten wie die Photosynthese bei relativ hoher Beleuchtungsstärke Lichtsättigung hat, erreicht die Reduktion von Nitrit bereits unterhalb von 1000 Lux ihren Maximalwert. Auch sind isolierte Chloroplasten nicht in der Lage, Nitrit zu reduzieren [KESSLER (1953a)].

Eine Möglichkeit zur Deutung der starken und spezifischen Lichtwirkung auf die Nitritreduktion ergibt sich aus dem Befund, daß allein die weitere Reduktion dieses Zwischenproduktes auf die Lieferung energiereicher Phosphatbindungen angewiesen ist [KESSLER (1955)]. Für die Annahme, daß das Licht die Nitritreduktion, neben der Schaffung der nötigen H-Donatoren, auf dem Wege über die photosynthetische Phosphorylierung besonders fördert, spricht auch die Beobachtung, daß beide Vorgänge anaerobe Reaktionen sind und sich auszeichnen durch einen niedrigen Wert der Lichtsättigung, einen nahe bei 1 liegenden Temperaturkoeffizienten und durch eine geringere Empfindlichkeit gegen 2,4-Dinitrophenol als die entsprechenden aeroben Dunkelreaktionen [Kessler (1957b)]. — Die Notwendigkeit von CO_2 bzw. Glucose für die Reduktion von *Nitrat* macht es wahrscheinlich, daß — zumindest bei einigen Algen sowie bei Weizenblättern — Kohlenhydrate bzw. photosynthetisch gebildete C-Verbindungen für den normalen Ablauf der Reaktion Nitrat → Nitrit notwendig sind, während die weitere Reduktion des Nitrits davon unabhängig ist.

Wenn man die bisher an niederen und höheren grünen Pflanzen erhobenen Befunde betrachtet, erscheint es kaum möglich, eine einfache Erklärung für die Rolle des Lichtes bei der Nitratreduktion zu geben. Die Mehrzahl der Ergebnisse weist vielmehr darauf hin, daß die Lichtwirkung ein recht komplexes Phänomen ist und auf der Schaffung von H-Donatoren, energiereichem Phosphat und (bei Anwesenheit von CO_2) C-Verbindungen beruht. Der Bedarf an diesen Faktoren ist für die verschiedenen Teilprozesse offenbar recht unterschiedlich, insbesondere für die Reaktion Nitrat → Nitrit und die weitere Reduktion des Nitrits. Ein prinzipieller Unterschied zwischen der Nitratreduktion im Dunkeln und im Licht würde demnach nicht bestehen, obwohl die für die Nitratreduktion notwendigen Faktoren im einen Fall durch die Atmung, im anderen durch photochemische Prozesse geliefert werden. Auf diese Weise würde auch der Befund von Mendel u. Visser (1951), daß das Atmungsgift Jodessigsäure die Nitratreduktion von Tomatenblättern nur im Dunkeln, nicht aber im Licht hemmt, seine Erklärung finden.

Ein zweifellos interessantes und noch nicht genügend erforschtes Problem liegt in der schon früher mehrfach festgestellten [Tottingham u. Mitarb. (1934), Lease u. Tottingham (1935)] und neuerdings wieder von Stoy (1955) untersuchten starken Wirkung *kurzwelligen* Lichtes auf die Nitratreduktion. Möglicherweise beruht diese Erscheinung auf einer Photoreduktion von Riboflavin, das sich bei Versuchen in vitro als besonders wirksamer H-Donator für die Reduktion von Nitrat erwies [Stoy (1956)].

3. Bedeutung von Cofaktoren

a) Spurenelemente. Seit Steinbergs (1937) Entdeckung, daß *Molybdän*mangel bei dem Pilz *Aspergillus niger* eine verminderte Nitratreduktion zur Folge hat, konnten entsprechende Beobachtungen auch an zahlreichen grünen Pflanzen gemacht werden [Hewitt u. Jones (1947), Mulder (1948), Evans u. Mitarb. (1950), Anderson u. Spencer (1950), Spencer u. Wood (1954), Agarwala u. Hewitt (1955a, b), Evans (1956), Anderson (1956), Candela u. Mitarb. (1957)]. Bei diesen Untersuchungen ergab sich im allgemeinen, daß der Molybdänbedarf bei

Nitraternährung wesentlich größer ist als bei Gabe von Ammonsalz. Ferner wurde bei Molybdänmangel eine starke Nitratspeicherung in den Geweben, verbunden mit einer erheblichen Verminderung des Gehalts an organischen N-Verbindungen, beobachtet. Zusatz von Molybdän führte zu einer schnellen Abnahme des gespeicherten Nitrats und einem Anstieg des organischen N. Entsprechende Hinweise auf eine Beteiligung des Molybdäns an der Nitratreduktion ergaben sich auch bei der Untersuchung von Grünalgen [WALKER (1953), ARNON u. Mitarb. (1955), ICHIOKA u. ARNON (1955)] und Blaualgen [WOLFE (1954a, b)]. NICHOLAS u. NASON (1954a) lieferten dann in biochemischen Untersuchungen den Beweis, daß das Molybdän ein Bestandteil der Nitratreduktase, des für die Reaktion Nitrat → Nitrit verantwortlichen Enzyms, ist.

BURSTRÖM (1939a, b) fand eine starke und spezifische Förderung der Nitratreduktion von Weizenwurzeln durch *Mangan* [vgl. auch BURSTRÖM (1949)]. Auch bei *Chlorella* übt dieses Spurenelement einen günstigen Einfluß auf die Nitratassimilation aus [NOACK u. PIRSON (1939), ALBERTS-DIETERT (1941)]. Nach KYLIN (1945) fördert Mangan das Wachstum der Alge *Ulva lactuca* nur bei Nitrat-, nicht aber bei Ammon-Ernährung. In Geweben höherer Pflanzen wurde bei Manganmangel eine Anhäufung von Nitrat beobachtet [HEWITT u. Mitarb. (1949)]. Neuere Untersuchungen führten dann einen Schritt weiter, indem sie Hinweise für eine Beteiligung des Mangans an der weiteren Reduktion des *Nitrits* erbrachten. JONES u. Mitarb. (1949) fanden eine starke Anhäufung von Nitrit durch Soja-Wurzeln unter anaeroben Bedingungen, während gleichzeitig die Blätter typische Symptome des N-Mangels zeigten. Nach Zusatz von Mn^{++} verschwand das Nitrit aus der Nährlösung und die Blätter ergrünten wieder. Bei der Grünalge *Ankistrodesmus braunii* wird die Reduktion von Nitrit durch Manganmangel stark gehemmt, einerlei ob im Dunkeln die aerobe Atmung oder — unter anaeroben Bedingungen — molekularer Wasserstoff oder im Licht photochemische Prozesse die notwendigen H-Donatoren liefern [KESSLER (1957a, b)]. Während im Licht und im Dunkeln aerob der beobachtete Effekt indirekter Natur sein und auf der Hemmung der Photosynthese bzw. Atmung beruhen könnte, zeigt die Hemmung der anaeroben Nitritreduktion mit H_2 im Dunkeln klar, daß eine direkte Wirkung des Mangans auf diesen Vorgang vorliegt (die H_2-Aktivierung durch die Hydrogenase wird durch Manganmangel nicht gestört). Biochemische Untersuchungen haben neuerdings ergeben, daß das Mn-haltige Enzym offenbar die Hydroxylaminreduktase ist [NICHOLAS (1957a)].

b) Organische Substanzen. VIRTANEN u. SAUBERT-v.HAUSEN (1949, 1951) [vgl. auch VIRTANEN (1950)] fanden eine Förderung der Reduktion von Nitrat und Nitrit bei höheren Pflanzen durch *Ascorbinsäure,* während die Assimilation von

Ammonsalz nicht beeinflußt wurde. Da andere reduzierende Substanzen, wie Glutathion, Cystein, Reducton und Na_2S, ähnlich wirkten, handelt es sich offenbar um einen unspezifischen Einfluß auf das Redoxpotential der Zellen. Interessant ist in diesem Zusammenhang die Beobachtung von HEWITT u. Mitarb. (1950), daß bei zahlreichen höheren Pflanzen Molybdänmangel nicht nur zu einer Hemmung der Nitratreduktion, sondern auch zu einer starken Verminderung des Ascorbinsäuregehalts führt.

SILVER u. McELROY (1954) erhielten durch UV-Bestrahlung eine Mutante von *Neurospora*, die mit Nitrat oder Nitrit als N-Quelle nur dann wächst, wenn dem Kulturmedium *Pyridoxin* zugesetzt wird. Die Nitratreduktase dieser Mutante erwies sich auch bei Fehlen von Pyridoxin als voll funktionsfähig, während die Nitritreduktase bei Pyridoxin-Mangel inaktiv war; in nitrathaltigem Medium kam es dementsprechend zu einer Anhäufung von Nitrit. Zur Erklärung dieser Befunde wird die Möglichkeit erwogen, daß eine Kondensation des bei der Nitritreduktion entstehenden Hydroxylamins mit Pyridoxalphosphat unter Bildung eines Oxims stattfinden könnte mit anschließender Reduktion des Oxims zum Amin.

III. Enzyme der Nitratreduktion

a) Nitratreduktase. In den letzten Jahren ist es gelungen, sämtliche an der Reduktion des Nitrats bis zur Ammonstufe beteiligten Enzyme aus den Zellen niederer und höherer Pflanzen zu isolieren und den Mechanismus der verschiedenen Teilprozesse sowie die daran beteiligten Cofaktoren weitgehend aufzuklären. Untersuchungen von EVANS u. NASON (1952) sowie NASON u. EVANS (1953) mit einem aus *Neurospora crassa* gewonnenen und teilweise gereinigten löslichen Enzymsystem ergaben, daß außer dem Protein der Nitratreduktase Flavin-Adenin-Dinucleotid (FAD) und reduziertes Triphosphopyridinnucleotid (TPNH) für die Reduktion von Nitrat zu Nitrit notwendig sind. Die Empfindlichkeit des Systems gegen Gifte wie Cyanid, Azid, Thioharnstoff, o-Phenanthrolin und 8-Oxychinolin deutete auf die Beteiligung eines Schwermetalls an der Reaktion hin. Bei einer aus Blättern der Sojabohne gewonnenen Nitratreduktase erwiesen sich TPNH und DPNH als etwa gleichwertige H-Donatoren; außerdem wurde FAD als Bestandteil der Nitratreduktase erkannt, während Flavinmononucleotid (FMN) nur sehr geringe Wirksamkeit besaß [EVANS u. NASON (1953)]. Durch gleichzeitige Verfolgung der Bildung von Nitrit und des Verschwindens von TPNH konnte der Verlauf der Nitratreduktion nach der Gleichung

$$NO_3^- + TPNH + H^+ \rightarrow NO_2^- + TPN^+ + H_2O$$

sichergestellt werden. Ähnliche Nitratreduktasen mit FAD als prosthetischer Gruppe wurden aus Blättern anderer höherer Pflanzen [EVANS u. NASON (1953), EGAMI u. Mitarb. (1957)], Wurzelknöllchen der Sojabohne [EVANS (1954)], Bakterien [NICHOLAS u. NASON (1955b)] und Hefe [SILVER (1957)] gewonnen. In einigen Fällen erwies sich TPNH, in anderen DPNH als der wirksamste H-Donator.

Nachdem bereits zahlreiche physiologische Untersuchungen die Notwendigkeit von Molybdän für die Nitratreduktion gezeigt hatten, konnten NICHOLAS u. Mitarb. den Nachweis führen, daß das Molybdän ein integrierender Bestandteil der Nitratreduktase ist. Molybdän-Mangelkulturen von Pilzen erwiesen sich als sehr arm an Nitratreduktase; wurde den Kulturen dann Molybdän zugesetzt, so erreichten sie innerhalb von 12 Std. wieder die normale Enzymkonzentration [NICHOLAS u. Mitarb. (1954)]. Durch Dialyse gegen KCN und Glutathion inaktivierte Nitratreduktase konnte durch Zusatz von Mo wieder voll wirksam gemacht werden, während andere Metalle (Mn, Fe, Cu, Zn, Co, Ni, Ag, W, Cr, V) unwirksam waren [NICHOLAS u. NASON (1954a, 1955a)]. Mit radioaktivem Mo^{99} an Sojapflanzen durchgeführte Versuche zeigten gleichfalls, daß Molybdän ein Bestandteil der Nitratreduktase ist [EVANS u. HALL (1955)]. Offenbar liegt das Mo im 5wertigen Zustand vor und geht bei der Reduktion des Nitrats in Mo^{VI} über [NICHOLAS u. STEVENS (1955)].

Mo-freie oder cyanidvergiftete Nitratreduktase ist noch in der Lage, FAD mit Hilfe von TPNH zu reduzieren, aber sie vermag nicht mehr die Reduktion von Nitrat zu Nitrit mit TPNH oder $FADH_2$ zu katalysieren. Daraus folgt, daß das FAD in der Reaktionsfolge vor dem Mo steht. Dies geht auch aus der Tatsache hervor, daß 5wertiges Molybdän Nitrat mit der gleichen Geschwindigkeit wie TPNH enzymatisch reduziert [NICHOLAS u. STEVENS (1955)]. Der Elektronentransport bei der Nitratreduktion verläuft demnach in folgender Weise [NICHOLAS u. NASON (1954b), NASON (1956)]:

$$TPNH\,(DPNH) \rightarrow FAD\,(FMN) \rightarrow Mo \rightarrow NO_3^-.$$

An der enzymatischen Elektronenübertragung vom TPNH zum Flavin sind SH-Gruppen beteiligt, wie aus der hohen Empfindlichkeit dieses Reaktionsschrittes gegen p-Chlormercuribenzoat und der Aufhebung der Hemmung durch Zusatz von Glutathion oder Cystein hervorgeht [NICHOLAS u. NASON (1954b)].

Während bei Mikroorganismen die Nitratreduktase häufig ein adaptives Enzym ist, das nur bei Anwesenheit von Nitrat gebildet wird [z. B. NASON u. EVANS (1953), SILVER (1957)], scheint die Nitratreduktase der höheren Pflanzen im allgemeinen ein konstitutives Enzym zu sein. Eine Ausnahme — und zugleich ein bemerkenswerter Fall von adaptiver Enzymbildung bei einer höheren Pflanze — liegt offenbar beim Reis vor: Normalerweise besitzen Reispflanzen nicht die Fähigkeit zur Reduktion von Nitrat; werden sie jedoch auf NO_3-haltigem Medium kultiviert, so erfolgt eine adaptive Bildung von Nitratreduktase [TANG u. WU (1957)].

b) Nitritreduktase. Ein für die weitere Reduktion des Nitrits verantwortliches Enzym wurde von NASON u. Mitarb. (1954) aus *Neurospora* sowie von SPENCER u. Mitarb. (1957) aus *Azotobacter* erhalten. Auch bei der Nitritreduktase handelt es sich um ein Metallo-Flavoproteid mit FAD als prosthetischer Gruppe. Als H-Donatoren dienen TPNH und DPNH. In dem entsprechenden, aus Blättern der Sojabohne gewonnenen Enzym können dagegen FAD und FMN in gleichem Maße als Flavin-Komponenten fungieren. Wenn auch die Aktivität der Nitritreduktase durch Mangan auf den 3- bis 6fachen Wert gesteigert werden konnte [Nason u. Mitarb. (1954)], so enthält das Enzym doch nach neueren Untersuchungen kein Mangan, sondern Eisen und Kupfer [Medina u. Nicholas (1957b), Nicholas (1957a)]. Als Produkt der Nitritreduktion tritt höchstwahrscheinlich Hyponitrit auf.

c) Hyponitritreduktase. Nach der Auffindung eines für die Reduktion von Hyponitrit spezifischen Enzyms in *Neurospora*-Extrakten [Medina u. Nicholas (1957a)] hat die lange umstrittene Annahme, daß das Hyponitrit ein Zwischenprodukt der Nitratreduktion sei, stark an Wahrscheinlichkeit gewonnen. Die Hyponitritreduktase ist ein Metallo-Flavoproteid und enthält offenbar, wie auch die Nitritreduktase, Eisen und Kupfer [Nicholas (1957a), Medina u. Nicholas (1957b)]. DPNH dient als H-Donator bei der Reduktion von Hyponitrit zu Hydroxylamin.

d) Hydroxylaminreduktase. Zucker u. Nason (1955) erhielten aus *Neurospora* ein lösliches Enzymsystem, welches Hydroxylamin zu Ammoniak reduziert nach der Gleichung

$$NH_2OH + DPNH + H^+ \rightarrow NH_3 + DPN^+ + H_2O .$$

Auch hier handelt es sich um ein Metallo-Flavoproteid mit FAD als Wirkgruppe. DPNH ist als H-Donator dem TPNH etwas überlegen. In einer aus *Azotobacter* gewonnenen Hydroxylaminreduktase sind demgegenüber FAD und FMN gleich wirksam [Spencer u. Mitarb. (1957)]. Auch in Extrakten aus Sojabohnenblättern konnte das Enzym nachgewiesen werden [Nason u. Mitarb. (1954)]. Nachdem sich schon bei den Untersuchungen an Soja und *Azotobacter* eine erhebliche Steigerung der Aktivität der Hydroxylaminreduktase durch Zusatz von Mangan ergeben hatte, konnten Nicholas (1957a) sowie Medina u. Nicholas (1957b) neuerdings mit Hilfe von Mangelkulturen und Hemmstoff-Versuchen nachweisen, daß die Hydroxylaminreduktase von *Neurospora* Mangan als Metallkomponente enthält. Der in physiologischen Versuchen mehrfach festgestellte Manganbedarf der Nitrat- und Nitritreduktion dürfte demnach auf der Beteiligung dieses Spurenelements am letzten Teilschritt der Nitratreduktion beruhen.

e) Bedeutung energiereicher Phosphatbindungen. An Grünalgen in vivo durchgeführte Untersuchungen hatten ergeben, daß das spezifisch Phosphorylierungen hemmende Gift 2,4-Dinitrophenol (DNP) allein die weitere Reduktion des Nitrits unterbindet ohne die Reaktion Nitrat → Nitrit zu beeinflussen [Kessler (1953a, 1955)]. Dieses Ergebnis konnte an zellfreien Enzympräparaten von *Neurospora* bestätigt und dahingehend erweitert werden, daß für die Wirksamkeit von Nitritreduktase und Hyponitritreduktase energiereiches Phosphat notwendig ist, während Nitratreduktase und Hydroxylaminreduktase nicht durch DNP gehemmt werden [NICHOLAS (1957a), MEDINA u. NICHOLAS (1957b), NICHOLAS u. SCAWIN (1956)].

Außerdem ergab sich ein *unspezifischer* Bedarf der Nitratreduktase für *anorganisches* Phosphat. Arsenat, Tellurat und Selenat konnten das Phosphat vollständig, Silicat und Sulfat teilweise ersetzen, während ATP unwirksam war [NICHOLAS u. SCAWIN (1956)]. Wahrscheinlich spielt das Phosphat bei der Bindung des Molybdats an das Apoenzym der Nitratreduktase eine Rolle. Ähnliche Beobachtungen wurden auch an anderen molybdänhaltigen Flavoproteiden gemacht [MACKLER u. Mitarb. (1954), MAHLER u. Mitarb. (1954)].

IV. Schlußbetrachtung

Auf Grund der neuen biochemischen Untersuchungen erscheint es als sicher, daß die Nitratreduktion der Pflanzen in 4 Reaktionsschritten verläuft, bei denen jeweils 2 (H) bzw. 2 Elektronen übertragen werden und Nitrit, Hyponitrit und Hydroxylamin als Zwischenprodukte auftreten:

$$HNO_3 \rightarrow HNO_2 \rightarrow (HNO)_2 \rightarrow NH_2OH \rightarrow NH_3.$$

Jede dieser 4 Reaktionen wird durch ein spezifisches Enzym, ein Metallo-Flavoproteid mit FAD bzw. FMN als Wirkgruppe, katalysiert. Die beteiligten Metalle sind die seit langem als lebenswichtige Spurenelemente bekannten Elemente Molybdän, Eisen, Kupfer und Mangan, denen damit wieder eine definierte Rolle im Stoffwechsel zuerkannt wurde. In allen Fällen dienen reduzierte Pyridinnucleotide, TPNH oder DPNH, als H-Donatoren. Sie stellen, bei den verschiedensten Stoffwechselprozessen entstehend, die Verbindung her zwischen den fundamentalen physiologischen Vorgängen der Zelle, der Atmung, Photosynthese oder der Hydrogenase-Reaktion, und der Nitratreduktion. Darüber hinaus ist die Nitratreduktion auch durch den ATP-Bedarf der Teilprozesse Nitritreduktion und Hyponitritreduktion mit dem übrigen Stoffwechsel der Zelle verknüpft.

Angesichts der Tatsache, daß die bereits aus zahlreichen Organismen der verschiedensten systematischen Zugehörigkeit gewonnenen an der Nitratreduktion beteiligten Enzyme sich alle als Metallo-Flavoproteide erwiesen, erscheinen die beobachteten Unterschiede in der Art der Flavinnucleotid-Komponente oder der TPNH- bzw. DPNH-Spezifität geringfügig. Trotz dieser eindrucksvollen biochemischen Befunde ist es jedoch noch keineswegs sicher, daß dieser in fast allen Einzelheiten aufgeklärte Mechanismus den einzig möglichen Weg der Nitratreduktion in vivo darstellt. So deuten die Ergebnisse von BURSTRÖM (1943) auf eine Verschiedenheit des Mechanismus der Nitratreduktion zwischen

Blättern und Wurzeln des Weizens hin. De la Haba (1950) erwähnt die Möglichkeit, daß das Nitrat zumindest in einigen Fällen erst nach Bindung an ein organisches Molekül reduziert wird, wobei dann keine freien anorganischen Zwischenprodukte auftreten würden. Für einen Verlauf des letzten Reaktionsschritts, der Reduktion von Hydroxylamin, in organischer Bindung sprechen die Befunde von Silver u. McElroy (1954) [vgl. auch McElroy u. Spencer (1956)] an *Neurospora*. Ein grundsätzlich anderer Mechanismus scheint bei der „dissimilatorischen Nitratreduktion" vieler anaerober Bakterien vorzuliegen. Bei diesem Vorgang spielen offenbar, wie bei der Atmung, Cytochrome eine wesentliche Rolle [vgl. Verhoeven (1956), Taniguchi, Sato u. Egami (1956), Verhoeven u. Takeda (1956), Sato (1956)]. Schließlich bedarf auch die Möglichkeit einer Beteiligung von Riboflavin an der Nitratreduktion grüner Pflanzen im Licht einer genaueren Untersuchung [vgl. Stoy (1955, 1956)].

Fordert man weiterhin, daß ein Reaktionsmechanismus erst dann als vollständig aufgeklärt gelten kann, wenn er durch Untersuchungen in vitro *und* in vivo bestätigt worden ist, so muß schließlich darauf hingewiesen werden, daß dies bisher erst für einen Teil der an der Nitratreduktion beteiligten Prozesse und Faktoren zutrifft. Danach erscheinen durch biochemische und physiologische Untersuchungen einwandfrei gesichert die primäre Reduktion des Nitrats zum Nitrit unter Beteiligung des Spurenelements Molybdän sowie die Notwendigkeit von Phosphorylierungen für die weitere Reduktion des Nitrits. Weniger befriedigend sind die physiologischen Befunde bezüglich des Hydroxylamins und der Rolle des Mangans. Das Hyponitrit konnte in vivo noch nicht aufgefunden werden und erwies sich überdies meist als eine für die Ernährung höherer und niederer Pflanzen ungeeignete N-Quelle. Auch für die in vitro festgestellte Beteiligung von Eisen und Kupfer an der weiteren Reduktion des Nitrits liegen bisher keine entsprechenden Ergebnisse physiologischer Untersuchungen vor.

Literatur

Agarwala, S. C., and E. J. Hewitt: Molybdenum as a plant nutrient. V. The interrelationships of molybdenum and nitrate supply in the concentration of sugars, nitrate and organic nitrogen in cauliflower plants grown in sand culture. J. Hort. Sci. 30, 151—162 (1955a).

— — Molybdenum as a plant nutrient. VI. Effects of molybdenum supply on the growth and composition of cauliflower plants given different sources of nitrogen supply in sand culture. J. Hort. Sci. 30, 163—180 (1955b).

Alberts-Dietert, F.: Die Wirkung von Eisen und Mangan auf die Stickstoffassimilation von *Chlorella*. Planta (Berl.) 32, 88—117 (1941).

Anderson, A. J.: The role of molybdenum in plant nutrition. p. 3—49 in: "Inorganic Nitrogen Metabolism". Baltimore 1956.

— and D. Spencer: Molybdenum in nitrogen metabolism of legumes and nonlegumes. Aust. J. Sci. Res. B 3, 414—430 (1950).

ANDREEVA, T. F.: Die Bedeutung der Photosynthese für Nitratreduktion und Eiweißsynthese im Blatt. Dokl. Akad. Nauk SSSR 78, 1033—1036 (1951).

ARNON, D. I., P. S. ICHIOKA, G. WESSEL, A. FUJIWARA and J. T. WOOLLEY: Molybdenum in relation to nitrogen metabolism. I. Assimilation of nitrate nitrogen by *Scenedesmus*. Physiol. Plantarum (Copenh.) 8, 538—551 (1955).

BONGERS, L. H. J.: Aspects of nitrogen assimilation by cultures of green algae. Mededel. Landbouwhogeschool Wageningen 56, 1—52 (1956).

BURSTRÖM, H.: Über die Schwermetallkatalyse der Nitratassimilation. Planta (Berl.) 29, 292—305 (1939a).

— Die Rolle des Mangans bei der Nitratassimilation. Planta (Berl.) 30, 129—150 (1939b).

— Photosynthesis and assimilation of nitrate by wheat leaves. Ann. Agric. Coll. Sweden 11, 1—50 (1943).

— The nitrate nutrition of plants. Ann. Agric. Coll. Sweden 13, 1—86 (1945).

— Studies on growth and metabolism of roots. II. n-Diamylacetic acid and assimilation of nitrate. Physiol. Plantarum (Copenh.) 2, 332—340 (1949).

— Nitrate reduction. p. 443—462 in: "Radiation Biology", Vol. III. New York 1956.

CANDELA, M. I., E. G. FISHER and E. J. HEWITT: Molybdenum as a plant nutrient. X. Some factors affecting the activity of nitrate reductase in cauliflower plants grown with different nitrogen sources and molybdenum levels in sand culture. Plant Physiol. 32, 280—288 (1957).

CRAMER, M., and J. MYERS: Nitrate reduction and assimilation in *Chlorella*. J. gen. Physiol. 32, 93—102 (1948).

DAMASCHKE, K., u. M. LÜBKE: Über die Fähigkeit der *Chlorella pyrenoidosa* zur anaeroben Nitritreduktion. Z. Naturforsch. 13 b, 134—135 (1958).

DAVIS, E. A.: Nitrate reduction by *Chlorella*. Plant Physiol. 28, 539—544 (1953).

DELWICHE, C. C.: The assimilation of ammonium and nitrate ions by tobacco plants. J. biol. Chem. 189, 167—175 (1951).

ECKERSON, S. H.: Protein synthesis by plants. I. Nitrate reduction. Bot. Gaz. 77, 377—390 (1924).

EGAMI, F., K. OHMACHI, K. IIDA and S. TANIGUCHI: Nitrate reducing systems in cotyledons and seedlings of bean seed embryos, *Vigna sesquipedalis*, during the germinating stage. Biochimija 22, 122—134 (1957).

EVANS, H. J.: Diphosphopyridine nucleotide-nitrate reductase from soybean nodules. Plant Physiol. 29, 298—301 (1954).

— Role of molybdenum in plant nutrition. Soil. Sci. 81, 199—208 u. 243—258 (1956).

— and N. S. HALL: Association of molybdenum with nitrate reductase from soybean leaves. Science 122, 922—923 (1955).

— and A. NASON: The effect of reduced triphosphopyridine nucleotide on nitrate reduction by purified nitrate reductase. Arch. Biochem. Biophys. 39, 234—235 (1952).

— — Pyridine nucleotide-nitrate reductase from extracts of higher plants. Plant Physiol. 28, 233—254 (1953).

— E. R. PURVIS and F. E. BEAR: Molybdenum nutrition of alfalfa. Plant Physiol. 25, 555—566 (1950).

FAN, C. S., J. F. STAUFFER and W. W. UMBREIT: An experimental separation of oxygen liberation from carbon dioxide fixation in photosynthesis by *Chlorella*. J. gen. Physiol. 27, 15—28 (1943).

FOLKES, B. F., A. J. WILLIS and E. W. YEMM: The respiration of barley plants. VII. The metabolism of nitrogen and respiration in seedlings. New Phytol. 51, 317—341 (1952).

GAFFRON, H.: Photosynthesis, photoreduction and dark reduction of carbon dioxide in certain algae. Biol. Rev. Cambridge Phil. Soc. 19, 1—20 (1944).

GILBERT, S. G., and J. W. SHIVE: The significance of oxygen in the nutrient substrate for plants. I. The oxygen requirement. Soil. Sci. 53, 143—152 (1942).

— — The importance of oxygen in the nutrient substrate for plants — relation of the nitrate ion to respiration. Soil. Sci. 59, 453—460 (1945).

HABA, G. DE LA: Studies on the mechanism of nitrate assimilation in *Neurospora*. Science 112, 203—204 (1950).

HAMNER, K. C.: Effects of nitrogen supply on rates of photosynthesis and respiration in plants. Bot. Gaz. 97, 744—764 (1935).

HARVEY, H. W.: Synthesis of organic nitrogen and chlorophyll by *Nitzschia closterium*. J. Mar. Biol. Ass. U. K. 31, 477—487 (1953).

HEWITT, E. J., S. C. AGARWALA and E. W. JONES: Effect of molybdenum status on the ascorbic acid content of plants in sand culture. Nature (Lond.) 166, 1119 (1950).

— and E. W. JONES: The production of molybdenum deficiency in plants in sand culture with special reference to tomato and brassica crops. J. Pomol. hort. Sci. 23, 254—262 (1947).

— — and A. H. WILLIAMS: Relation of molybdenum and manganese to the free amino-acid content of the cauliflower. Nature (Lond.) 163, 681—682 (1949).

ICHIOKA, P. S., and D. I. ARNON: Molybdenum in relation to nitrogen metabolism. II. Assimilation of ammonia and urea without molybdenum by *Scenedesmus*. Physiol. Plantarum (Copenh.) 8, 552—560 (1955).

JONES, L. H., W. B. SHEPARDSON and C. A. PETERS: The function of manganese in the assimilation of nitrates. Plant Physiol. 24, 300—306 (1949).

KESSLER, E.: Nitritbildung und Atmung bei der Nitratreduktion von Grünalgen. Z. Naturforsch. 7 b, 280—284 (1952).

— Über den Mechanismus der Nitratreduktion von Grünalgen. I. Nitritbildung und Nitritreduktion durch *Ankistrodesmus braunii* (NÄGELI) BRUNNTHALER. Flora (Jena) 140, 1—38 (1953a).

— Über den Mechanismus der Nitratreduktion von Grünalgen. II. Vergleichend-physiologische Untersuchungen. Arch. Mikrobiol. 19, 438—457 (1953b).

— Über die Wirkung von 2,4-Dinitrophenol auf Nitratreduktion und Atmung von Grünalgen. Planta (Berl.) 45, 94—105 (1955).

— Stoffwechselphysiologische Untersuchungen an Hydrogenase enthaltenden Grünalgen. II. Dunkel-Reduktion von Nitrat und Nitrit mit molekularem Wasserstoff. Arch. Mikrobiol. 27, 166—181 (1957a).

— Untersuchungen zum Problem der photochemischen Nitratreduktion in Grünalgen. Planta (Berl.) 49, 505—523 (1957b).

KOK, B.: Photo-induced interactions in metabolism of green plant cells. Symp. Soc. exp. Biol. 5, 211—221 (1951).

KORKES, S.: Enzymatic reduction of pyridine nucleotides by molecular hydrogen. J. biol. Chem. 216, 737—748 (1955).

KRASNA, A. I., and D. RITTENBERG: Reduction of nitrate with molecular hydrogen by *Proteus vulgaris*. J. Bact. 68, 53—56 (1954).

KUMADA, H.: The nitrate utilization in seed embryos of *Vigna sesquipedalis*. J. Biochem. (Tokyo) 40, 439—450 (1953).

KYLIN, A.: The nitrogen sources and the influence of manganese on the nitrogen assimilation of *Ulva lactuca*. Förh. Kgl. Fysiogr. Sällsk. Lund 15, 27—35 (1945).

LASCELLES, J., and J. L. STILL: The reduction of nitrate, nitrite and hydroxylamine by *E. coli*. Aust. J. exp. Biol. med. Sci. 24, 159—167 (1946).

LEASE, E. J., and W. E. TOTTINGHAM: Photochemical responses of the wheat plant to spectral regions. J. Amer. chem. Soc. 57, 2613—2616 (1935).

MACKLER, B., H. R. MAHLER and D. E. GREEN: Studies on metalloflavoproteins. I. Xanthine oxidase, a molybdoflavoprotein. J. biol. Chem. 210, 149—164 (1954).

MAHLER, H. R., B. MACKLER, D. E. GREEN and R. M. BOCK: Studies on metallo-flavoproteins. III. Aldehyde oxidase: a molybdoflavoprotein. J. biol. Chem. 210, 465—480 (1954).

MAYER, A. M.: Iron, manganese and the reduction of nitrates by Chlorella vulgaris. Palest. J. Bot., Jerusalem Ser. 5, 161—179 (1952).

McELROY, W. D., and D. SPENCER: Normal pathways of assimilation of nitrate and nitrite. p. 137—152 in: "Inorganic Nitrogen Metabolism". Baltimore 1956.

McKEE, H. S.: Review of recent work on nitrogen metabolism. New Phytol. 48, 1—83 (1949).

McNALL, E. G., and D. E. ATKINSON: Nitrate reduction. II. Utilization of possible intermediates as nitrogen sources and as electron acceptors. J. Bact. 74, 60—66 (1957).

MEDINA, A., and D. J. D. NICHOLAS: Hyponitrite reductase in Neurospora. Nature (Lond.) 179, 533—534 (1957a).

— — Metallo-enzymes in the reduction of nitrite to ammonia in Neurospora. Biochim. biophys. Acta 25, 138—141 (1957b).

MENDEL, J. L., and D. W. VISSER: Studies on nitrate reduction in higher plants. I. Arch. Biochem. Biophys. 32, 158—169 (1951).

MEVIUS, W.: Nitrite. Handbuch der Pflanzenphysiologie, Bd. 8, 166—178, 1958.

MULDER, E. G.: Importance of molybdenum in the nitrogen metabolism of micro-organisms and higher plants. Plant a. Soil 1, 94—119 (1948).

MYERS, J.: The pattern of photosynthesis in Chlorella. p. 349—364 in: "Photosynthesis in Plants". Ames, Iowa 1949.

— and M. CRAMER: Metabolic conditions in Chlorella. J. gen. Physiol. 32, 103—110 (1948).

NANCE, J. F.: The role of oxygen in nitrate assimilation by wheat roots. Amer. J. Bot. 35, 602—606 (1948).

— Inhibition of nitrate assimilation in excised wheat roots by various respiratory poisons. Plant Physiol. 25, 722—735 (1950).

— and L. W. CUNNINGHAM: Evolution of acetaldehyde by excised wheat roots in solutions of nitrate and nitrite salts. Amer. J. Bot. 38, 604—609 (1951).

NASON, A.: Enzymatic steps in the assimilation of nitrate and nitrite in fungi and green plants. p. 109—136 in: "Inorganic Nitrogen Metabolism". Baltimore 1956.

— R. G. ABRAHAM and B. C. AVERBACH: The enzymic reduction of nitrite to ammonia by reduced pyridine nucleotides. Biochim. biophys. Acta 15, 160—161 (1954).

— and H. J. EVANS: Triphosphopyridine nucleotide-nitrate reductase in Neurospora. J. biol. Chem. 202, 655—673 (1953).

NICHOLAS, D. J. D.: Role of metals in enzymes with special reference to flavoproteins. Nature (Lond.) 179, 800—804 (1957a).

— The function of trace metals in the nitrogen metabolism of plants. Ann. Bot. 21, 587—598 (1957b).

— and A. NASON: Molybdenum and nitrate reductase. II. Molybdenum as a constituent of nitrate reductase. J. biol. Chem. 207, 353—360 (1954a).

— — Mechanism of action of nitrate reductase from Neurospora. J. biol. Chem. 211, 183—197 (1954b).

— — Role of molybdenum as a constituent of nitrate reductase from soybean leaves. Plant Physiol. 30, 135—138 (1955a).

— — Diphosphopyridine nucleotide-nitrate reductase from Escherichia coli. J. Bact. 69, 580—583 (1955b).

NICHOLAS, D. J. D., A. NASON and W. D. McELROY: Molybdenum and nitrate reductase. I. Effect of molybdenum deficiency on the *Neurospora* enzyme. J. biol. Chem. 207, 341—351 (1954).

— and J. H. SCAWIN: A phosphate requirement for nitrate reductase from *Neurospora crassa*. Nature (Lond.) 178, 1474—1475 (1956).

— and H. M. STEVENS: Valency changes of molybdenum during the enzymatic reduction of nitrate in *Neurospora*. Nature (Lond.) 176, 1066—1067 (1955).

NIEL, C. B. VAN, M. B. ALLEN and B. E. WRIGHT: On the photochemical reduction of nitrate by algae. Biochim. biophys. Acta 12, 67—74 (1953).

NIGHTINGALE, G. T.: The nitrogen nutrition of green plants. Bot. Rev. 3, 85—174 (1937).

— The nitrogen nutrition of green plants. II. Bot. Rev. 14, 185—221 (1948).

NOACK, K., u. A. PIRSON: Die Wirkung von Eisen und Mangan auf die Stickstoff-assimilation von *Chlorella*. Ber. dtsch. bot. Ges. 57, 442—452 (1939).

OMURA, H.: On the nitrate and nitrite reductase in green algae. Enzymologia 17, 127—132 (1954).

PIRSON, A., u. G. WILHELMI: Photosynthese-Gaswechsel und Mineralsalzernährung. Z. Naturforsch. 5 b, 211—218 (1950).

RAUTANEN, N.: Oxime und Hydroxylamin als Zwischenstufen der Assimilation von NO_3 und NH_4. Handbuch der Pflanzenphysiologie, Bd. 8, 212—223 (1958).

SAÏD, H., and E. D. H. EL SHISHINY: Respiration and nitrogen metabolism of whole and sliced radish roots with reference to the effect of alternation of air and nitrogen atmospheres. Plant Physiol. 22, 452—464 (1947).

SATO, R.: The cytochrome system and microbial reduction of nitrate. p. 163—175 in: "Inorganic Nitrogen Metabolism". Baltimore 1956.

SHIVE, J. W.: Balance of ions and oxygen tension in nutrient substrates for plants. Soil. Sci. 51, 445—459 (1941).

SILVER, W. S.: Pyridine nucleotide-nitrate reductase from *Hansenula anomala*, a nitrate reducing yeast. J. Bact. 73, 241—246 (1957).

— and W. D. McELROY: Enzyme studies on nitrate and nitrite mutants of *Neurospora*. Arch. Biochem. Biophys. 51, 379—394 (1954).

SPENCER, D.: The reduction and accumulation of nitrate. Handbuch der Pflanzenphysiologie, Bd. 8, 201—211 (1958).

— H. TAKAHASHI and A. NASON: Relationship of nitrite and hydroxylamine reductases to nitrate assimilation and nitrogen fixation in *Azotobacter agile*. J. Bact. 73, 553—562 (1957).

— and J. G. WOOD: The role of molybdenum in nitrate reduction in higher plants. Aust. J. biol. Sci. 7, 425—434 (1954).

STEINBERG, R. A.: Role of molybdenum in the utilization of ammonium and nitrate nitrogen by *Aspergillus niger*. J. Agric. Res. 55, 891—902 (1937).

— Growth of tobacco seedlings with nitrate and its reduction products. Plant Physiol. 28, 752—754 (1953).

— Metabolism of inorganic nitrogen by plants. p. 153—158 in: "Inorganic Nitrogen Metabolism". Baltimore 1956.

STICKLAND, L. H.: The reduction of nitrates by *Bact. coli*. Biochem. J. 25, 1543 — 1554 (1931).

STOY, V.: Action of different light qualities on simultaneous photosynthesis and nitrate assimilation in wheat leaves. Physiol. Plantarum (Copenh.) 8, 963—986 (1955).

— Riboflavin-catalyzed enzymic photoreduction of nitrate. Biochim. biophys. Acta 21, 395—396 (1956).

STREET, H. E.: Nitrogen metabolism of higher plants. Adv. Enzymol. 9, 391—454 (1949).

SYRETT, P. J.: Ammonia and nitrate assimilation by green algae *(Chlorophyceae)*. p. 126—151 in: "Autotrophic Micro-organisms". Cambridge 1954.

— The assimilation of ammonia and nitrate by nitrogen-starved cells of *Chlorella vulgaris*. I. The assimilation of small quantities of nitrogen. Physiol. Plantarum (Copenh.) 8, 924—929 (1955).

— The assimilation of ammonia and nitrate by nitrogen-starved cells of *Chlorella vulgaris*. II. The assimilation of large quantities of nitrogen. Physiol. Plantarum (Copenh.) 9, 19—27 (1956a).

— The assimilation of ammonia and nitrate by nitrogen-starved cells of *Chlorella vulgaris*. III. Differences of metabolism dependent on the nature of the nitrogen source. Physiol. Plantarum (Copenh.) 9, 28—37 (1956b).

TANG, P. S., and H. Y. WU: Adaptive formation of nitrate reductase in rice seedlings. Nature (Lond.) 179, 1355—1356 (1957).

TANIGUCHI, S., R. SATO and F. EGAMI: The enzymatic mechanisms of nitrate and nitrite metabolism in bacteria. p. 87—108 in: "Inorganic Nitrogen Metabolism". Baltimore 1956.

TOTTINGHAM, W. E., H. L. STEPHENS and E. J. LEASE: Influence of shorter light rays upon absorption of nitrate by the young wheat plant. Plant Physiol. 9, 127—142 (1934).

VANECKO, S., and J. E. VARNER: Studies on nitrite metabolism in higher plants. Plant Physiol. 30, 388—390 (1955).

VERHOEVEN, W.: Some remarks on nitrate and nitrite metabolism in micro-organisms. p. 61—86 in: "Inorganic Nitrogen Metabolism". Baltimore 1956.

— and Y. TAKEDA: The participation of cytochrome c in nitrate reduction. p. 159—162 in: "Inorganic Nitrogen Metabolism". Baltimore 1956.

VIRTANEN, A. I.: Utilization of the nitrate ion by plants and its relation to the assimilation of the ammonium ion and molecular nitrogen. Acta agric. scand. 1, 1—19 (1950).

— and N. RAUTANEN: Nitrogen assimilation. p. 1089—1130 in: "The Enzymes", Vol. II, 2. New York 1952.

— u. S. SAUBERT-V. HAUSEN: Über die Bedeutung der das Redoxpotential erniedrigenden Stoffe für das Wachstum der Pflanze. Z. Pflanzenernähr., Düngung Bodenkunde 45, 11—22 (1949).

— — Dependence of nitrate reduction in green plants on reducing substances. Acta chem. scand. 5, 638—642 (1951).

VISHNIAC, W., and S. OCHOA: Fixation of carbon dioxide coupled to photochemical reduction of pyridine nucleotides by chloroplast preparations. J. biol. Chem. 195, 75—93 (1952).

WALKER, J. B.: Inorganic micronutrient requirements of *Chlorella*. I. Requirements for calcium (or strontium), copper, and molybdenum. Arch. Biochem. Biophys. 46, 1—11 (1953).

WARBURG, O., u. E. NEGELEIN: Über die Reduktion der Salpetersäure in grünen Zellen. Biochem. Z. 110, 66—115 (1920).

WILLIS, A. J., and E. W. YEMM: The respiration of barley plants. VIII. Nitrogen assimilation and the respiration of the root system. New Phytol. 54, 163—181 (1955).

WOLFE, M.: The effect of molybdenum upon the nitrogen metabolism of *Anabaena cylindrica*. I. A study of the molybdenum requirement for nitrogen fixation and for nitrate and ammonia assimilation. Ann. Bot. 18, 299—308 (1954a).

— The effect of molybdenum upon the nitrogen metabolism of *Anabaena cylindrica*. II. A more detailed study of the action of molybdenum in nitrate assimilation. Ann. Bot. 18, 309—325 (1954b).

WOOD, J. G.: Nitrogen metabolism of higher plants. Ann. Rev. Plant Physiol. 4, 1—22 (1953).

— and M. R. HONE: Studies on the nitrogen metabolism of plants. Aust. J. Sci. Res. B 1, 163—175 (1948).

— — M. E. MATTNER and C. P. SYMONS: Studies on the nitrogen metabolism of plants. Aust. J. Sci. Res. B 1, 38—49 (1948).

WOODS, D. D.: The reduction of nitrate to ammonia by *Clostridium welchii*. Biochem. J. 32, 2000—2012 (1938).

YEMM, E. W., and A. J. WILLIS: The respiration of barley plants. IX. The metabolism of roots during the assimilation of nitrogen. New Phytol. 55, 229—252 (1956).

YOSHIMURA, F.: Influence of the light on the consumption of nitrate and ammonia in lemnaceous plants. Bot. Mag. (Tokyo) 65, 176—185 (1952).

ZUCKER, M., and A. NASON: A pyridine nucleotide-hydroxylamine reductase from *Neurospora*. J. biol. Chem. 213, 463—478 (1955).

Die Orientierung nach der Schwingungsrichtung linear polarisierten Lichtes und ihre sinnesphysiologischen Grundlagen

Von Karl Stockhammer, München

Aus dem Zoologischen Institut der Universität München
Mit 1 Abbildung

Inhaltsübersicht

A. Einleitung

Im vorliegenden Bericht wird die Orientierung der Arthropoden nach der Schwingungsrichtung linear polarisierten Lichtes dargestellt; außerdem werden die Einrichtungen und Eigenschaften der Lichtsinnesorgane aufgezeigt, die jenen Tieren die Wahrnehmung der Lage der Schwingungsrichtung ermöglichen. Ein Überblick über andere physiologische Wirkungen der Lichtpolarisation soll gemeinsam mit Bemerkungen über einschlägige physikalische Erscheinungen die biologischen Betrachtungen abrunden.

1. Polarisationsoptische Grundbegriffe

Bekanntlich werden beim Vorgang der Lichterzeugung kleinste energiereiche Teilchen, die Quanten, von den Atomen emittiert. Jeder Elementarakt, die Abgabe eines Teilchens, liefert eine Wellenbewegung, die eine bestimmte Seitlichkeit aufweist. Nach der Ausprägung dieser Seitlichkeit lassen sich drei Schwingungsarten der Lichtwellen unterscheiden. Im einfachsten Fall besteht ein Wellenzug aus Wellenbergen und -tälern, die alle in einer einzigen Ebene liegen, welche die Fortpflanzungsrichtung der Welle enthält und *Schwingungsebene*[1] genannt wird. Ein solcher Wellenzug ist *geradlinig* oder *linear* polarisiert; er ergibt in der Projektion auf eine Ebene senkrecht zur Fortpflanzungsrichtung eine Gerade, die *Schwingungsrichtung*. Bei anderen Wellenzügen ist die Wellenbahn mehr oder weniger schraubig um die Fortpflanzungsachse gewunden. Liegen dabei alle Punkte der Welle von der Schraubenachse äquidistant entfernt, so spricht man von *zirkularer* Polarisation der Lichtwelle; ändert sich aber der Abstand der aufeinanderfolgenden Bahnpunkte von der Schraubenachse periodisch, so ist der Wellenzug *elliptisch* polarisiert. Aus der Perspektive der Fortpflanzungsrichtung gesehen, beschreibt eine elliptisch polarisierte Welle eine Ellipse und eine zirkular polarisierte einen Kreis. In bezug auf ihre Wellenachse pflanzen sich elliptisch oder zirkular polarisierte Wellen im oder entgegen dem Uhrzeigersinn fort.

Schon der feinste Lichtstrahl besteht aus einer großen Anzahl von räumlich und zeitlich inkohärenten Elementarwellen. In einem Strahl „gewöhnlichen" Lichtes variiert dabei nicht nur die Polarisationsart (linear, elliptisch, zirkular) von Wellenzug zu Wellenzug, es wechseln auch die räumlichen Eigenschaften gleichartig polarisierter Elementarwellen. Das heißt, daß einerseits die Schwingungsrichtungen und die einander entsprechenden Ellipsenachsen der einzelnen elliptisch, bzw. linear polarisierten Elementarwellen verschiedenen Azimut zur Fortpflanzungsrichtung einnehmen, andererseits auch der „Umlauf" der verschiedenen zirkular und elliptisch polarisierten Wellenzüge im oder entgegen dem Uhrzeigersinn um die Fortpflanzungsachse erfolgt. Die Polarisationszustände der einzelnen Elementarwellen eines Lichtstrahles sind nicht erfaßbar. Unserem Beobachtungsvermögen ist vielmehr immer nur der Effekt zugänglich, der sich aus der Superposition aller im Lichtbündel enthaltenen Elementarwellen ergibt. Ein Lichtstrahl ist *unpolarisiert* oder *neutral*, wenn in der „Summe" der Eigenschaften aller Wellenzüge kein einziger Polarisationszustand dominiert. Erst auf der Basis von Reflexion, Streuung, Doppel- oder Einfachbrechung, sowie durch bestimmte Einwirkung elektrischer oder magnetischer Kräfte können die Elementarwellen eines Lichtstrahles mehr oder weniger einheitlich polarisiert werden. Enthält der Lichtstrahl, nachdem er solchen Einflüssen ausgesetzt war, nur Elementarwellen gleichartigen Polarisationszustandes, so ist er *total* (linear, elliptisch, zirkular) *polarisiert*; ist aber innerhalb der Elementarwellen eines Lichtstrahles nur Dominieren eines bestimmten Polarisationszustandes zu verzeichnen, so spricht man von *partieller Polarisation*.

Vorrichtungen, die Lichtstrahlen linear polarisieren (Nicol-Prismen, Polarisationsfolien, Glasplattensätze u. a.) heißen *Polarisatoren* und solche die bereits bestehende Polarisation zerstören *Depolarisatoren*.

Mit Hilfe von geeigneten doppelbrechenden Medien kann linear polarisiertes Licht in elliptisch oder zirkular polarisiertes verwandelt werden (s. S. 46). Der umgekehrte Vorgang ist ebenfalls möglich.

---

[1] Neben Schwingungsebene wird oft der Ausdruck Polarisationsebene oder polarization plane gebraucht. Sofern er sich in der Literatur vor dem Durchbruch der elektromagnetischen Lichttheorie findet, bezeichnet er die Ebene, in welcher der h-Vektor liegt. In der modernen Literatur ist er mit der Schwingungsebene identisch, die durch den e-Vektor gekennzeichnet ist. Da e- und h-Vektor senkrecht auf der Fortpflanzungsrichtung und senkrecht zueinander stehen und die Schwingungsrichtung mit dem e-Vektor identisch ist, liegt die Polarisationsebene älterer Bedeutung senkrecht auf der Schwingungsebene.

2. Von den physiologischen Wirkungen polarisierten Lichtes

In der Literatur über die physiologischen Wirkungen der einzelnen Lichtgrößen finden sich nur wenig Arbeiten, in denen der Einfluß der Lichtpolarisation untersucht wurde. *Zirkular polarisiertes* Licht wurde bisher nur bei der quantitativen Untersuchung entoptischer Polarisations-Phänomene im Menschenauge durch DE VRIES, SPOOR u. JIELOF angewandt. Es konnte dabei festgestellt werden, daß durch eine, in ihrer Wirkung von BOEHM [1] entdeckte, aber noch nicht näher lokalisierte Doppelbrechung in den lichtbrechenden Augenteilen zirkulare Polarisation in elliptische oder lineare umgewandelt wird und entsprechende Effekte verursacht (s. S. 26). Aber auch über die Wirkung *elliptisch polarisierten* Lichtes liegen bisher nur zwei Beobachtungen vor. Eine handelt abermals von entoptischen Erscheinungen im Menschenauge und ergab infolge mäßiger Elliptizität des verwendeten Lichtes praktisch dieselben Effekte wie lineare Lichtpolarisation (BOEHM [2]); die betreffenden Resultate können daher ebenfalls dem Abschnitt über entoptische Erscheinungen im linear polarisierten Licht entnommen werden (s. S. 26). Die andere Arbeit (DASTUR u. GUNJIKAR [1]) bringt bisher noch nicht nachgeprüfte Untersuchungen über die Wirkung von Bestrahlung verschiedener Pflanzen mit energiegleichem elliptisch polarisiertem und unpolarisiertem Licht: die Kohlenhydratbildung ist bei elliptischer Polarisation geringer als im Vergleichslicht.

Der größte Teil des einschlägigen Schrifttums behandelt die Wirkungen *linear polarisierten* Lichtes und bezieht sich sowohl auf pflanzliche als auch tierische Lebewesen und den Menschen.

An *Phanerogamen, Bakterien* und *Hefen* wurde wiederholt Förderung von Stoffwechselprozessen, bzw. des Wachstums und der Vermehrung durch linear polarisiertes Licht gefunden (BALY u. SEMMENS; BHATNAGAR u. LAL; JAFFE; LAL u. MATHUR; MACHT [3]; MACHT u. HILL; SEMMENS). Andere Autoren erhielten keine Unterschiede zwischen den Wirkungen linear polarisierten und unpolarisierten Lichtes; sie bezweifeln daher auch oft die vorhin genannten Angaben (DASTUR u. ASANA; DASTUR u. GUNJIKAR [2]; DU BUY u. NUERENBERGK; LUDWIG; SUNG). Diese Ablehnung mag für die meisten, oft geradezu absurden Angaben jener Autoren zutreffen. Ob die Lichtpolarisation aber auch bei anderen, bisher nicht geprüften Pflanzen keinen Einfluß auszuüben vermag, sei dahingestellt. In der letzten Zeit wurden jedenfalls Stimmen laut, die aus der Ähnlichkeit der Ultrastruktur von Chloroplasten und Arthropodensehstäben eine gleichartige, speziell ausgeprägte Lichtabsorption folgern und gerade diese für die Polarisationswahrnehmung der Arthropoden verantwortlich gemacht wird (s. S. 52).

Eine gut fundierte botanische Untersuchung betrifft *phototropische Reaktionen* von *Phycomyces*-Sporangienträgern. CASTLE setzte *Phycomyces*-Kulturen zwei intensitätsgleichen, aus entgegengesetzten Richtungen einstrahlenden, linear polarisierten Lichtbündeln aus. Und zwar lag die Schwingungsrichtung des einen horizontal, die des anderen vertikal. Im Versuch neigten sich die Sporangiophoren stets dem horizontal polarisierten Licht zu, solange die Intensität des vertikal polarisierten nicht um 10—15% erhöht wurde; dann nämlich unterblieb die Inklination. Nach der überzeugenden Darstellung CASTLEs beruht dieser Phototropismus darauf, daß vertikal polarisiertes Licht gemäß den Fresnelschen Gesetzen von den zylindrischen Außenwänden der wachsenden Zellen stärker reflektiert wird als horizontal polarisiertes. Von letzterem gelangt daher bei Intensitätsgleichheit der Lichtquellen ein größerer Anteil in das Innere der Zelle und liefert den Phototropismus bewirkenden Stoffwechselvorgängen mehr Energie als vertikal schwingendes Licht. Wie entsprechende Berechnungen zeigten, erklärt sich die Aufhebung der Inklination bei 10—15%iger Intensitätserhöhung des vertikal polarisierten Lichtes durch Kompensation des Reflexionsverlustes. Bei diesem phototropischen Effekt wirkt sich also die Lichtpolarisation nur mittelbar auf die Stoffwechselprozesse aus.

Am *Menschen* wurden Effekte linearer Lichtpolarisation in Form von zwei entoptischen Erscheinungen im Auge festgestellt: 1. den macularen Polarisationsbüscheln (HAIDINGER) und 2. den peripheren Polarisationsbüscheln (BOEHM [2]). Letztere entstehen auch im elliptisch polarisierten Licht.

Die *Haidingerschen Büschel* treten im Bereich der Macula lutea auf, wenn man eine weiße Fläche durch einen Polarisator betrachtet und einen beliebigen Punkt ein- oder beidäugig fixiert. Senkrecht zur Schwingungsrichtung des Lichtes erscheint dann eine dunklere gelbe und sanduhrförmige Doppelgarbe, die beiderseits der Einschnürung von je einer helleren blauen Hyperbelfläche flankiert wird. Bei Drehung des Polarisators dreht sich die Figur mit, ohne sich sonst zu verändern. Die macularen Büschel entstehen nur bei Anwesenheit von Blau; im grünen und gelben Licht treten sie nicht auf. Im Blaulicht erscheint die gelbe Doppelgarbe fast schwarz, während die seitlichen Figurenelemente hell bleiben (VON HELMHOLTZ; BOEHM [1]). Die Fähigkeit, die macularen Büschel wahrzunehmen, ist individuell verschieden gut ausgeprägt; sie fehlt nur Total-Farbenblinden völlig, bei denen die Macula schwach gelblich oder gar nicht pigmentiert ist (BOEHM [1]). Versuche, die Haidinger-Büschel bei Primaten nachzuweisen, die ebenfalls eine gelb gefärbte Macula besitzen, wurden bisher nicht durchgeführt.

Die *peripheren Polarisationsbüschel* sind größer als die macularen und entstehen im mäßig dunkel adaptierten Auge bei parazentraler Betrachtungsweise. Sie stellen ebenfalls eine senkrecht zur Schwingungsrichtung des einfallenden Lichtes liegende, aber helle Doppelgarbe dar, die an der Stelle der zentralen Verjüngung eine helle Fläche aufweist und im ganzen sichtbaren Bereich des Spektrums erkennbar ist. Die peripheren Büschel sind nur während der Polarisatordrehung wahrzunehmen, bei stillstehendem Polarisator verschwinden sie. Dieses entoptische Phänomen wird allen Personen, auch Total-Farbenblinden sichtbar.

BOEHM [2] erklärt sich das Zustandekommen der peripheren Polarisationsbüschel durch Streuung des Lichtes in den vor den Receptoren befindlichen Retinaschichten. Ein linear- und ähnlich auch ein schwach elliptisch polarisierter Strahl streut bekanntlich beim Durchgang durch ein trübes Medium seitlich Licht ab, und zwar am stärksten nach den beiden Richtungen senkrecht zur Schwingungsrichtung des Strahles; nach den Richtungen parallel zur Schwingungsrichtung gibt er dagegen keines ab. In bezug auf die Erscheinungen im Auge bedeutet dies, daß auf den Netzhautstellen seitlich der vom eigentlichen Strahl ausgeleuchteten Fläche, dem hellen Zentralfleck, ebenfalls Licht auftrifft oder Dunkelheit herrscht, je nachdem ob jene Orte ± parallel oder ± senkrecht zur Schwingungsrichtung liegen. Diese optische Erscheinung ist im Modell, bestehend aus einem kugelschalenförmigen Hohlgefäß, gefüllt mit Mastixemulsion, künstlich nachahmbar (BOEHM [2]).

Ganz anders ist die Entstehung der macularen Polarisationsbüschel zu denken. Die Autoren stimmen darin überein, daß der Haidinger-Effekt seine Ursache in einer bestimmten polarisationsoptischen Filterwirkung, der über den Receptoren der Macula befindlichen Retinaschichten hat; die Möglichkeit, daß die Receptoren selbst, mit Hilfe besonderer Eigenschaften, die Erscheinung hervorrufen, konnte mit Sicherheit ausgeschlossen werden (SCHMIDT; NAYLOR u. STANWORTH; DE VRIES, JIELOF u. SPOOR). Quantitative Untersuchungen ergaben Übereinstimmung des Spektralbereiches, in dem die Haidinger-Bündel wahrgenommen werden, mit dem Absorptionsspektrum des gelben Macula-Farbstoffes. Dieser ist offenbar ein Carotinoid, das aber bisher noch nicht genauer dargestellt werden konnte (DE VRIES, JIELOF u. SPOOR; STANWORTH u. NAYLOR). Um die Abhängigkeit des Effektes von der Lage der Schwingungsrichtung erklären zu können, muß vom Pigment gefordert werden, daß es irgendwie radiär ausgerichtet ist und je nach der Lage der Schwingungsrichtung zu den Radien einzelne Spektralbezirke verschieden stark absorbiert. In der Macula finden sich nun in der Tat verschiedene radiär ausgerichtete und gelb gefärbte Fasern. VON HELMHOLTZ nahm davon die Müllerschen Fasern zur Erklärung des Effektes in Anspruch und vermutete, daß die Einzelfaser senkrecht zu ihrer Länge schwingendes blaues Licht fast vollkommen, zur selben Bezugsrichtung parallele Schwingungen gleicher Strahlung aber nur schwach absorbiert (= dichroitische Absorption; s. S. 51). Bei radiärer Ausrichtung verläuft stets ein Teil der Fasern ± parallel, ein anderer ± senkrecht zu einer gegebenen Schwingungsrichtung. Gemäß dem geschilderten Absorptionsvermögen der Einzelfaser würden die Receptoren unter den „senkrechten" Fasern von unbuntem Licht nur den langwelligen Anteil, bzw. bei Einfall von kurzwelligem Licht keinen erhalten; die Receptoren unter den „parallelen" Fasern würden aber sowohl von lang-, als auch kurzwelliger Strahlung erreicht werden. Nach polarisationsmikroskopischen Untersuchungen der Macula besitzen aber die Zapfenfasern, die für die Müllerschen Fasern vermuteten Eigenschaften. Die Zapfenfasern verlaufen nahe den Receptoren in der äußeren Faserschicht und erhalten infolge normaler Absorption schon in den darüberliegenden, gelb gefärbten Ganglienschichten nur sehr wenig kurzwelliges Licht. Das gelbe Büschel in den Macula-Sektoren senkrecht zur Schwingungsrichtung kommt demnach durch optisches Zusammenwirken dieser Retinaschicht mit den Zapfenfasern zustande. Es gelangt kein blaues Licht auf die Receptoren in den „gelben" Sektoren, denn die ihnen vorgelagerten Zapfenfasern liegen mit der Länge senkrecht zur Schwingungsrichtung und absorbieren den letzten Rest blauen Lichtes, der noch in diese Schicht vordringt. Gelbes Licht dringt dagegen an denselben Stellen ohne nennenswerten Absorptionsverlust zu den Receptoren durch. Infolge der geschilderten Absorption vor der Zapfenfaserschicht bekommen aber auch die Receptoren in den „blauen" Flächen parallel der Schwingungsrichtung nur einen geringen Anteil blauen Lichtes, der nicht ausreicht, um den „Blaueindruck" zu erklären; die blaue Figur ist vielmehr „wesentlich eine Folge des sukzessiven Kontrastes, der beim Drehen des Nicols auf jenen Netzhautstellen wirksam wird, die soeben nur gelbes Licht empfangen haben" (DIMMER; SCHMIDT [2, 3]).

Im Hinblick auf die Orientierung der Arthropoden nach der Polarisation des Himmelslichtes ist es bemerkenswert, daß manche gut befähigten Personen die Haidingerschen Bündel schon im partiell polarisierten blauen Himmelslicht zu erkennen vermögen (HAIDINGER; VON HELMHOLTZ; BOEHM [1]). Keiner dieser Personen ist es aber von Geburt an gegeben, aus der Lage der Haidinger-Büschel den Azimut der Schwingungsrichtung zu entnehmen, bzw. sich nach dieser zu orientieren. Ohne Kenntnis und Anwendung physikalischen Wissens ist es daher dem Menschen offensichtlich unmöglich, mit Hilfe des genannten Phänomens einen „Navigationskurs" einzuhalten, wie es Arthropoden eigen ist. Die entoptischen Erscheinungen im Auge des Menschen lehren deshalb, daß neben bestimmten Eigenschaften der Sinnesorgane auch entsprechende Verhaltensweisen, bzw. Neuroautomatismen ausgebildet sein müssen, damit eine Orientierung nach der Polarisation des Himmelslichtes möglich wird.

Von *tierischen Lebewesen* wurden bisher nur Arthropoden und Vertebraten mit linear polarisiertem Licht getestet. Meist betreffen diese Experimente Probleme der Orientierung und damit zusammen-hängende Fragestellungen. Nur zwei Arbeiten mit Vertebraten sind pharmakologischen Inhalts (MACHT [1, 2]); ihre Resultate sind aber mit größter Skepsis zu beurteilen und im Zusammenhang mit dem Hauptthema nicht weiter erwähnenswert.

Die ersten *Orientierungsversuche* im linear polarisierten Licht wurden von CROZIER u. MANGELSDORF mit Arthropoden durchgeführt. Die beiden Autoren prüften das Verhalten der Imagines von *Cylisticus convexus* (Isopoda, Oniscid.) und *Tetraopes tetraophthalmus* (Coleopt., Cerambyc.), sowie von Larven des Mehlkäfers und der Schmeißfliege zwischen zwei linear polarisierten Lichtern gleicher Intensität, aber um 90° differierender Lage der Schwingungsrichtungen. Es konnte dabei kein Einfluß der Lichtpolarisation auf das phototaktische Verhalten der Versuchstiere festgestellt werden; letztere verhielten sich vielmehr so wie zwischen zwei unpolarisierten Lichtern gleicher Intensität.

Nach Ansicht des Verfassers beweist dieses Ergebnis aber noch nicht zwingend, daß die von CROZIER u. MANGELSDORF verwendeten Arten unfähig sind, die Lage der Schwingungsrichtung zu erkennen, bzw. sich nach ihr zu orientieren. Die Reizsituation, die in einer für den Nachweis tropotaktischer Reaktionen erprobten Versuchsanordnung gegeben ist, muß nicht unbedingt Polarisationsorientierung auslösen und die dazu erforderliche Sinnesfähigkeit zum Ausdruck bringen. Hat es sich doch auch gezeigt, daß die Einstellungsreaktionen der Honigbienen in einer ähnlichen Versuchsanordnung mit zwei verschiedenfarbigen unpolarisierten Lichtern, von der Helligkeit und nicht vom Farbwert der Reizlichter bestimmt werden. Und es wäre falsch, den Honigbienen auf Grund dieser Versuche einen Farbensinn abzusprechen, der mit anderen Methoden unschwer nachweisbar ist (vgl. die Darstellung der einschlägigen Versuche bei TINBERGEN). Nach der Abhängigkeit der Einstellungsreaktionen von der Helligkeit wäre aus den Er-gebnissen von CROZIER u. MANGELSDORF höchstens zu schließen, daß die beiden Reizlichter verschiedener Schwingungsrichtung für die Versuchsobjekte denselben Helligkeitswert besitzen. Die Möglichkeit, daß den untersuchten Tierarten die Fähigkeit der Polarisationsorientierung, bzw. -wahrnehmung fehlt, sei aber damit nicht vollends ausgeschlossen; sie ist nur unwahrscheinlich, da nach vorläufigen Ergebnissen Honigbienen, *Polistes* und *Eristalomyia* im Crozier-Mangelsdorfschen Versuch mit unbunten Lichtern genauso reagieren, wie die vorhin genannten Arten (STOCKHAMMER, unveröff.) und von der Honigbiene bekannt ist, daß sie sich unter anderen Umständen nach der Schwingungsrichtung linear polarisierten Lichtes zu orientieren vermag.

Die Arbeit von CROZIER u. MANGELSDORF blieb weitgehend unbe-achtet. Den Ausgangspunkt für die Erforschung der Polarisations-orientierung bot erst die Analyse des Mitteilungsvermögens der Honig-biene, der „Bienentänze", durch VON FRISCH.

Bekanntlich vermag eine Suchbiene ihren Stockgenossen neben anderem auch die Richtung und Entfernung eines Futterplatzes durch „Schwänzeltänze" mitzuteilen. Erfolgt dieser Tanz auf waagrechter

Unterlage, wie auf dem horizontalen Anflugbrettchen vor dem Flugloch oder auf der künstlich horizontal gelegten Wabe, so weist der geradlinige „Schwänzellauf" (= geradlinige Mittelstrecke der 8förmigen Tanzfigur) direkt in die Richtung zum Futterplatz, der den Tänzerinnen von der Tanzfläche aus nicht sichtbar ist. VON FRISCH [1] konnte zeigen, daß die Tänzerinnen den Schwänzellauf nach der Sonne ausrichten, indem sie sich auf dem horizontalen Tanzplatz genauso zur Sonne einstellen, wie vorher auf dem Flug zum Futterplatz. Dies ist der Tänzerin aber nicht nur möglich, wenn sie von der Tanzfläche aus die Sonne sehen kann, sondern auch dann, wenn sie bloß blaue Himmelstellen zu erblicken vermag. Ist der Tänzerin bei bewölktem Himmel nur die Stelle sichtbar, hinter der sich die Sonne verbirgt, so sind auch dann noch die Schwänzel- läufe richtig orientiert, da die Honigbienen die Sonne an der von ihr ausgehenden kurzwelligen Strahlung (300—400 mμ) durch die Wolken hindurch wahrnehmen können (VON FRISCH [5]). Die Schwänzelläufe sind aber nicht richtungstreu, wenn die Tänzerin nur dicke Wolken abseits der Sonne an Stellen erblicken kann, an denen sich zur gleichen Zeit nor- malerweise blauer Himmel zeigen würde. VON FRISCH [1] schloß daher, „daß die Bienen an einem Ausschnitt blauen Himmels eine nach der Sonne ausgerichtete Erscheinung wahrnehmen, nach der sie sich zum Sonnen- stand orientieren können. Vielleicht ist es die Polarisation des Himmels- lichtes, die ja sehr bestimmte Beziehungen zum Sonnenstand aufweist". Diese Vermutung bestätigte sich in der Folge bei der Beobachtung von Bienentänzen unter der Polarisationsfolie; es gelang VON FRISCH [2, 3] die Schwänzelläufe durch Änderung des Azimuts der Schwingungsrichtung in gesetzmäßiger Weise aus der Richtung vom Futterplatz abzulenken.

Diese Ergebnisse bildeten den Anreiz zu einer Reihe ähnlicher Unter- suchungen, bei denen auch für andere Tierarten die Fähigkeit der Polari- sationsorientierung nachgewiesen werden konnte. Die betreffenden Arbei- ten sind im folgenden Abschnitt unter zusammenfassenden Gesichts- punkten dargestellt, sofern sie sich auf eine Richtungsfindung im Sinne einer Fernorientierung nach zielfernen Richtungsreizen beziehen. Eine Nahorientierung nach polarisiertem Licht, das vom Ziel selbst ausgeht, wurde bisher unter Freilandbedingungen nicht nachgewiesen, sie ließ sich aber künstlich, im Dressurversuch, erzielen (STOCKHAMMER).

B. Die Richtungsorientierung nach der Schwingungs- richtung linear polarisierten Lichtes

1. Nachweis und Vorkommen der Polarisationsorientierung

Wie bei der Schilderung der Bienentänze bereits angedeutet wurde, ist unter Polarisationsorientierung eine Einstellung der Ruhelage oder einer Fortbewegungsweise nach der Schwingungsrichtung zu verstehen.

Als verbindliches Kriterium gilt daher jede Änderung des Richtungswinkels, die unter gleichzeitiger Beibehaltung des Orientierungswinkels durch Verkleinern oder Vergrößern des Azimuts der Schwingungsrichtung erzielt werden kann[1]. Hierbei ist mit dem *Orientierungswinkel* derjenige Winkel gemeint, den die Körperachse des Tieres mit der Schwingungsrichtung einschließt, während der *Richtungswinkel* durch den Azimut des astronomischen Horizontalsystems gegeben ist, auf den die Körperlängsachse des Tieres hinweist.

Für die Einstellungsreaktionen im *künstlichen, durch Folien polarisierten Licht* ist der Nachweis durch Drehen der Folie klar. Er kann noch ergänzt werden durch Vergleich mit der Einstellung im energiegleichen unpolarisierten Licht, bei der sich Desorientierung ergeben muß, d. h. kein Richtungswinkel statistisch bevorzugt werden darf, andernfalls noch andere Richtungsreize wirksam sind (vorbildliche Versuche bei BAINBRIDGE u. WATERMAN).

Bei der Analyse einer gegebenen Einstellung unter *freiem Himmel* läßt sich Polarisationsorientierung durch Überlegen einer Folie über das Tier und Drehen derselben um ihre Flächennormale nachweisen. Es ist dabei zu beachten, daß die Folie unabhängig vom Polarisationszustand des einfallenden Lichtes an jedem Punkt ihrer lichtabgewandten Fläche Licht von gleicher Lage der Schwingungsrichtung liefert, jedoch nicht unbedingt gleicher Intensität. Denn diese ist bekanntlich von der Lage der Schwingungsrichtung der Incidenz zur Folienschwingungsrichtung abhängig und unter freiem Himmel mag es vorkommen, daß Licht verschiedener Schwingungsrichtung von verschiedenen Himmelsstellen auf die Folie einfällt und ein Intensitätsmuster erzeugt. Die an einer bestimmten Folienstelle durchgelassene Intensität ist dann maximal, wenn die Schwingungsrichtungen des einfallenden Lichtes und der Folie parallel liegen; sie ist minimal, wenn die beiden Schwingungsrichtungen gekreuzt sind (die genauen Werte für die einzelnen Wellenlängen sind jeweils vom Fabrikat abhängig). Wenn die Schwingungsrichtung des einfallenden Lichtes einheitlich ist, können auf diese Weise unter der Folie zu schwache Intensitäten zustande kommen, die Ursache einer Desorientierung sein können (VON FRISCH [2, 3]).

Ohne Folie ist der Nachweis ebenfalls möglich. Die Polarisationsorientierung ist dann daran zu erkennen, daß das Tier einen gegebenen Richtungswinkel auch dann einhält, wenn ihm nur kleinere Stellen blauen Himmels sichtbar gemacht werden und andere Orientierungsreize, wie Bodenmarken, Sonne o. ä unwirksam sind. Bei Depolarisation des Himmelslichtes durch dicke Wasserwolken, gewachstes Papier usw. muß außerdem Desorientierung erfolgen. Mit Hilfe dieser Methode ließ sich z. B. die Polarisationsorientierung von *Apis indica* und *A. florea* unter den primitiven technischen Möglichkeiten einer Tropenexkursion nachweisen (LINDAUER).

Als weitere Nachweismethode ohne Folie gelten auch *Versetzungsversuche* in Verbindung mit künstlicher oder natürlicher Richtungseinprägung. VON FRISCH u. LINDAUER haben so z. B. Honigbienen auf eine bestimmte Richtung dressiert, wobei die Sonne durch Berge verdeckt, aber blauer Himmel sichtbar war („Bergschattenversuche"). Nach Versetzung in eine andere Gegend hielten die Bienen am nächsten Morgen des Dressurkurs bei Sonnensicht richtungsgetreu ein. Sie hatten sich demnach bei der Dressur nach der Himmelpolarisation orientiert und deren tageszeitliche Veränderung einberechnet. Damit war der Nachweis einer

---

[1] Diese Definition gilt streng genommen nur für die Orientierung nach der Zenitpolarisation (s. Abschn. B. 3).

Polarisationsorientierung der Bienen im Flug erbracht. Ähnlich auszulegen sind auch die Versetzungsexperimente von COUTURIER u. ROBERT mit Maikäfern (*Melolontha melolontha* und *M. hippocastani*). Diese Lamellicornier schlüpfen im Boden von Grasflächen aus der Puppenhülle und fliegen nach Verlassen der Erde in der Dämmerung auf die Silhouetten der Fraßbäume zu. Nach dem Reifungsfraß und der Kopulation auf den Bäumen kehren die ♀ ♀ auf demselben Kurs wieder in die Wiesengründe zurück, wo sie geschlüpft sind, um Eier abzulegen; anschließend fliegen sie abermals auf der gleichen Bahn zum weiteren Fraß auf die Bäume. Versetzungsversuche in andere Gegenden zeigten, daß bei dem ersten Flug die Richtung Schlüpfort — Bäume eingeprägt wird, denn nach Versetzung in völlig andersartige Umgebung flogen die ♀ ♀ unabhängig von Bodenmarken entweder in oder entgegengesetzt der Richtung des „Präalimentärfluges", je nachdem ob sie schon Eier abgelegt hatten oder nicht. Eine Orientierung nach dem abendlichen Helligkeitsgefälle ist so gut wie ausgeschlossen, denn am Abend gefangene und am nächsten Morgen in anderer Gegend bei klarem Himmel aufgelassene Weibchen hielten ihren Kurs ebenfalls bei. Außerdem unterbleibt der Flug bei vollständig bewölktem Himmel, der nur unpolarisiertes Licht bietet.

Mit Hilfe solcher und modifizierter Methoden wurde eine Polarisationsorientierung bisher nur bei Arthropoden nachgewiesen. Ähnliche Versuche mit *Vertebraten* schlugen fehl; jene betreffen die folgenden Fische und Vögel: marine und Süßwasser-Teleosteer (BAINBRIDGE u. WATERMAN), Ellritzen (VON FRISCH, unveröffentlicht), Brieftauben (MONTGOMERY u. HEINEMANN), Stare (KRAMER), Grasmücken (SAUER). Dem gegenüber steht ein positiver Nachweis bei einer großen Anzahl von Arthropoden, die in der folgenden Liste angeführt sind:

Crustaceen: Euphyllopoda: *Artemia salina* (STOCKHAMMER, unveröff.);

Cladocera: *Daphnia spec.* (ECKERT); *Daphnia magna, Sida crystallina, Simocephalus vetulus, S. serrulatus, Ceriodaphnia reticulata, Moina affinis, Bosmina obtusirostris, Kurzia latissima, Chydorus globosus, Leptodora kindtii* (BAYLOR u. SMITH);

Isopoda: *Oniscus spec., Porcellio spec.* (BIRUKOW, zit. bei BAINBRIDGE u. WATERMAN); *Tylos latreillii* (PARDI [2]);

Amphipoda: *Talitrus saltator* (PARDI u. PAPI);

Mysidacea: *Mysidium gracile* (BAINBRIDGE u. WATERMAN);

Decapoda: Zoea-Larven von *Brachyuren* (BAINBRIDGE u. WATERMAN);

Arachnoideen: Hydracarina: *Spec.* ? (BAYLOR u. SMITH);

Araneina: *Agelena labyrinthica, A. similis* (GÖRNER); *Arctosa perita* (PAPI [1,2]);

Insekten: Rhynchota: *Velia currens* (BIRUKOW [2]);

Coleoptera: *Dyschirius numidicus* (PAPI [3]); *Geotrupes silvaticus* (BIRUKOW [1]; *Melolontha melolontha, M. hippocastani* (COUTURIER u. ROBERT); *Omophron limbatum* (PAPI [3]); *Phaleria provincialis* (PARDI [1]); *Scarites terricola* (PAPI [3]);

Hymenoptera: *Apis mellifica* (VON FRISCH [2, 3, 4], VON FRISCH u. LINDAUER; JESSEN); *A. indica, A. florea* (LINDAUER); *Andrena spec., Bombus terrestris, B. hypnorum, B. agrorum, Camponotus ligniperda* (JESSEN); *Formica rufa* (JANDER, JESSEN); *F. fusca* (JANDER); *Halictus spec.* (JESSEN); *Lasius niger* (CARTHY, JANDER, SCHIFFERER); *Myrmica laevinodis* (VOWLES); *M. ruginodis* (JANDER, VOWLES [2]); *Neodiprion banksianae*[1] (WELLINGTON, SULLIVAN u. GREEN);

---

[1] Bei den so bezeichneten Arten wurde die Polarisationsorientierung nur an Larven nachgewiesen.

Tapinoma erraticum, Tetramorium caespitum (JANDER); *Trigona sapotrigona, Vespa germanica* (JESSEN);

Diptera: *Drosophila melanogaster* (STEPHENS, FINGERMAN u. BROWN); *Sarcophaga aldrichi* (WELLINGTON);

Trichoptera: *Spec.* ?[1] (BAYLOR u. SMITH); *Neureclipsis bimaculata*[1] (STOCKHAMMER, unveröff.);

Lepidoptera: *Malacosoma distria*[1], *Choristoneura fumiferana*[1] (WELLINGTON, SULLIVAN u. GREEN).

Fehlen einer Polarisationsorientierung unter Arthropoden ist bisher nur für verschiedene Copepoden der *Cyclops*-Gruppe, sowie für die Nauplien der Entomostracen weitgehend gesichert und dürfte auf alle die Altersstadien niederer Crustaceen auszudehnen sein, die nur mit einem unpaaren Median- oder Naupliusauge ausgestattet sind (STOCKHAMMER, unveröffentl.). Dieses Unvermögen behindert jedoch keineswegs die Annahme, daß die Fähigkeit zur Orientierung nach der Schwingungsrichtung eine allgemeine Eigenschaft der Arthropoden ist. Denn das Vorkommen der Polarisationsorientierung bei so weit entfernt verwandten Arthropodengruppen wäre sonst kaum erklärbar.

Vertreter anderer Tierstämme wurden bislang nicht geprüft.

Die Polarisationsorientierung wurde fast ausschließlich bei der *Fortbewegung* — Schwimmen (Cladoceren, Hydracarinen, Zoea-Larven), Fliegen (Honigbiene, Maikäfer), Laufen und Kriechen auf festem Untergrund (übrige Arthropoden) — nachgewiesen. Als eine nach der Polarisation orientierte Bewegung, die nicht unmittelbar mit der Fortbewegung verschränkt ist, wurde bisher nur die Bewegung des unpaaren Facettenauges der Cladoceren bekannt (BAYLOR u. SMITH). Nach Beobachtungen des Verfassers wendet eine unter dem Mikroskop in Seitenlage festgelegte Daphnie den „Scheitel" ihres Auges dem Beleuchtungsapparat zu und stellt dabei die Querachse zwischen linker und rechter Augenperipherie parallel zur Schwingungsrichtung des Polarisators ein; bei Drehung desselben bewegt sich das Auge entsprechend mit. Diese Einstellungsreaktion des Facettenauges dürfte die weiter unten beschriebene Körpereinstellung während der Fortbewegung nach sich ziehen (s. S. 42).

2. Die atmosphärische Lichtpolarisation

Im Freiland, sei es an der Luft, sei es unter Wasser, treten infolge Reflexion, Brechung und Streuung des Lichtes mannigfache Polarisationserscheinungen in allen Raumrichtungen auf. Trotzdem wurde bisher — auch bei Wassertieren — nur eine orientierende Wirkung der atmosphärischen Polarisation gefunden, die bis zu Tiefen von 5—6 m in klarem Wasser unverändert erkennbar ist (WATERMAN [4]). Eine

---

[1] Bei den so bezeichneten Arten wurde die Polarisationsorientierung nur an Larven nachgewiesen.

Orientierung von Tieren tieferer Wasserschichten nach der Streuungspolarisation des Wassers (WATERMAN [4, 5]; WATERMAN u. WESTELL) ist aber nicht ausgeschlossen und ein entsprechender Nachweis in näherer oder fernerer Zukunft würde nicht überraschen. Kaum zu erwarten ist aber eine Orientierung nach der Polarisation des von ± glänzenden Bodenflächen, Pflanzenteilen oder ähnlichem reflektierten Lichtes, da diese Reflexionspolarisation in Zeit und Raum zu sehr variiert. Zum Verständnis der bisher gefundenen Orientierungsleistungen genügt es daher, die Himmelspolarisation allein darzustellen.

Nach vielen Messungen (SEKERA [2, 3] und der besonders bei SEKERA [1] zitierten Literatur) sind die Polarisationsverhältnisse an einem weitgehend dunst- und staubfreien Himmel folgende:

Etwa 20° über dem Antisolarpunkt befindet sich auf dem Sonnenvertikal (Himmelsmeridian, der von der Sonne über den Zenit zum Gegenpunkt führt) der Aragosche Neutralpunkt, von dem unpolarisiertes Licht ausgeht. Gleiches ist vom Babinetschen Neutralpunkt zu vermerken, der ebenfalls auf dem Sonnenvertikal, aber 20° über der Sonne liegt. Mit steigender Sonne verschwindet der Arago-Punkt; auf dem Sonnenvertikal erscheint dafür, etwa 20° unter der Sonne, der Brewstersche Neutralpunkt. Das *direkte Sonnenlicht* ist ebenfalls unpolarisiert. Über alle Himmelsstellen mit 90° Sonnenabstand erstreckt sich das *Polarisationsmaximum*; von diesen Orten ausgehendes Licht ist aber nicht vollständig, sondern nur partiell polarisiert ($\sim$ 60—70%). Unter sehr klarem Himmel ist die Verteilung des *Polarisationsgrades* (Anteil der polarisierten an der Gesamtstrahlung, die von einem Punkt ausgeht) sehr regelmäßig. In stereographischer Projektion des Himmelsgewölbes mit der Sonne als Pol bilden die Isolinien gleichen Polarisationsgrades weitgehend konzentrische Ringe um die Sonne, wobei der Polarisationsgrad von der Sonne gegen den Äquator hin zunimmt. Das Muster auf der sonnenabgewandten Himmelshalbkugel ist annähernd spiegelbildlich gleich.

Das Himmelslicht ist *linear polarisiert*. Die Lage seiner *Schwingungsrichtung* stimmt in ausgedehnten Flächen mit der Regel überein, daß die Inklination der Schwingungsrichtung an einem beliebigen, nicht neutralen Himmelspunkt durch die Normale auf die Ebene gegeben ist, die durch die Richtungen vom Beobachter zur Sonne und zum beobachteten Himmelspunkt begrenzt wird; die Lage der Schwingungsrichtung zeigt aber sonst beträchtliche Abweichungen von dieser Regel. Die Polarisationsisoklinen der Meteorologen bezeichnen die Verbindung der Punkte mit gleicher Inklination der Schwingungsrichtung gegen das Vertikal auf die einzelnen Azimute. Die Isoklinen bilden ein kompliziertes bilateralsymmetrisches Muster, dessen Symmetrieachse mit dem Sonnenvertikal gegeben ist. Auf diesem steht die Schwingungsrichtung entweder senkrecht (positive Polarisation) oder parallel zur Richtung auf die Sonne (negative Polarisation): die Polarisation ist positiv zwischen dem Arago- und Babinet-Punkt, sowie zwischen dem sonnennahen Horizont und dem Brewsterschen Neutralpunkt; sie ist negativ zwischen dem sonnenfernen Horizont und dem Arago-Punkt und ferner zwischen dem Babinet-Punkt, der Sonne und dem Brewster-Punkt.

Entlang der übrigen Himmelsmeridiane ist die Schwingungsrichtung in einer komplizierten Weise anders geneigt, und es verdient hier nur hervorgehoben zu werden, daß die Inklination auf einem einzelnen Meridian in verschiedenen Höhen nur wenig unterschiedlich ist. Direkt im Zenit ist die Polarisation jedoch immer positiv (Abb. 1). Die verschiedenen Isoklinen sind leminiskatenförmig und laufen einerseits im

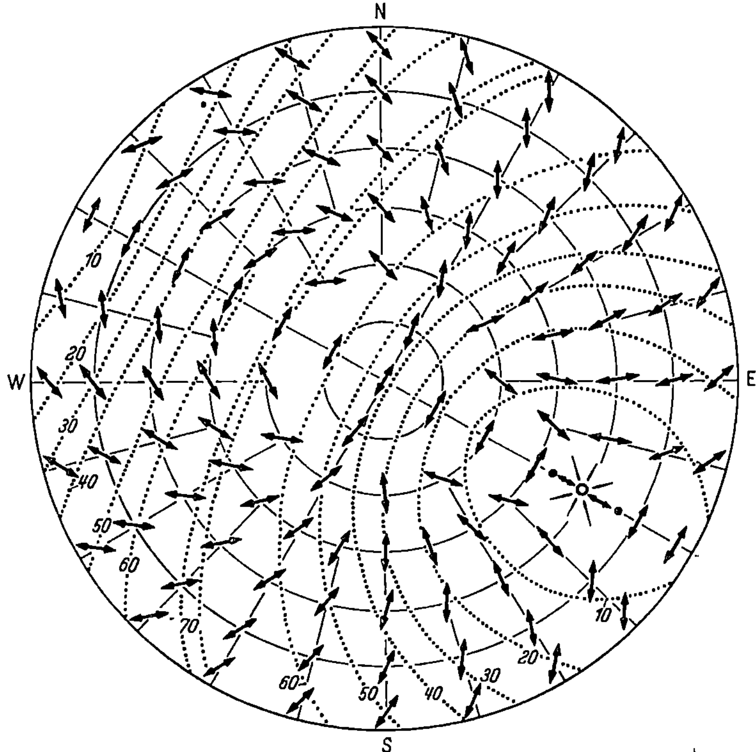

Abb. 1. Die Polarisation des Himmelslichtes bei einem bestimmten Sonnenstand (Azimut: 120° südl. v. N; Sonnen-Zenitdistanz: 60°). Der Arago'sche Neutralpunkt ist bereits verschwunden; es ist nur noch der Babinet- und der Brewester-Neutralpunkt sichtbar (Punkte in Sonnennähe). Pfeile: Schwingungsrichtung; punktierte Linien: Stellen gleichen Polarisationsgrades; Zahlen: Polarisationsgrad in % (Kombiniert nach Angaben in SEKERA [1, 2])

Zenit zusammen, schneiden aber andererseits, mit Ausnahme der Null-Isokline (Schwingungsrichtung parallel zum Vertikal auf die Azimute), die Neutralpunkte; die Null-Isokline berührt nur die Sonne und den Zenit. Sieht man von den Höhenkreisen unter den Neutralpunkten ab, so bilden sie Polarisationsisoklinen zu Zeiten niedrigen Sonnenstandes (am Abend und am Morgen) ein weitgehend zweifach symmetrisches Muster, dessen Symmetrie durch das Sonnenvertikal und den Meridian senkrecht dazu gegeben ist. Auf jedem Höhenkreis ändert sich dabei die Inklination innerhalb eines Symmetrieviertels von 90° (Sonnenvertikal) nach 0° („Senkrecht"-Meridian). Unter Berücksichtigung der zweifachen Symmetrie bedeutet dies, daß zu den Morgen- und Abendstunden jede Lage der Schwingungsrichtung je einmal an zwei diametral gegenüberliegenden Punkten gleicher Höhe verwirklicht ist. Der Polarisationsgrad der beiden Punkte ist dann entsprechend der angeführten Verteilung weitgehend derselbe. Untertags ist das Muster nur einfach symmetrisch. Die verschiedenen Inklinationen sind dann auch zweimal gegeben, aber nicht mehr an gegenüberliegenden Orten; meist befindet sich dann eine der beiden Stellen in den Bereichen niedrigen Polarisationsgrades nahe der Sonne (Abb. 1). Unterstellt man, daß mit Hilfe eines Beobachtungsgerätes die Schwingungsrichtung nur oberhalb eines bestimmten Polarisationsgrades erkennbar ist, dann sind viele Lagen der Schwingungsrichtung zur gleichen Zeit auf ein und demselben Almukantarat (Parallelkreis zum Horizont) nur einmal, andere überhaupt nicht wahrzunehmen, wie es schon von Natur aus auf allen Höhenkreisen unterhalb des jeweils höchsten Neutralpunktes zu jeder Tageszeit realisiert ist (Abb. 1). Die Verteilung des Polarisationsgrades und der Isoklinen der Schwingungsrichtung verschiebt sich tages- und jahreszeitlich, einerseits azimutal und andererseits mit der Höhe der Sonne, wobei die Sonnenabstände der Punkte gleichen Polarisationsgrades weitgehend winkelgetreu beibehalten werden. Von den übrigen tageszeitlichen Veränderungen seien nur noch die Dämmerungserscheinungen erwähnt. Das Polarisationsmaximum verbleibt bis zu Sonnenhöhen von —2° bis —4° (unter dem Horizont) im Zenit stehen und wandert erst dann gegen den Horizont weiter. Zum Zeitpunkt des Stillstehens erreicht der Polarisationsgrad im Maximum seinen höchsten Tageswert (~90%) und ebenso steigt er an den anderen Himmelsstellen rapide an; dabei gilt die Regel: die Zunahme ist um so größer, je niedriger der Polarisationsgrad der betreffenden Himmelsstelle bei Horizontlage der Sonne war. Dämmerungstieren (s. *Melolontha*, S. 32) stünde also ein gut ausgeprägtes Polarisationsmuster zur Verfügung.

Die Himmelspolarisation wird durch eine Reihe von Faktoren, wie Meereshöhe, Reflexionsvermögens des Bodens u. a. m. beeinflußt, die sich aber weniger auf die Lage der Schwingungsrichtung als auf den Polarisationsgrad auswirken. Die stärksten Veränderungen bewirkt die *Trübung* durch Wasser- oder Staubteilchen so groß oder größer als eine Wellenlänge. Ganz allgemein bewirkt steigende Trübung abnehmende Polarisationswerte und verändert besonders stark die *Dispersion des Polarisationsgrades*. Normalerweise ist die blaugrüne Strahlung am stärksten polarisiert, etwas weniger stark die blaue bis ultraviolette und die grüne bis gelbe; im spektralen Rot ist der Polarisationsgrad am geringsten. Mit zunehmender Trübung vergrößert sich der Polarisationsgrad im langwelligen Bereich relativ zum kurzwelligen und erreicht dabei Werte, die so hoch oder höher liegen als im Blaugrün. Aus der Abhängigkeit der Polarisation von der

Trübung ergibt sich, daß *meteorologische Faktoren* stark verändernd wirken können. Schon bevor sich die ersten Wolken bilden, fällt der Polarisationsgrad infolge des vermehrten Dunstgehaltes der Luft bedeutend ab. Mit dem Auftreten der Wolken sind dann weitere Veränderungen verbunden, die nach den Wolkentypen, -dicken und -höhen verschieden sind; systematische Studien über diesen Gegenstand fehlen aber bisher, und die Veränderungen wären bei biologischen Versuchen immer erst festzustellen. Ganz allgemein depolarisieren dicke Wasserwolken; dabei ist aber die Wolkenhöhe nicht zu vernachlässigen, denn diese kann so groß sein, daß die Dicke der Luftschicht unter den Wolken genügt, um eine neue Polarisation zu bewirken.

Um noch Hinweise darauf zu geben, welche Reizsituationen bezüglich der Polarisation im Freiland gegeben sein können, sei noch erwähnt, daß in der Umgebung größerer Wasserflächen beträchtliche Anomalien auftreten können, die im Auftauchen weiterer Neutralpunkte und abnormer Inklination der Schwingungsrichtung ihren gröbsten Ausdruck finden. Der Vollständigkeit halber sei erwähnt, daß auch das direkte Licht des Mondes und der meisten Sterne polarisiert ist und in mondhellen Nächten am Himmel ein ähnliches Polarisationsmuster erscheint wie am Tage.

3. Die Orientierung nach verschiedenen Himmelsstellen und die ein- und zweisinnige Einstellung

Präzisere Angaben über die Wahrnehmung und Orientierungswirksamkeit der Polarisation verschiedener Himmelspunkte liegen bisher nur von der Honigbiene vor. VON FRISCH [2, 3] verdeckte den Tänzerinnen auf der horizontalen Wabe die Aussicht nach dem Zenit sowie nach drei Seiten und bot ihnen nur Ausblick nach einer einzigen Himmelsrichtung, die in den einzelnen Versuchen oftmals eine andere war. Der den Bienen sichtbare Himmelsausschnitt war 40° breit und 30° hoch; sein Zentrum lag 45° über dem Boden. Die Tänzerinnen befanden sich unter einer horizontal liegenden Folie. Veränderte diese die Schwingungsrichtung der den Tänzerinnen sichtbaren Himmelsstelle nicht, so wiesen die Tänze zutreffend zum Futterplatz; wurde die Folie gedreht, so änderten die Bienen die Tanzrichtung um den Betrag, der dem Winkel zwischen den Richtungen zum Futterplatz und derjenigen Himmelsstelle entsprach, an der die Schwingungsrichtung zur selben Zeit eine der Folienlage entsprechende Inklination hatte. Dies war reproduzierbar, wobei die Tänze nur geringe Abweichungen von der genannten Regel zeigten. Solange die Lage der Folie einer Neigung der Schwingungsrichtung am Himmel entsprach, die nur an einer Stelle des Himmels erkennbar war (s. S. 36), wiesen die Tänze nur in eine Richtung (Tagesversuche). Wurde aber zu den Abendstunden mit der Folie eine Schwingungsrichtung geboten, die zur gleichen Zeit in zwei gegenüberliegenden Richtungen verwirklicht war (s. S. 36), so erfolgten „spiegelbildliche" Tänze, d. h. die Bienen tanzten sowohl in der vermeintlichen Richtung zum Futterplatz, als auch entgegengesetzt. VON FRISCH [3] erklärte all diese Ergebnisse folgend: beim Flug zum Futterplatz ist jeder Augenteil auf einen bestimmten Himmelsbezirk gerichtet und nimmt die für diese Stelle charakteristische Lage der Schwingungsrichtung wahr; beim Tanz im Stock stellt sich dann die Biene so ein, daß diejenigen Ommatidien nach dem Dunkelzelt-Ausschnitt blicken, welche im Hinflug zum Futterplatz auf die Himmelsstelle gerichtet waren, an der die Schwingungsrichtung eine der Folie entsprechende Inklination hatte. Die einsinnigen Tagestänze erklären sich zwangslos damit, daß es nur eine Ommengruppe gibt, die das betreffende Folienmuster am Himmel gesehen hat; es konnte daher nur diese auf den sichtbaren Ausschnitt eingestellt werden. Bei den „spiegelbildlichen" Tänzen entsprach jeder einzelne Schwänzellauf einer Alternativeinstellung zum Lichteinfall, denn im Flug hatten zwei um 180° auseinanderliegende Ommengruppen dasselbe Muster am Himmel erblickt und während der Richtungsweisung wurde dann jeweils eine Gruppe auf den sichtbaren Ausschnitt gerichtet. Hiermit in vollem Einklang stehen Versuche ohne Folie, bei denen den Tänzerinnen im Dunkelzelt durch ein schräg gestelltes Ofenrohr ein Himmelsfleck von 10° Durchmesser sichtbar gemacht wurde. Untertags waren die Tänze bei dieser Anordnung einsinnig und wiesen richtig zum Futterplatz; am Abend aber wurden die Tänze zweisinnig; entsprechend dem „doppelten" Himmelsmuster am Abend wurde sowohl die Richtung zum Futterplatz, als auch die entgegengesetzte angezeigt (VON FRISCH [3, 4]).

Bei den Dunkelzeltversuchen spielt die Raumlage des Lichteinfalles eine Rolle. „Durch ein seitlich gesehenes Muster ist die Richtung zum Futterplatz eindeutig bestimmt (Ausnahme: Abendmuster). Sieht aber die Biene das Muster im Zenit und sonst nirgends, so wird die Sache zweideutig. Ihre Augen empfangen dann dasselbe Bild, wenn sie ihren Kopf dem Futterplatz zuwendet, wie in der entgegengesetzten Stellung. Hiermit in voller Übereinstimmung haben die Bienen, als ich ihnen durch ein Ofenrohr nur Zenithimmel zeigte, die Richtung nach dem Ziel und die spiegelbildlich falsche Richtung gewiesen" (VON FRISCH [4]). Innerhalb des gebotenen Zenitausschnittes von 10° ist die Lage der Schwingungsrichtung an allen Punkten dieselbe und liegt senkrecht zur Richtung auf die Sonne; entsprechend der zweifachen Symmetrie (senkrecht und parallel zur Schwingungsrichtung) ist dann die Einstellung zweisinnig. Alle Autoren, die mit anderen Arthropoden experimentierten, haben ihren Versuchstieren stets durch eine Folie den Blick nach einem größeren oder kleineren Ausschnitt im Zenit freigegeben. Es ergab sich dabei immer, daß sich die Tiere nach der Polarisation im Zenit richteten. Wurde nämlich einem nach der Himmelspolarisation steuerndem Tier eine Folie so übergelegt, daß deren Schwingungsrichtung mit der Zenitpolarisation übereinstimmte, so erfolgte kein Kurswechsel (BIRUKOW [1], JANDER u. a.). Wurde aber die Folie gedreht, so erfolgte eine Kursänderung im Sinne einer Konstanz des Orientierungswinkels zur Folienschwingungsrichtung. Sofern der sichtbare Zenitausschnitt klein war, entsprechen diese Reaktionen durchaus der Erwartung. Die innerhalb des gebotenen kleinen Zenitfeldes überall gleiche Lage der Schwingungsrichtung (s. oben), wird durch die Folie an allen sichtbaren Punkten entweder nicht oder gleichartig verändert. Die Versuche mit Ausblick nach einem größeren Ausschnitt im Zenit erwecken aber den Eindruck, als ob sich die betreffenden Arthropoden bevorzugt nach der Schwingungsrichtung direkt im Zenit orientieren, bzw. nur diese wahrnehmen. Denn wenn auch die Folienschwingungsrichtung in solchen Versuchen mit der Zenitpolarisation übereinstimmt, so ändert die Folie die Polarisation vieler zenitferner Himmelsstellen, da an diesen die Schwingungsrichtung eine andere Inklination hat, als im Zenit (Abb. 1). Wenn man keine tiefgreifenden Unterschiede zwischen der Polarisationsorientierung bzw. -wahrnehmung der Bienen und der anderer Arthropoden annehmen will (vgl. folgenden Absatz), so haben die letzteren die verschiedenen Inklinationen am Himmel gesehen, bevor die Folie übergelegt wurde. Und analog den Folienversuchen mit Bienen, müßten von den Ommatidien, die eine durch die Folie veränderte Inklination sahen, Dreherregungen ausgelöst werden. Solches wurde bisher aber nicht beobachtet, und nach Ansicht des Verfassers liegt es durchaus im Bereich der Möglichkeit, daß sich die Dreherregungen dieser Ommatidien gegenseitig aufheben und nur diejenigen solcher Ommen wirksam bleiben, die auf den Zenit gerichtet sind.

Keineswegs darf man aus der Orientierung nach der Zenitpolarisation ohne weiteres schließen, daß sich die betreffenden Arthropoden nur nach der Zenitpolarisation orientieren, bzw. nur diese wahrnehmen können. Denn es ist zu bedenken, daß die menotaktische Polarisationsorientierung, zu der auch die Orientierung nach der Zenitpolarisation zählt (s. Abschnitt B. 4), als Bestandteil der „astronomischen" Orientierung mit der Sonnenorientierung gekoppelt ist (VON FRISCH [2, 3, 4], VON FRISCH u. LINDAUER, BIRUKOW, PAPI, PARDI, PARDI u. PAPI, JANDER u. a.) und — wie bei den Bienentänzen gezeigt (s. S. 30) — die Sonnenorientierung in bestimmten Reizsituationen zu ersetzen vermag. Von diesem Gesichtspunkt aus wäre es wenig sinnvoll, wenn der Orientierungsmechanismus so starr wäre, daß nur die Polarisation im Zenit zur Orientierung benützt werden könnte. Soweit bisher bekannt, vermag nur die Honigbiene die Sonne durch die Wolken wahrzunehmen und auch in diesem Fall zur Orientierung zu benützen; Arthropoden, denen diese Fähigkeit fehlt (Ameisen, *Arctosa* u. a.), müßten aber desorientiert sein, wenn Sonne und Zenit gleichzeitig durch Wolken verdeckt werden, da sie von der Polarisation anderorts als im Zenit gelegener freier Himmelsstellen keinen Gebrauch machen könnten.

Genauere Angaben über die Orientierungswirksamkeit und Wahrnehmung der Polarisation verschiedener Himmelsstellen stehen nicht zur Verfügung; die Diskussion soll jedoch die Probleme, die noch einer exakten Lösung harren und des Ausbaues bedürfen, aufwerfen und die Notwendigkeit einer Analyse des neurophysiologischen Funktionsgefüges der Polarisationsorientierung betonen.

Bisher nicht erwähnten Bienenversuchen mit schrägem Lichteinfall (Dunkelzelt) sind noch andere Tatsachen über die Orientierung nach der Himmelpolarisation zu entnehmen. Täuschte die Folie eine Inklination der Schwingungsrichtung vor, die zur Versuchszeit an keiner Stelle des Himmels verwirklicht war (s. S. 36), so tanzten die Bienen desorientiert. Da sie im Flug kein entsprechendes Muster gesehen hatten, konnte ihnen ihr Gedächtnis auch keine Einstellung für die Richtungsweisung vorschreiben. Die Tänze waren aber auch desorientiert, als den Bienen mit der Folie eine Schwingungsrichtung gezeigt wurde, die nur im Bereich niedrigen Polarisationsgrades erkennbar war. Aus diesen Versuchen könnte man entnehmen, ab welchem Polarisationsgrad die Bienen die Lage der Schwingungsrichtung zu erkennen vermögen. Das Beobachtungsgerät VON FRISCHs, die „Sternfolie" (s. S. 49) gestattet jedoch die Messung des Polarisationsgrades nicht. Nach einem Vergleich der Versuchsdaten VON FRISCHs mit theoretischen Polarisationswerten durch den Verfasser dürfte der Polarisationsgrad an jenen, nicht mehr wahrnehmbaren Himmelsstellen nicht mehr als 20 bis 30% (P = 0,2—0,3) betragen haben.

Bei der Orientierung der Bienentänze nach der Himmelspolarisation ist nach VON FRISCH nur der Ultraviolett-Blau-Bereich des Spektrums wirksam, während die Polarisation längerer Wellenbereiche mehr oder weniger bedeutungslos ist. BIRUKOW [2] hat dagegen bei *Geotrupes* nur im Rot und teilweise auch im Orange keine Einstellreaktionen erhalten.

4. Die menotaktische Polarisationsorientierung

Die hier mitgeteilten Ergebnisse stammen vornehmlich von Freilandversuchen, bei denen die Versuchsobjekte Ausblick nach dem Zenit hatten.

Aus der Schilderung der Bienentänze und der Flugbahnen des Maikäfers geht hervor, daß die Polarisationsorientierung im Dienste des *Findens* der *Richtung zu biologisch bedeutsamen Zielen* steht. Dies läßt sich auch auf Arthropoden ausdehnen, die am Ufer von Gewässern leben und bei Störung bestimmte Fluchtlinien einschlagen. In ihrem natürlichen Habitat fliehen diese Tiere in der kürzesten Richtung zum schutzversprechenden Wasser bzw. Land. Diese an dem Amphipoden *Talitrus saltator*, dem Isopoden *Tylos latreillii*, dem Tenebrioniden *Phaleria provincialis*, der Lycoside *Arctosa perita* u. a. durch PAPI und PARDI näher untersuchten Fluchtrichtungen weisen bei Populationen verschiedener Ufer- bzw., Küstenstellen gemäß dem unterschiedlichen Verlauf der Land-Wasser-Grenze in verschiedene Himmelsrichtungen. Bei Versetzung solcher Uferarthropoden wird die Fluchtrichtung auch in anderer Gegend beibehalten. Die Fluchtrichtung ist aber nicht angeboren, sondern wird „Umlernexperimenten" zufolge erworben (PAPI, SERETTI u. PARRINI). Ein angeborenes Kurshalten wurde bisher nur vom Wasserläufer, *Velia currens* berichtet, der, unabhängig von der geographischen Herkunft der Versuchstiere, zu jeder Tages- und Jahreszeit auf dem Trockenen nach Süden flieht (BIRUKOW [2]). Ein Kurshalten nach der Polarisation wurde auch bei der Flucht im weitesten Sinne von Ameisen festgestellt; sei es, daß man diese dem Nest entnommene und im Freien aufgeschüttete Puppen eintragen läßt (JANDER), sei es, daß man sie durch Berührung stört und zum Weglaufen in die gerade eingenommene Richtung veranlaßt (VOWLES [3]). Unter lebensnahen Bedingungen wurde fernerhin eine Polarisationsorientierung bei den Trichterspinnen *Agelena labyrinthica* und *A. similis* nachgewiesen. Diese finden auf ihrem waagrechten Netz den Weg von der Beute zurück in die Warte mit Hilfe der Polarisation (GÖRNER). Die Beispiele lassen sich in Zukunft — wie MEDIONI näher angedeutet hat — sicher noch vermehren.

In den besprochenen Fällen ist der Orientierungswinkel durch die Richtung zum Ziel bestimmt. Beobachtet man die Tiere über einen längeren Zeitraum, so zeigt sich, daß der Richtungswinkel konstant bleibt, die Größe des Orientierungswinkels sich aber mit dem tageszeitlichen Gang der Sonne ändert[1]. Diese tageszeitliche Veränderung des Orientierungswinkels beruht auf *Koppelung des Zeitfindungs- mit dem Orientierungsvermögen*. Auf diesbezügliche Einzelheiten sei aber verzichtet und auf die zusammenfassende Darstellung von RENNER verwiesen; es genügt hier festzuhalten, daß die Einberechnung der Zeit die Konstanz des Richtungswinkels ermöglicht und damit eine gesetzmäßige Variabilität der Größe des Orientierungswinkels hervorruft.

Berücksichtigt man neben dem letzteren auch noch, daß die biologischen Ziele in verschiedener Richtung vom Ausgangspunkt der Exkursion liegen können (Bienen: Futterquellen u. a.), so kann gesagt werden, daß sich die betreffenden Tiere prinzipiell *in jedem beliebigen Winkel zur Schwingungsrichtung* im Zenit einstellen können. Diese Vielfalt der Einstellung ist charakteristisch für die *Menotaxis* und unterscheidet sich so von den unten geschilderten Orientierungsreaktionen.

Bezüglich weiterer Einzelheiten, die photogeomenotaktische Transposition, die Konkurrenz mit der Orientierung nach anderen Reizarten u. a. m. betreffend, sei auf die Arbeiten von BIRUKOW [1], VON FRISCH

---

[1] Dies trifft anscheinend für *Agelena* nicht zu; sie „prägt" sich den Orientierungswinkel erst auf dem Hinweg zur Beute oder vorher in der Warte ein (GÖRNER).

u. Lindauer, Görner, Heran, Jander, Jessen, Vowles, Wellington, Sullivan u. Green verwiesen.

5. Die Einstellung in konstanten Orientierungswinkeln

Der menotaktischen Polarisationsorientierung mit der Konstanz des Richtungswinkels und der Variabilität des Orientierungswinkels stehen Reaktionen gegenüber, bei denen reziproke Winkelverhältnisse zum Ausdruck kommen. Von systematischen und Streuungsfehlern abgesehen, wird bei diesem Einstellungsmodus *der Richtungswinkel vom Orientierungswinkel bestimmt* und dieser ist in gewisser Hinsicht *konstant,* denn er kann nur 0°, 45° und 90° betragen. Eine solche Reaktion wurde ziemlich gleichzeitig von Baylor u. Smith und Eckert erstmals an Cladoceren entdeckt. Diese Tiere bewegen sich, wie auch *Artemia salina,* Wassermilben und Trichopterenlarven, nur im rechten Winkel zur Schwingungsrichtung fort, wobei es für die genannten Crustaceen gleichgültig ist, aus welcher Richtung das Licht einfällt. Sie stellen sich jeweils in Lichtrücken- bzw. -bauchlage ein und steuern dann senkrecht zur Schwingungsrichtung. Diese *Senkrechteinstellung* ist sowohl unter der Folie wie auch unter freiem Himmel[1] zweisinnig. Soweit bisher ersichtlich, stellt diese Senkrecht-Einstellung die einzige Polarisationsreaktion dar, zu der Phyllopoden fähig sind. Eine Einstellung allein zeigen auch laufende *Andrena*-Individuen: sie bevorzugen den 45°-Winkel zur Schwingungsrichtung. Die Zweisinnigkeit bewirkt bei dieser 45°-*Einstellung,* daß die Kurse von 45°, 135°, 225° und 345° gleich oft eingeschlagen werden (Jessen). In andere Vorzugswinkel stellt sich diese Art, soweit bisher bekannt, nicht ein. Die bevorzugte Einstellung in nur einem Orientierungswinkel scheint relativ seltener zu sein als die *Einstellung in mehreren Vorzugswinkeln.* Von diesem Orientierungstyp wäre zunächst die Senkrecht- und Parallel-Einstellung der Honigbiene, von *Bombus, Trigona, Vespa, Camponotus* und *Mysidium* zu nennen (Bainbridge u. Waterman, Jessen), bei der fast immer die Senkrecht-Einstellung der Parallel-Einstellung gegenüber statistisch signifikant bevorzugt wird. In einer weiteren Reaktionsart schließlich kann der Orientierungswinkel 0°, 45° und 90° betragen, wie es bei *Formica rufa, Geotrupes* und *Halictus* (Birukow, Jessen) gefunden wurde. Infolge Zweisinnigkeit der Einstellung erfolgt die Fortbewegung bei der Senkrecht- und Paralleleinstellung in vier Richtungen, bei 3 Vorzugswinkeln aber in acht. Andere Kombinationen und Vorzugswinkel wurden bisher nicht bekannt. Ebenso liegen bisher noch keine

---

[1] Die Reaktionen unter freiem Himmel sind nur in den Morgen- und Abendstunden zu beobachten. Untertags halten die Tiere einfach die Lichtbauch- bzw. -rückenlage zur hellsten sichtbaren Himmelsstelle ein; die Polarisationseinstellung fällt aus (Stockhammer, unveröff.).

Hinweise dafür vor, ob sich die einzelnen Einstellungstypen ausschließen. BAINBRIDGE u. WATERMAN haben an *Mysidium* gezeigt, daß sich Einzelindividuen über einen längeren Zeitraum nur parallel, zu anderen Zeiten wieder parallel und senkrecht ohne sichtbaren äußeren Grund einstellen. Eine Abhängigkeit von der Tageszeit wurde dabei weder bejaht noch verneint, dürfte aber nach den Versuchen der anderen Autoren nicht vorhanden sein. Über eine Abhängigkeit der Einstell-reaktionen von *Außenfaktoren* haben STEPHENS, FINGERMAN u. BROWN sowie WATERMAN u. BAINBRIDGE berichtet. Nach dem erstgenannten Team stellt sich *Drosophila* bei niederen Intensitäten gleich oft parallel und senkrecht zur Schwingungsrichtung ein, bei höheren dagegen bevorzugt im Winkel von 90°. BAINBRIDGE u. WATERMAN konnten dagegen bei *Mysidium* unter geringen Intensitäten nur Zunahme der „Fehler" finden; die Senkrecht- und Paralleleinstellung war gegenüber der Zufallsverteilung im unpolarisierten Licht weniger markant, jedoch immer noch signifikant verschieden. Ähnliches ergab die Verwendung von spektralem Rotlicht (660 mμ), in dem die Senkrecht-Paralleleinstellung ebenfalls schlechter ausgeprägt war als im spektralen Violett (440 mμ). Auch hier sind keine weiteren Angaben verfügbar, so daß über die Abhängigkeit der verschiedenen Einstellungstypen und -winkel von äußeren und inneren Faktoren kaum Verbindliches ausgesagt werden kann.

Immerhin fällt auf, daß sich die menotaktische Einstellung in variablen Orientierungswinkeln und die Einstellung in konstanten Vorzugswinkeln gegenseitig nicht ausschließen *(Apis, Formica)* und beide sowohl im natürlichen als auch künstlich polarisierten Licht auftreten (JESSEN). Es liegt daher nahe, die Einstellung in kon-stanten Winkeln als eine *Grundorientierung* im Sinne von JANDER anzusehen, unter welchem Begriff die positive und negative Phototaxis, die Lichtrücken- und -baucheinstellung u. a. zusammengefaßt und von der Menotaxis als „höhere" Orientierungsweise unterschieden werden. Unter der letzteren sind Orientierungsweisen zu verstehen, bei der viele Einstellwinkel möglich sind und die Einstellung durch „Lernvorgänge" bestimmt wird. Bei der Grundorientierung gibt es dagegen nur wenig Einstellwinkel und diese sind angeboren. Das letztere konnte für die Senkrecht- und Parallel-Einstellung der Honigbiene und für die acht Einstellrichtungen von *Formica rufa* durch JESSEN bereits nachgewiesen werden. Die Autorin prüfte in der Dunkelkammer geschlüpfte Ameisen oder Bienen, die aus einer Beute stammten, welche seit 3 Jahren in einem geschlossenen, diffus erleuchteten Raum stand, und erhielt dieselben Einstellungen wie bei im Freiland gefangenen Tieren. Die künstlich gehaltenen Tiere hatten noch nie polarisiertes blaues Himmels-licht gesehen, die Ameisen auch kein durch Reflexion oder ähnliches polarisiertes Kunstlicht. Über die Zahl der Einstellmöglichkeiten wurde schon oben berichtet; auch sie steht für beide Orientierungsweisen gut im Einklang mit der Definition JANDERs, ebenso wie die Tatsache, daß die Einstellung in einem bestimmten Richtungswinkel bei der menotaktischen Polarisationsorientierung erst „erlernt" werden muß (z. B. beim „Nachtrippeln" der alarmierten Arbeitsbienen hinter der Tänzerin).

C. Die sinnesphysiologischen Grundlagen der Polarisationswahrnehmung

1. Grundsätzliches zum Analysator in den Sehorganen

Um die Lage der Schwingungsrichtung linear polarisierten Lichtes feststellen zu können, bedarf es eines zweiten Polarisators, der *Analysator* genannt wird, da sich mit seiner Hilfe die vom ersten, dem eigentlichen Polarisator hergestellte Lichtpolarisation analysieren läßt. Der Analysator liefert ebenfalls nur linear polarisiertes Licht, dessen Intensität aber von der Lage der Schwingungsrichtung des Polarisators zur Schwingungsrichtung des Analysators abhängt. Wird bei feststehendem Polarisator der Analysator um 360° gedreht, so zeigen die Intensitäten hinter dem Analysator je zwei Minima und Maxima, die nach jeweils 90° alternierend auftreten. Entsprechend dem früher erwähnten (s. S. 31) bedeutet minimale Intensität gekreuzte Lage der Schwingungsrichtungen, maximale Intensität dagegen Parallellage. Die unbekannte Schwingungsrichtung des vom Polarisator kommenden Lichtes ist dann beim Intensitätsminimum durch die Senkrechte, beim Intensitätsmaximum durch die Parallele zur Analysatorrichtung gegeben. Für die *Messung der Lage der Schwingungsrichtung* ergeben sich zwei grundsätzliche Möglichkeiten: 1. es wird die vom Analysator transmittierte Energie registriert und 2. es wird die vom Analysator absorbierte Energie gemessen. Im ersten Fall muß das Meßgerät mit einem eigenen Lichtabsorber ausgestattet sein; Analysator und Meßgerät sind dann zwei verschiedene und voneinander unabhängige Einheiten. Im zweiten Fall ist der Analysator mit dem Meßgerät eng gekoppelt und stellt selbst den Lichtabsorber dar.

Als Sitz des Analysators kommen mit Sicherheit nur die *Sehorgane* in Betracht; denn mit Hilfe des Hautlichtsinnes könnte die Polarisation nie so genau geortet werden, wie es nach dem Vorhergehenden zu fordern ist. Schon den Verhaltensversuchen mit Arthropodenarten, die nur mit einem Augentyp ausgerüstet sind, ist daher teilweise zu entnehmen, welche Augenformen die Polarisationswahrnehmung ermöglichen; es sind dies: *Facettenaugen (Talitrus), Stemmata* (Tenthrediniden- und Lepidopterenlarven) und *Linsenaugen vom Hydracarinentyp*. Blendungsversuche zeigen weiter, daß vielleicht auch die *Ocellen* bei gewissen Arten für die Polarisationswahrnehmung in Frage kommen, denn *Sarcophaga* soll sich auch noch mit total geblendeten Facettenaugen nach der Lichtpolarisation orientieren (WELLINGTON); die Honigbiene dagegen tut dies bei gleichartiger Ausschaltung nicht mehr (STOCKHAMMER, unveröff.). Ähnliche Blendungsexperimente ergaben auch, daß sich Trichterspinnen *(Agelena)* allein mit Hilfe der evertierten Hauptaugen, deren Blickfeld bis über den Zenit reicht, nach der Schwingungsrichtung richten, denn nach Lackierung der evertierten Hauptaugen war wohl noch Orientierung nach Lichtquellen, nicht mehr aber nach der Polarisation möglich. Ob diese Unfähigkeit zentralnervös oder in Eigenheiten der Sinnesorgane begründet ist, läßt sich nicht sagen (GÖRNER). Ähnliches gilt auch für die verschiedenen Altersstadien von Entomostracen. *Artemia* orientiert sich erst dann nach der Schwingungsrichtung, wenn die Komplexaugen funktionsfähig sind. Die Nauplien und Metanauplien schwimmen im polarisierten Licht ungerichtet, wie auch alle übrigen Altersstadien anderer Entomostracen, sofern sie nur mit dem unpaaren medianen Augenbecher ausgerüstet sind (s. S. 33).

Für die Lokalisation des Analysators in den Sehorganen ist es wichtig, den *Sitz* des Lichtabsorbers, *der lichtempfindlichen Substanzen*, zu kennen. Biochemische Analysen von, mit Hilfe von Ultrazentrifugen, isolierten Crustaceen*rhabdomen* erbrachten den Nachweis eines Rhodopsins (WALD. u. HUBBARD), womit bewiesen sein dürfte, daß die Sehstäbe Sitz der Receptorsubstanzen sind. Dasselbe ist auf Grund von licht- und elektronenoptischen Untersuchungen an verschiedenen Augentypen zu fordern (FERNANDEZ-MORAN; GOLDSMITH u. PHILPOTT; MILLER; STOCKHAMMER; WOLKEN, CAPENOS u. TURANO). In den Sehorganen kann der Analysator entweder vor den Sehstäben in den Lichtweg eingeschaltet sein; er liefert dann den nachgelagerten Receptoren je nach der Lage der Schwingungsrichtung der Incidenz zu seiner „Durchlaßrichtung" verschieden große Intensitäten und liegt im dioptrischen Apparat. Oder die in den Sehstäben befindlichen Receptorsysteme zeichnen sich durch ein spezifisches Vermögen aus, wie ein Folienanalysator zu absorbieren. Der Polarisationszustand des Lichtes darf dann aber beim Durchgang durch den dioptrischen Apparat nicht oder nur wenig verändert werden.

2. Die Lokalisation des Analysators

Diejenigen Autoren, welche der Ansicht sind, daß der *Lichtanalysator im dioptrischen Apparat* lokalisiert ist, nehmen an, daß jener entweder den Gesetzen der Doppel- oder der Einfachbrechung gehorcht. STEPHENS, FINGERMAN u. BROWN vertreten die Hypothese, daß der Analysator auf den Brewster-Fresnelschen Gesetzen von der Polarisation einfach gebrochener und reflektierter Strahlen beruht, die in den Cornealinsen von *Drosophila* wirksam wären. Diese Theorie ist physikalisch unhaltbar, da die entsprechenden Eigenschaften nur in optisch isotropen Körpern verwirklicht sein können, die Corneafacetten von *Drosophila* aber wie alle anderen chitinösen Arthropodenlinsen optisch anisotrop sind (STOCKHAMMER, unveröff.).

Mehr Beachtung verdienen die übrigen Theorien, die dem dioptrischen Apparat doppelbrechende Eigenschaften zuschreiben, auf denen der Analysator basieren soll.

Am bekannten „Paradepferd" der *Doppelbrechung*, dem isländischen Kalkspat, läßt sich demonstrieren, daß ein optisch anisotroper Körper einen einfallenden unpolarisierten Strahl in zwei divergierende, linear polarisierte Strahlen zerlegt, deren Schwingungsrichtungen senkrecht aufeinander stehen. Läßt man einen linear polarisierten Strahl anstelle des unpolarisierten einfallen, so tritt aus dem Kristall nur ein Strahl aus, wenn die Schwingungsrichtung der Incidenz mit einer der beiden Schwingungsebenen im Kristall zusammenfällt; es treten aber zwei Strahlen aus, wenn bei gleichartigem Einfall die Schwingungsrichtung der Incidenz mit keiner der beiden Schwingungsebenen übereinstimmt. Auf dieser Basis können doppelbrechende Körper als Analysatoren wirken; es braucht nur einer der beiden Strahlen daran gehindert zu werden, zum Lichtabsorber zu gelangen.

Aus der räumlichen Trennung der beiden Strahlen ist zu ersehen, daß in den beiden Refraktionsrichtungen verschieden starke Brechung herrschen muß; eine Divergenz wäre sonst nicht möglich. Dem einen, dem schnelleren Strahl, bzw. seiner Schwingungsrichtung, ist daher die kleinere Brechzahl, n_k, dem anderen, dem langsameren, die größere Brechzahl, n_g, zuzuordnen. Die Differenz zwischen den beiden Exponenten ergibt die Stärke der Doppelbrechung und diese ist bei den optisch anisotropen Körpern eine Funktion der Richtung. (Körper, bei denen in jeder Richtung einfache Brechung auftritt, sind optisch isotrop.) In jedem anisotropen Medium gibt es mindestens eine ausgezeichnete Richtung, in der keine Doppelbrechung auftritt, es ist dies die optische Achse, mit der keine Linie, sondern eine Richtung definiert ist. Der Polarisationszustand von in der optischen Achse einfallendem Licht bleibt beim Durchgang durch das anisotrope Medium unverändert.

Für den optisch einachsigen Körper ergibt sich, daß die Stärke der Doppelbrechung mit zunehmender Neigung des Lichteinfalles gegen die optische Achse steigt und senkrecht zur optischen Achse ein Maximum erreicht, dessen Größe eine Materialkonstante ist. Es ist dabei zu beachten, daß einer der beiden Strahlen den normalen Brechungsgesetzen gehorcht; er wird, im Gegensatz zum außerordentlichen, als ordentlicher Strahl bezeichnet.

Für eine bestimmte Lichteinfallsrichtung ergeben sich beim isländischen Kalkspat (der zu den optisch zweiachsigen Körpern gehört) die Brechzahlen $n_g = 1,6585$ und $n_k = 1,4863$; die Stärke der Doppelbrechung beträgt $n_g - n_k = 0,1722$. Bei diesen Brechungsverhältnissen wird ein Bildpunkt doppelt und räumlich getrennt abgebildet. In den meisten Fällen ist aber die Stärke der Doppelbrechung weitaus geringer. Bei Quarz z. B. beträgt sie: $n_g - n_k = 0,0091$. Es läßt sich leicht vorstellen, daß bei so geringer Stärke der Doppelbrechung zwar zwei Bildpunkte entstehen, diese sich aber praktisch überlappen, die Doppelbrechung ist dann nur noch an den beiden zueinander senkrechten Schwingungen erkennbar, die sich entlang einer einzigen Achse fortpflanzen. Für den Einfall polarisierten Lichtes gilt grundsätzlich das beim Kalkspat erwähnte; beim Übertritt aus dem schwach doppelbrechenden Medium in ein isotropes setzen sich aber die beiden linearen Schwingungen, die erhalten werden, wenn die Schwingungsrichtung des Lichteinfalls diagonal zu den beiden Schwingungsebenen im Körper liegt, zu einer elliptischen zusammen. Auf andere Eigenarten der Doppelbrechung sei vorerst nicht eingegangen; sie sind bei SCHMIDT [1] in verständlicher Weise ausführlich dargestellt.

Prüft man die *chitinösen Linsen* von verschiedenen Augentypen unter dem Polarisationsmikroskop, so erweisen sich alle als optisch anisotrop. Sie sind alle optisch einachsige Körper (sofern keine Kalkeinlagerungen vorhanden sind), in denen die optische Achse parallel zum Krümmungsradius der einzelnen Corneaschichten steht. In Richtung der Tangente zur Wölbung der einzelnen Schicht erreicht $n_g - n_k$ seinen maximalen Wert. Dieser ist sowohl am fixierten, als auch am lebend-frischen Objekt sehr gering; in entsprechender Richtung, wie auch in jeder anderen, entstehen niemals zwei getrennte Bildpunkte (STOCK-HAMMER). Die den ordentlichen und außerordentlichen Strahlen entsprechenden Bildpunkte überlappen sich sogar bei den infolge Kalkeinlagerung stark doppelbrechenden Corneafacetten von Isopoden (DUDICH, WOLSKY)[1]. Und schon daraus folgt, daß die Möglichkeit einer Analysatorfunktion der Cuticularlinsen sehr gering ist; es dürften kaum anatomische oder optische Vorrichtungen vorhanden sein, die einen der beiden Strahlen so ablenken, daß nur der andere zu den Sehstäben gelangt. Untersucht man eine unfixierte und lebendfrische Linse eines Insektenommatidiums oder irgend eines Linsenauges unter dem Mikroskop und verwendet sie gewissermaßen als Analysator, so bestätigen sich diese Vermutungen. Es gibt keine Refraktionsrichtung, in der eine Auslöschung bei verschieden schrägem Lichteinfall und Drehung eines vorgeschalteten Polarisators erkennbar wird, wie es aber zumindest bei einer Einfallsrichtung eintreten müßte, wenn in den Linsen ein Analysator vorhanden wäre und dessen Schwingungsrichtung mit der des Polarisators gekreuzt läge. *In den cuticularen Bauelementen der Facetten- und Linsenaugen der Insekten und der Spinnenaugen ist mit Sicherheit kein Analysator vorhanden*, und es ist sehr wahrscheinlich, daß dasselbe auch auf die Facettenaugen der Crustaceen zutrifft.

Der Polarisationszustand der Lichtstrahlen, welche die Cornea passiert haben, läßt sich, wie oben erwähnt, aus dem Winkel des Lichteinfalles zur optischen Achse und der Schwingungsrichtung der Incidenz ableiten.

Es können demnach nur noch die *hyalinen, nicht chitinösen Gebilde*, die sich an die Cuticularlinsen anschließen, wie die Kristallkegel-, Corneagen- oder Glaskörperzellen der verschiedenen Augentypen als Analysatoren wirksam sein. Die genannten Bauelemente erweisen sich aber durchwegs als einfachbrechende, optisch isotrope Medien. An Präparaten von lebendfrischen Augen, bei denen die hyalinen Gebilde im Zusammenhang mit der Cornea blieben, zeigt sich bei Variation der Lichteinfalls- und Schwingungsrichtung keine Auslöschung. Somit ist *im gesamten dioptrischen System der verschiedenen Insekten- und Spinnenaugen kein Analysator vorhanden*. Zu demselben Ergebnis kommen auch LÜDTKE und dessen Schüler SELZER auf Grund polarisationsmikroskopischer Untersuchungen.

Bei allen untersuchten Facettenaugen gelangt nur streng oder angenähert parallel zur Ommenachse einfallendes Licht durch die Kristall-

---

[1] Die getrennte Abbildung eines Bildpunktes durch Doppelbrechung ist als Funktion der Stärke der Doppelbrechung auch von der Schichtdicke abhängig. Die Divergenz der beiden Strahlen macht sich erst bei größerer Schichtdicke bemerkbar, bei geringerer überlappen sich die beiden Bildpunkte.

kegelspitze. Sind die Corneafacetten nur schwach gewölbt (z. B. Apiden, Syrphiden, Calyptraten u. a.), dann läuft die optische Achse der Chitinschichten an jedem Linsenpunkt annähernd parallel zur Ommenachse; der Polarisationszustand des aus der Kegelspitze austretenden Lichtes ist daher praktisch derselbe, wie der des auf die Cornea einfallenden. Bei stärker gewölbten Corneafacetten liefert die Kegelspitze im Falle linearer Polarisation des Lichteinfalles teils unverändert linear-, teils schwach bis mäßig elliptisch polarisiertes Licht (*Melolontha, Rhynchoten,* Tabaniden u. a.). Dies kommt daher, daß nicht alles den Conus verlassende Licht die Linsen in Richtung der optischen Achse passiert hat. Ähnlich diesen Verhältnissen liefert der dioptrische Apparat der Linsenaugen immer nur Licht verschiedenen Polarisationszustandes.

Da sich der Analysator nicht im dioptrischen Apparat befindet, kann er nur in den Sehstäben lokalisiert sein. Damit stimmen die elektrophysiologischen Befunde von Autrum u. Stumpf und Lüdtke überein. Gegensätze ergeben sich nur zu den Ansichten von Baylor u. Smith, Berger u. Segal, Waterman [3] und Bainbridge u. Waterman.

Diese zuletzt genannten Autoren vermuten Analysatoren im dioptrischen System. Soweit sich die Hypothesen auf Tiere beziehen, deren Augenoptik eingehend untersucht wurde, ließ sich keine Übereinstimmung zwischen Theorie und Augenoptik feststellen (Stockhammer). Auch bei anderen Tieren, wie Wassermilben und Cladoceren, deren Augen infolge ihrer Kleinheit nur fixiert untersucht werden konnten, ergaben sich keine Anhaltspunkte für einen Analysator im dioptrischen System. Die chitinösen Bestandteile zeigten immer nur schwache Doppelbrechung und die hyalinen Gebilde dieselbe Isotropie, wie sie auch an fixierten und lebendfrischen Augen der übrigen Tiere gefunden wurden. Ein Analysator im dioptrischen Apparat ist daher auch bei diesen Tieren unwahrscheinlich. Waterman [2, 3] erhielt bei Reizung von *Limulus*-Einzelommatidien mit linear polarisiertem Licht während der Polarisatordrehung Minima und Maxima, wie es den Intensitäten hinter einem feststehenden Analysator entspricht. Dieser Effekt ergab sich aber nur, wenn das Licht schräg zur Ommenachse einfiel; bei parallelem Lichteinfall blieb er aus. Dies würde in Einklang stehen mit der Winkelabhängigkeit von Analysatoren, die auf der Lichtpolarisation bei Fresnel-Brewsterscher Einfachbrechung oder auf Doppelbrechung beruhen und demgemäß im dioptrischen Apparat lokalisiert sein müßten (Waterman [3]). Da *Limulus* anstelle des Kristallkegels einen Processus corneae[1] besitzt, der nach vorläufigen Schnittuntersuchungen optisch anisotrop ist (Stockhammer), könnten nur Doppelbrechungserscheinungen für diesen Effekt verantwortlich sein. Möglicherweise kommt es bei den relativ riesigen Ausmaßen (vgl. Anmerkung S. 47) des Processus in der Tat bei schrägem Lichteinfall zu einer Trennung der beiden Strahlen, so daß nur einer zu den Receptoren gelangt. Andere Erklärungen sind ebenfalls denkbar. Keineswegs dürfen aber die Senkrecht- und Parallel-Einstellungen (s. S. 42) mit einem „Schräglichtanalysator" in Verbindung gebracht werden, wie es Baylor u. Smith, Stephens, Fingerman u. Brown, Waterman [3] und Bainbridge u. Waterman

---

[1] Manche Insekten besitzen ebenfalls einen Proc. corneae. Er ist jedoch hier von geringerem Ausmaß und meist mit einem Kristallkegel kombiniert (Coleopteren). Es kommt hier zu keiner Trennung des ordentlichen und außerordentlichen Strahles.

bei *Drosophila,* Cladoceren und *Mysidium* versucht haben. Die Reaktionen von *Mysidium* z. B. gleichen der Einstellung der Honigbiene in konstantem Orientierungswinkel vollends (s. S. 42) und von der Honigbiene ist es nach polarisationsmikroskopischen Untersuchungen sicher, daß sie keinen „Schräglichtanalysator" besitzt (STOCKHAMMER). Solange nichts Gegenteiliges nachgewiesen werden kann, muß daher der „Schräglichtanalysator" auf *Limulus* beschränkt bleiben, wo er aber ebenfalls erst polarisationsmikroskopisch nachzuweisen wäre.

Von den Komplexaugen der Honigbiene und der Schmeißfliege, *Calliphora* wurden bei Reizung von Einzelommatidien oder Ommengruppen andersartige Retinogramme erhalten als bei *Limulus* (AUTRUM u. STUMPF, LÜDTKE). Die Potentiale blieben bei Drehung des Polarisators unter jedem Azimut der Schwingungsrichtung konstant; bei Reizung mit energiegleichem *unpolarisiertem* Licht ergaben sich aber niedrigere Werte. Im Einzelommatidium kann daher kein einheitlicher, im dioptrischen Apparat lokalisierter Analysator vorhanden sein. Die Unterschiede zwischen linear polarisiertem und unpolarisiertem Licht ließen sich unter der Annahme erklären, daß im Einzelommatidium ein Analysator vorliegt, der aus mehreren radiärsymmetrisch angeordneten Teilen besteht und in den gleichartig ausgerichteten Sehzellen lokalisiert sein könnte. Ein idealer Analysator transmittiert und absorbiert von einfallendem unpolarisierten Licht je 50%, läßt aber von linear polarisiertem Licht bei Parallellage der Schwingungsrichtungen 100% durch, bzw. absorbiert denselben Betrag bei gekreuzter Lage. In einem aus Sektoren zusammengesetzten radiär-symmetrischen Analysator erhalten daher die „Absorber" eines bestimmten gegenüberliegenden Sektorenpaares von polarisiertem Licht mehr Energie als bei Einfall von unpolarisiertem; dieses Sektorenpaar ist dasjenige, in dem die wirksame Richtung mit der Schwingungsrichtung der Incidenz zusammenfällt. Da das Potential keine einfache Summe ist und immer nur den höchsten Effekt zum Ausdruck bringt, fügen sich die erzielten Befunde daher zwanglos der Vorstellung, daß *jede Sehzelle für Licht bestimmter Schwingungsrichtung maximal empfindlich ist.* Zum gleichen Ergebnis kam auch LÜDTKE bei der elektrophysiologischen Untersuchung von *Notonecta*-Komplexaugen, deren Retinulae bilateralsymmetrisch gebaut sind. Infolge der Bilateralsymmetrie sind die Elektroretinogramme anders als bei der Honigbiene; sie komplizieren sich zudem durch physiologische Ungleichwertigkeit der einzelnen Sehzellenpaare. Entsprechend der Sehzellenanordnung sind nach all dem Erwähnten radiär- oder bilateralsymmetrisch angeordnete Teilanalysatoren in der Retinula zu erwarten.

Angeregt durch die Ergebnisse von AUTRUM u. STUMPF hat VON FRISCH [3] ein „künstliches Bienenommatidium gebaut, das aus acht radiarsymmetrisch angeordneten Foliensektoren besteht, in denen die Schwingungsrichtung tangential liegt. Bei gegebener Schwingungsrichtung des Lichteinfalles entsteht dann ein Muster aus hellen (Parallel-

lage) und dunklen Sektorenpaaren (gekreuzte Lage). Obwohl die
spektrale Durchlässigkeit u. a. sicher nicht den tatsächlichen Verhältnissen im Bienenauge entspricht, konnte eine überraschende Übereinstimmung zwischen der Ausprägung des von der Sternfolie bei Betrach-
tung der orientierungswirksamen Himmelsstellen gelieferten Musters
und den Reaktionen der Honigbiene festgestellt werden (s. S. 40).

Da sich die Sehsubstanzen nicht in den Sehzellen, sondern in den
Sehstäben befinden (s. S. 45), muß auch der Analysator in den Sehstäben
lokalisiert sein. Die Sehstäbe zeigen in der Tat polarisationsoptische Erscheinungen, die innerhalb einer Augeneinheit radiär- oder bilateralsymmetrisch ausgerichtet sind. *In der natürlichen Lichtdurchgangsrichtung
wirken die Sehstäbe stets doppelbrechend* und es wurde bisher kein Facetten-
oder Linsenauge gefunden, dessen Sehstäbe diese Eigenschaft nicht
aufweisen[1]. Am Querschnitt durch eine radiäre Retinula mit voneinander
getrennten Sehstäben liegt die Schwingungsrichtung großer Brechzahl n_g
parallel der Ansatzfläche Rhabdomer-Sehzelle; die Schwingungsrichtung
kleinerer Brechzahl n_k steht senkrecht dazu. Entsprechend der radiären
Anordnung der Sehzellen liegt dann n_k der verschiedenen Sehstäbe
radiär zur Ommenachse; radiäre Ausrichtung derselben Schwingungsrichtung ist auch dann vorhanden, wenn die Sehzellen in einer eigen-
artigen Zwischenform bilateral- und radiärsymmetrisch ausgerichtet
sind, wie bei den höheren Dipteren (Dietrich, Stockhammer). Im
Falle bilateraler Symmetrie der Sehzellenanordnung ist auch die Sehstaboptik spiegelbildlich zur Symmetrieebene der Retinula ausgerichtet
(dorsale Ommatidien von Anisopteren-♂♂, Rhynchoten u. a.). Eine
komplizierte Optik zeigen die Rhabdome der Hymenopteren und anderer
Gruppen; doch kann auch sie auf Doppelbrechung der radiär angeordneten und eng aneinanderliegenden Rhabdomere zurückgeführt werden.
Schließlich sind noch Fälle zu erwähnen, bei denen im Gegensatz zu den
bisher erwähnten Rhabdomeren von mehr oder weniger kreis- oder sek-
torenförmigem Querschnittsprofil, dieses in gleicher Ansicht halbmond-
bis winkelförmig ist (verschiedene Stemmata und Ocellen, Scarabaeiden-
und *Limulus*-Ommatidien). Die Schwingungsrichtung kleinerer Brechzahl „läuft" dann stets senkrecht zur Sehzellenkante, und je nach der
Anordnung der Sehzellen ist dann die Ausrichtung der Schwingungsebenen am Retinula-Querschnitt in modifizierter Weise abermals
radiär- oder bilateralsymmetrisch (Stockhammer, z. T. unveröff.).

Die zuletzt genannten Sehstab- bzw. Augentypen seien von weiteren
Betrachtungen ausgeklammert, denn die spezielle Auswirkung ihrer
Optik bedarf noch eingehender Studien; bisher zeichnet sich nur ab, daß
die halbmond- bis winkelförmigen Sehstabprofile immer nur in Augen

---

[1] Der Nachweis der Sehstabdoppelbrechung steht bisher nur von den Neben-
augen der Spinnen aus.

auftreten, bei denen der dioptrische Apparat die lineare Polarisation des einfallenden Lichtes zu einem nicht zu vernachlässigenden Anteil in elliptische umwandelt, was auch für anders geformte Sehstäbe zutrifft, die wenigstens distal vergleichsweise dick sind (Rhynchoten, Tipuliden).

Beziehungen zwischen der Ausrichtung der Schwingungsrichtung im Einzelommatidium und den elektrophysiologischen Befunden sind unverkennbar. Es erhärtet sich so die Ansicht, daß *der Analysator in den Sehstäben lokalisiert sein muß* und dies um so mehr, als er zumindest bei den Insekten und Spinnen nicht im dioptrischen Apparat nachgewiesen werden konnte. Damit steht auch gut im Einklang, daß sich Formen mit sehstablosen Augen (Naupliusauge der Entomostracen) nicht nach der Lichtpolarisation orientieren können (s. S. 33).

3. Die Theorie des „Sehstoff-Analysators"

Da die Sehstäbe der meisten Augentypen in ihrer ganzen Länge gleichmäßig gebaut sind, darf als sicher angenommen werden, daß die Sehstoffe nicht auf bestimmte Sehstababschnitte beschränkt sind, sondern sich mit Ausnahmen (distale Abschnitte der Dipterenrhabdomere u. ä.) über die gesamte Länge verteilen. Der Analysatormechanismus kann daher nicht vom Sehstoff, dem „Absorber" (vgl. S. 44) räumlich getrennt sein. Es ist vielmehr anzunehmen, *daß der Sehstoff selbst „analysiert"*, d. h. Licht bestimmter Schwingungsrichtung maximal im Winkel von 90° dazu schwingendes aber nur minimal absorbiert (DE VRIES, SPOOR u. JIELOF, STOCKHAMMER). Auf einer solchen dichroitischen Absorption beruhen die Polarisationsfolien. Diese sind doppelbrechend, absorbieren aber den senkrecht zur „Durchlaßrichtung", den in der Absorptionsrichtung schwingenden Strahl, so daß von einfallender unpolarisierter Strahlung nur eine in einer einzigen Richtung schwingende Komponente die Folie verläßt. Analog zur Folie müßte daher im Sehstab dichroitische Absorption zu finden sein, sollte die Polarisationswahrnehmung tatsächlich auf diesem Prinzip beruhen. In der Tat lassen sich an lebendfrischen Augen oft bei Drehen des Polarisators „Auslöschungserscheinungen" in den Sehstäben feststellen, die einer dichroitischen Absorption entsprechen könnten. Diese Erscheinungen sind aber nicht beliebig reproduzierbar und können auch auf andere Weise erklärt werden, so daß der Nachweis einer Polarisationsanalyse durch dichroitische Absorption des Sehstoffes bisher noch aussteht. Möglicherweise ist der Sehstoff zu wenig dicht im Sehstab eingelagert, so daß der Dichroismus mit subjektiven Methoden nicht nachzuweisen ist.

Es liegen aber noch andere Indizien dafür vor, daß der Sehstoff analysiert. Nach der Theorie des kolloidalen Mischkörpers und den daraus entwickelten Vorstellungen (ausführliche Darstellung bei SCHMIDT [1]) ist

4*

die Doppelbrechung der Ausdruck einer regelmäßigen *submikroskopischen Feinstruktur*. Aus der Doppelbrechung der Sehstäbe darf demnach zumindest auf einen geordneten Feinbau des Sehstabgrundgerüstes geschlossen werden, denn fixierte Sehstäbe, in denen die Sehstoffe sicher zerstört oder ausgewaschen sind, zeigen beim Durchblick entlang der Achse ebenfalls Doppelbrechung. In mehreren elektronenoptischen Untersuchungen (DANNEEL u. ZEUTZSCHEL; FERNANDEZ-MORAN; GOLD-SMITH u. PHILPOTT; MILLER; WOLKEN, CAPENOS u. TURANO) wurde dies in der Tat bestätigt. Analog der überall gleichartigen Sehstaboptik wurde in den Rhabdomeren von *Limulus*-, Myriapoden-, Dipteren-, Odonaten- und Hymenopterenfacettenaugen und außerdem von Spinnen-Hauptaugen gleichartiger Feinbau gefunden. Die Sehstäbe bestehen stets aus eng gepackten, im Querschnitt wabenförmigen Röhrchen, deren Längsachse parallel zur Schwingungsrichtung kleiner Brechzahl liegt. Es ist mit Sicherheit anzunehmen, daß die Sehstoffmoleküle in dieses Grundgerüst orientiert eingelagert sind, was bereits AUTRUM zur Erklärung des hohen zeitlichen Auflösungsvermögens und der hierzu nötigen Receptoreigenschaften fordern mußte (vgl. HERAN). Die Orientierung der Arthropoden-Sehstoffteilchen muß außerdem aus der Sicht der Polarisationswahrnehmung eine ganz bestimmte sein, denn auch in den Außengliedern der Vertebratenstäbchen ist der Sehstoff orientiert eingelagert, und trotzdem kann mit Hilfe dieser Sehelemente lineare Polarisation nicht wahrgenommen werden. Die optische Achse des Systems, Grundgerüst + Sehpurpur, liegt im Vertebratenstäbchen parallel der Lichteinfallsrichtung und der Stäbchenachse; Sehpurpur-Dichroismus erscheint nur in den Richtungen senkrecht dazu, in Richtung der Stäbchenachse ist die Absorption normal (SCHMIDT [2, 3, 4], DE VRIES, SPOOR u. JIELOF). Im Vertebratenstäbchen sind Feinbau und Optik des sehpurpurfreien Stabgrundgerüstes andere als in den Arthropoden-Rhabdomeren. Die optische Achse des Grundgerüstes liegt bei jenen parallel zur natürlichen Lichteinfallsrichtung, bei den letztgenannten senkrecht dazu. In Analogie zur Sehpurpureinlagerung der Vertebraten ist daher für die Arthropoden mit großer Wahrscheinlichkeit zu erwarten, daß der Sehstoffdichroismus senkrecht zur optischen Achse des Sehstabgrundgerüstes, d. h. in der Lichteinfallsrichtung auftritt, womit dann eine Polarisationswahrnehmung möglich wäre.

Literatur

AUTRUM, H.: Über zeitliches Auflösungsvermögen und Primärvorgänge im Insektenauge. Naturwissenschaften **39**, 290 (1952).
— u. H. STUMPF: Das Bienenauge als Analysator für polarisiertes Licht. Z. Naturforsch. **5 b**, 116 (1950).
BAINBRIDGE, R., and T. H. WATERMAN: Polarized light and the orientation of two marine Crustacea. J. exp. Biol. **34**, 342 (1957).

BALY, E. C. C., and E. S. SEMMENS: The selective photochemical action of polarized light. I. The hydrolysis of starch. Proc. roy. Soc. London Ser. B 97, 250 (1924).

BAYLOR, E. R., and F. E. SMITH: The orientation of Cladocera to polarized light. Amer. Naturalist 87, 97 (1953).

BERGER, P., et J. SEGAL: La discrimination du·plan-de polarisation de la lumière par l'oeil de l'Abeille. C. R. Acad. Sci. (Paris) 234, 1308 (1952).

BHATNAGAR, S. S., and R. B. LAL: Effects of polarized light on bacterial growth. Nature (Lond.) 117, 302 (1926).

BIRUKOW, G.: [1] Menotaxis im polarisierten Licht bei Geotrupes silvaticus Panz. Naturwissenschaften 40, 611 (1953).

— [2] Lichtkompaßorientierung beim Wasserläufer Velia currens F. (Heteroptera) am Tage und zur Nachtzeit. I. Herbst- und Winterversuche. Z. Tierpsychol. 13, 463 (1956).

BOEHM, G.: [1] Über maculare (Haidingersche) Polarisationsbüschel und über einen polarisationsoptischen Fehler des Auges. Acta ophthal. (Kbh.) 18, 109 (1940).

— [2] Über ein neues entoptisches Phänomen im polarisierten Licht. „Periphere" Polarisationsbüschel. Acta ophthal. (Kbh.) 18, 143 (1940).

DU BUY, B. G., u. E. L. NUERENBERGK: Phototropismus und Wachstum der Pflanzen. Ergebn. Biol. 12, 325 (1953).

CARTHY, J. D.: The orientation of two allied species of British ants: I. Visual direction finding in Acanthomyops (Lasius) niger. Behaviour (Leiden) 3, 275 (1951).

CASTLE, E. S.: The phototropic effect of polarized light. J. gen. Physiol. 17, 751 (1934).

COUTURIER, A., et P. ROBERT: [1] Orientation "astronomique" et déterminisme de la direction des grands vols chez Melolontha melolontha L. (Coleopt. Scarabaeidae). C. R. Acad. Sci. (Paris) 242, 3121 (1956).

— [2] Observations sur Melolontha hippocastani F. Ann. Epiphyt. 1956, 431.

CROZIER, W. J., and A. F. MANGELSDORF: A note on the relative photosensory effect of polarized light. J. gen. Physiol. 6, 703 (1924).

DANNEEL, R., u. B. ZEUTZSCHEL: Über den Feinbau der Retinula bei Drosophila melanogaster. Z. Naturforsch. 12 b, 580 (1957).

DASTUR, R. H., and R. D. ASANA: Effect of plane-polarized light on the formation of carbohydrates in leaves. Ann. Bot. 46, 879 (1932).

— u. L. K. GUNJIKAR: [1] Effect of elliptically-polarized light on the formation of carbohydrates in leaves. Ann. Bot. 48, 1003 (1934).

— [2] Energy absorption by leaves in normal and plane polarized light. Ann. Bot. 49, 273 (1935).

DIETRICH, W.: Die Fazettenaugen der Dipteren. Z. wiss. Zool. 92, 456—539 (1909).

DIMMER, F.: [1] Beiträge zur Anatomie und Physiologie der Macula lutea des Menschen. Leipzig u. Wien 1894.

— [2] Die Macula lutea der menschlichen Netzhaut und die durch sie bedingten entoptischen Erscheinungen. Albrecht v. Graefes Arch. Ophthal. 65, 486 (1907).

DUDICH, E.: Die Kalkeinlagerungen des Crustazeenpanzers in polarisiertem Licht. Zool. Anz. 85, 257 (1929).

ECKERT, B.: Orientujici vliv polaisovaného svetla na perlocky. Československ. Biol. 2, 78 (1953).

FERNANDEZ-MORAN, H.: Fine structure of the insect retinula as revealed by electron-microscopy. Nature (Lond.) 177, 742 (1956).

FRISCH, K. VON: [1] Gelöste und ungelöste Rätsel der Bienensprache. Naturwissenschaften 35, 12 u. 38 (1948).

FRISCH, K. VON: [2] Die Polarisation des Himmelslichtes als orientierender Faktor bei den Tänzen der Bienen. Experientia (Basel) 5, 142 (1949).
— [3] Die Sonne als Kompaß im Leben der Bienen. Experientia (Basel) 6, 210 (1950).
— [4] Orientierungsvermögen und Sprache der Bienen. Naturwissenschaften 38, 105 (1951).
— [5] Die Fähigkeit der Bienen, die Sonne durch die Wolken wahrzunehmen. S.-B. bayr. Akad. Wiss. München. Math. naturw. Kl. 17, 197 (1954).
— u. M. LINDAUER: Himmel und Erde in Konkurrenz bei der Orientierung der Bienen. Naturwissenschaften 41, 245 (1954).
GOLDSMITH, T. H., and D. E. PHILPOTT: The microstructure of the compound eyes of insects. J. biophys. biochem. Cytol. 3, 429 (1957).
GÖRNER, P.: Die optische und kinästhethische Orientierung der Trichterspinne Agelena labyrinthica (Cl.). Inaug. Diss. München 1957.
HAIDINGER, W.: Über das direkte Erkennen polarisierten Lichtes. Poggendorfs Ann. 63, 29 (1844).
HELMHOLTZ, H. VON: Handbuch der physiologischen Optik, 2. Aufl. Hamburg u. Leipzig 1896.
HERAN, H.: Die Orientierung der Bienen im Flug. Ergebn. Biol. 20, 199 (1958).
JAFFE, L.: Effect of polarized light on polarity of Fucus. Science 123, 1081 (1956).
JANDER, R.: Die optische Richtungsorientierung der roten Waldameise (Formica rufa L.). Z. vgl. Physiol. 40, 162 (1957).
JESSEN, U.: Zur Orientierung der Hummeln und anderer Hymenopteren. Inaug.-Diss. München 1958.
KRAMER, G.: Weitere Analyse der Faktoren, welche die Zugaktivität des gekäfigten Vogels orientieren. Naturwissenschaften 37, 377 (1950).
LAL, R. B., and K. N. MATHUR: The effects of polarized light on bacterial life. I. Growth of B. coli communis and V. cholerae under polarized light. Indian J. Med. Res. 14, 257 (1926).
LINDAUER, M.: Über die Verständigung bei indischen Bienen. Z. vgl. Physiol. 38, 521 (1956).
LÜDTKE, H.: Beziehungen des Feinbaues im Rückenschwimmerauge zu seiner Fähigkeit, polarisiertes Licht zu analysieren. Z. vgl. Physiol. 40, 329 (1957).
LUDWIG, K.: Untersuchungen über den Einfluß linear polarisierten Lichtes auf die Hydrolyse von Stärkekörnern. Diss. Hamburg 1940.
MACHT, D. L.: [1] Concerning the influence of polarized light on some convulsant drugs: A contribution to photopharmacology. Proc. Soc. exp. Biol. (N. Y.) 22, 471 (1925).
— [2] The influence of polarized light on the action of some ferments: A contribution to photopharmacology. Proc. Soc. exp. Biol. (N. Y.) 22, 473 (1925).
— [3] Concerning the influence of polarized light on the growth of seedlings. J. gen. Physiol. 10, 41 (1927).
— and J. H. HILL: The influence of polarized light on yeast and bacteria. Proc. Soc. exp. Biol. (N. Y.) 22, 474 (1925).
MEDIONI, J.: L'orientation "astronomique" des arthropodes et des oiseaux. Ann. biol. 32, 37 (1956).
MILLER, W. H.: Morphology of the ommatidia of the compound eye of Limulus. J. biophysic. biochem. Cytol. 3, 421 (1957).
MONTGOMERY, K. C., and E. G. HEINEMANN: Concerning the ability of homing pigeons to discriminate patterns of polarized light. Science 116, 454 (1952).
NAYLOR, E. J., and A. STANWORTH: Retinal pigment and the Haidinger effect. J. Physiol. 124, 543 (1954).

PAPI, F.: [1] Ricerche sull'Orientamento astronomico di Arctosa perita (Latr.) (Araneae, Lycosidae). Publ. Staz. zool. Napoli **27**, 80 (1955).

— [2] Astronomische Orientierung bei der Wolfsspinne Arctosa perita (Latr.). Z. vgl. Physiol. **37**, 230 (1955).

— [3] Orientamento astronomico di alcuni Carabidi. Atti Soc. Tosc. Sc. Natur. Memorie, **62 B**, 83 (1955).

PARDI, L.: [1] Orientamento astronomico in un Tenebrionide alofilo: Phaleria provincialis Fauv. (Coleopt.). Boll. Ist. Mus. zool. Univ. Torino **5**, 1 (1955).

— [2] Über die Orientierung von Tylos latreillii Aud. et Sav. (Isopod. terrestr.). Z. Tierpsychol. **11**, 175 (1954).

— e F. PAPI: Ricerche sull'orientamento di Talitrus saltator (Montagu) (Crustacea, Amphipoda). I. L'orientamento durante il giorno in una popolazione del littorale Tirrenico. Z. vgl. Physiol. **35**, 459 (1933).

RENNER, M.: Der Zeitsinn der Arthropoden. Ergebn. Biol. **20**, 127 (1958).

SAUER, F.: Die Sternorientierung nächtlich ziehender Grasmücken (Sylvia atricapilla, borin und currucca). Z. Tierpsychol. **14**, 29 (1957).

SCHMIDT, W. J.: [1] Polarisationsoptische Analyse des submikroskopischen Baues von Zellen und Geweben. Abderhaldens Handbuch der biologiscehn Arbeitsmethoden, Abt. V, Teil 10, 435 (1934).

— [2] Doppelbrechung, Dichroismus und Feinbau des Außengliedes der Sehzellen vom Frosch. Z. Zellforsch. **22**, 485 (1935).

— [3] Die Doppelbrechung von Karyoplasma, Zytoplasma und Metaplasma. Berlin 1937.

— [4] Polarisationsoptische Analyse der Verknüpfung von Protein- und Lipoidmolekeln, erläutert am Außenglied der Sehzellen der Wirbeltiere. Publ. Staz. zool. Napoli, **23**, Suppl. 158 (1951).

SEKERA, Z.: [1] Polarization of skylight. Comp. Meteorol. 79, **1951**.

— [2] Investigation of skylight. Final Rep. Contr. Nr. AF 19 (122)—239, Univ. California, Los Angeles, Dept. Meteorol. **1955**.

— [3] Polarization of skylight. Handbuch Physik/Encyclop. o. Physics von S. FLÜGGE **48**, 288 (1957).

SEMMENS, E. S.: [1] Hydrolysis in the living plant by polarized light. Bot. Gaz. **90**, 412 (1930).

— [2] Hydrolysis in green plants by moonlight. Nature (Lond.) **1932 II**, 243.

— [3] Bursting of cell by polarized sun light. Nature (Lond.) **1934 II**, 813.

— [4] Starch hydrolysis induced by polarized light in stomatal guard cells of living Plants. Plant Physiol. **22**, 270 (1947).

STANWORTH, A., and E. J. NAYLOR: Haidingers brushes and the retinal receptors. Brit. J. Ophthal. **34**, 282 (1950).

STEPHENS, G. C., M. FINGERMAN and F. A. BROWN JR.: Orientation of Drosophila to plane polarized light. Ann. Ent. Soc. Amer. **46**, 75 (1953).

STOCKHAMMER, K.: Zur Wahrnehmung der Schwingungsrichtung linear polarisierten Lichtes bei Insekten. Z. vgl. Physiol. **38**, 30 (1956).

SUNG, M.: Über die Wirkung polarisierten Lichtes auf die Blattstärke. Diss. Hamburg 1939.

TINBERGEN, N.: Instinktlehre. Berlin u. Hamburg 1952.

VOWLES, D. M.: [1] Sensitivity of ants to polarized light. Nature (Lond.) **165**, 282 (1950).

— [2] The orientation of ants. I. The substitution of stimuli. J. exp. Biol. **31**, 341 (1954).

— [3] II. Orientation to light, gravity and polarized light. J. exp. Biol. **31**, 356 (1954).

VRIES, H. DE, R. JIELOF and A. SPOOR: Properties of the human eye with respect to linearly and circulary polarized light. Nature (Lond.) 166, 958 (1950).
— A. SPOOR and R. JIELOF: Properties of the eye with respect to polarized light. Physica 19, 419 (1953).
WALD, G., u. R. HUBBARD: Visual pigment of a decapod crustacean: the lobster. Nature (Lond.) 180, 278 (1957).
WATERMAN, T. H.: [1] A light polarization analyzer in the compound eye of Limulus. Science 111, 252 (1950).
— [2] Directional sensitivity of single ommatidia in the compound eye of Limulus. Proc. nat. Acad. Sci. (Wash.) 40, 252 (1954).
— [3] Polarized light and angle of stimulus incidence in the compound eye of Limulus. Proc. nat. Acad. Sci. (Wash.) 40, 258 (1954).
— [4] Polarization patterns in submarine illumination. Science (Lond.) 120, 927 (1954).
— [5] Polarization of scattered sunlight in deep water. Deep-sea Res. 3 (Suppl.), 426 (1955).
— and W. E. WESTELL: Quantitative effect of the sun's position on submarine light polarization. J. Mar. Res. 15, 149 (1956).
WELLINGTON, W. G.: Motor responses evoked by the dorsal ocelli of Sarcophaga aldrichi Parker and the orientation of the fly to plane polarized light. Nature (Lond.) 172, 1177 (1953).
— C. R. SULLIVAN and G. W. GREEN: Polarized light and body temperature level as orientation factors in the light reactions of some hymenopterous and lepidopterous larvae. Canad. J. Zool. 29, 339 (1951).
WOLKEN, J. J., J. CAPENOS and A. TURANO: Photoreceptor structures III. Drosophila melanogaster. J. biophys. biochem. Cytol. 3, 442 (1957).

Über die Beteiligung von Sulfhydrylen an biologischen Prozessen

Von Günter Cleffmann, Marburg a. d. Lahn

Aus den Zoologischen Instituten der Universitäten Bonn/Rhein
und Marburg/Lahn

Mit 1 Abbildung

Inhaltsübersicht

Einleitung

Obgleich die Entdeckung der Thiole schon viele Jahrzehnte zurückliegt, wurde die volle Bedeutung dieser Verbindungen für den stofflichen Aufbau des Organismus und die Aufrechterhaltung der verschiedenen Lebensvorgänge erst in den letzten 25 Jahren erkannt. Bereits 1810 fand man die Aminosäure Cystein in den Blasensteinen von Cystinurikern. 1888 beschrieb DE REY-PAILHADE eine nicht näher bekannte Sulfhydrylverbindung, die er Philothion nannte [42]. 1908 entdeckte HEFFTER die Reaktion der SH-Gruppen mit Nitroprussidnatrium [74], die auch heute noch zu den gebräuchlichsten Nachweismethoden gehört. Der Name Glutathion taucht zum ersten Male bei HOPKINS 1921 auf [78]. Er verstand darunter zunächst ein Dipeptid, konnte aber bereits 1922 die endgültige Struktur des Glutathions aufklären. In diese Epoche fallen auch die ersten Arbeiten über die physiologisch-chemische Bedeutung des Glutathions und anderer Thiole. So wurden 1922 Zusammenhänge mit der biologischen Oxydation [79, 80, 147] und 1931 mit der Zellteilung bekannt [122].

Die bisher bekanntgewordenen Ergebnisse beziehen sich im wesentlichen auf das Vorkommen der Sulfhydryle, auf die physiologisch-chemischen Reaktionen, an denen sie beteiligt sind und auf die physiologischen Erscheinungen, die durch die Zufuhr oder den Entzug von SH-Gruppen ausgelöst oder gesteuert werden. Die Beobachtungen miteinander in erklärenden Zusammenhang zu bringen, ist bisher nur in wenigen Fällen gelungen.

Die allgemeine Formel für Sulfhydrylverbindungen lautet: R—SH. In diesen Sulfhydrylen ist das 2wertige Schwefelatom außerordentlich reaktionsfreudig. Der Wasserstoff der SH-Gruppe wird sehr leicht als Proton abgegeben und kann in Form von Wasser gebunden oder auf andere Verbindungen übertragen werden. Das entstandene Anion $R—S^-$ geht dann sehr gern Verbindungen ein. Im einzelnen können bei diesen Umsetzungen, die entweder Oxydationen, Komplexbildungen oder homöopolare Bindungen sind, folgende Endprodukte auftreten:

1. Disulfide: $R—S—S—R_1$. Der organische Rest (R bzw. R_1) kann gleich oder verschieden sein.

2. Mercaptide: $R—S—Me—R_1$ bilden die Thiole mit organischen Metallverbindungen, wobei der Rest R_1 selbst auch das Anion eines Thiols darstellen kann: $R—S—Me—S—R_1$.

3. Thioäther: $R—S—R_1$.

4. Sulfensäuren: R—S—OH.

5. Thioester: $R—S—C—R_1$ aus der Reaktion mit organischen Säureresten.

Alle diese Verbindungen haben eine mehr oder minder große Bedeutung im biologischen Geschehen. Die wichtigste Rolle spielen die Sulfhydrylverbindungen selbst. Da die Bindung zwischen dem Wasserstoff- und dem Schwefelatom locker ist, werden die Sulfhydryle sehr leicht zum Disulfid oxydiert (dehydriert). Dieser Vorgang ist reversibel:

$$2\,RSH \leftrightharpoons RSSR + H_2$$

Sie können also als Elektronenacceptoren fungieren:

$$2\,RSH \leftrightharpoons RSSR + 2\,H^+ + 2e$$

Sulfhydryle treten stets im Gleichgewicht zwischen einer reduzierten (Sulfhydrylform) und einer oxydierten Form (Disulfidform) auf. Als Beispiel sei hier eine Aminosäure genannt, die in der reduzierten Form als Cystein und in der oxydierten Form als Cystin bezeichnet wird:

$$
\begin{array}{ccc}
\mathrm{H_2C{-}SH} & \mathrm{H_2C{-}S{-}S{-}CH_2} & \\
| & | \qquad\qquad | & \\
2\ \mathrm{HC{-}NH_2} \rightleftharpoons \mathrm{HC{-}NH_2 \ H_2N{-}CH} & + \mathrm{H_2} \\
| & | \qquad\qquad | & \\
\mathrm{COOH} & \mathrm{COOH} \qquad \mathrm{COOH} &
\end{array}
$$

Cystein   Cystin

Eine andere, wohl die am häufigsten untersuchte Sulfhydrylverbindung ist das Tripeptid Glutathion (GSH). Es besteht aus je einem Molekül der Aminosäuren Glykokoll, Cystein und Glutaminsäure:

$$
\begin{array}{l}
\qquad\qquad\quad \mathrm{CH_2} \qquad\qquad\qquad\qquad\qquad \mathrm{H} \\
\qquad\qquad\quad | \qquad\qquad\qquad\qquad\qquad\qquad | \\
\mathrm{HOOC{-}CH_2{-}NH{-}CO{-}CH{-}NH{-}CO{-}CH_2{-}CH_2{-}C{-}COOH} \\
\qquad\qquad\qquad\qquad\quad | \qquad\qquad\qquad\qquad\qquad\quad | \\
\qquad\qquad\qquad\qquad\quad \mathrm{CH_2} \qquad\qquad\qquad\qquad\quad \mathrm{NH_2} \\
\qquad\qquad\qquad\qquad\quad | \\
\qquad\qquad\qquad\qquad\quad \mathrm{SH}
\end{array}
$$

Glykokoll   Cystein   Glutaminsäure

Glutathion

Verbindungen, die unter geringen Änderungen der Außenbedingungen von der reduzierten in die oxydierte Form überführt werden können und somit immer im Gleichgewicht vorliegen, bezeichnet man als Redoxsysteme. Sie spielen im organischen Geschehen deshalb eine so große Rolle, weil bei den überall auftretenden Oxydations- und Reduktionsvorgängen Verbindungen gebraucht werden, die in der Lage sind, Wasserstoff bzw. Sauerstoff aufzunehmen oder abzugeben. Den Redoxsystemen fällt also die wichtige Rolle der Elektronenüberträger zu. Von den bisher bekannten Redoxsystemen sind die Sulfhydrylverbindungen mit am weitesten verbreitet.

Ein Gleichgewicht besteht auch zwischen den Sulfhydrylverbindungen und den Thioäthern. Hier tritt an die Stelle des einen Thiols eine organische Verbindung, die in der Lage ist, Wasserstoff freizumachen:

$$\mathrm{RSH + H{-}R_1 \rightleftharpoons R{-}S{-}R_1 + H_2}$$

Auch diese Reaktion ist reversibel, und so sind die Thiole befähigt, organische Reste von einer Stelle des biochemischen Geschehens auf eine andere zu übertragen. Thiole können also sowohl Elektronen wie auch organische Reste (Alkyle) übertragen. Beide Reaktionen sind sehr wichtig und weit verbreitet, wie unten gezeigt werden soll.

Das Redoxpotential, d. h. die Kraft, mit der Protonen aufgenommen werden, beträgt in einem System, in dem GSH und GSSG in gleichen Konzentrationen vorliegen, $E_0 = -0{,}13\ \mathrm{V}$ (p_H 7) (Cystein/Cystin $E_0 = -0{,}14\ \mathrm{V}$). Liegt ein beliebiges Konzentrationsgemisch GSH/GSSG vor, so hängt die Richtung, in der die oben beschriebene Reaktion

Tabelle 1. *Nachweis- und*

Nachweis auf	Reagens	Ausführung	Anwendung auf
SH-Gruppen	Nitroprussidnatrium	bei p_H 8 Rotfärbung	histol. Schnitte, Extrakte
SH-Gruppen	Ferricyanid	bei Zusatz von Ferrisulfat Berliner Blau	histol. Schnitte, Extrakte
SH-Gruppen	Porphyridin	Entfärbung	Extrakte
SH-Gruppen	Kaliumjodid	jodometrisch	Extrakte
SH-Gruppen	1-(4-Chloromercuriphenyl-azo)-naphthol-2 (RSR)	Rotfärbung	histol. Schnitte
SH-Gruppen	2,2'Dioxy-6,6'-dinaphtyl-disulfid	Anlagerung des Reagens. Anschließend mit Di-orthoanisidin kuppeln	histol. Schnitte
SH-Gruppen	ampérometrische Titration mit Ag^+-Ionen		Extrakte
Cystein	1,2-Naphthochinon-4-natriumsulfonat	Rotfärbung	Extrakte
Cystein	Dimethyl-p-phenylen-diaminchlorid	Blaufärbung	Extrakte
Cystein	Brucin	Blaufärbung	Extrakte
Cystein	physiologischer Test mit Leuconostoc mesenteri-oides		Extrakte Extrakte
Glutathion	Jod	Isolierung des GSH durch Fällung mit Cadmiumlactat	Extrakte
Glutathion	Jod	Differenzmessung. 1. alle reduzierten Substanzen. 2. nach Blockierung von GSH mit KCN	Extrakte
Glutathion	Methylglyoxal und Glyoxalase	die Fermentreaktion wird in gewissen Grenzen durch GSH als Co-Ferment be-grenzt	Extrakte
Cystin	UV-Absorptionsmessung, Maximum bei 240 mμ		Extrakte
Lipoinsäure	UV-Absorptionsmessung, Maximum bei 263 mμ		Extrakte
Acetyl-CoA	UV-Absorptionsmessung, Maximum b. 300—310 mμ		Extrakte

$2\,RSH \leftrightharpoons RSSR + H_2$ verläuft, außer von der Konzentration des Sulfhydryls und des Disulfids, von verschiedenen Faktoren des Außen-milieus ab, von denen hier einige genannt seien:

1. Die Wasserstoffionenkonzentration ist in der Lage, das Gleich-gewicht zugunsten der oxydierten oder der reduzierten Form zu ver-schieben. Diese Tatsache ist vom Glutathion bekannt, bei dem eine Ansäuerung des Milieus die Reduktion der oxydierten Form begünstigt:

$$2\,GSH \xrightleftharpoons[\text{sauer}]{\text{alkalisch}} GSSG + H_2$$

Die Dissoziationskonstante für die SH-Gruppe des Glutathions beträgt $p_K = 9{,}2$.

Bestimmungsmethoden

Spezifität	Auswertung	Literatur	Bemerkungen
gering	qual. u. quant. im Colori-meter	[2, 4, 56, 57, 74, 78]	der Farbkomplex ist un-beständig
gering	qualitativ u. quantitativ (colorimetrisch)	[3, 30]	
mäßig	quantitative Titration	[85]	
gering	quantitative Titration	[5]	
sehr groß	qualitativ	[17]	farbschwach
sehr groß	qualitativ und quantitativ (mikrophotographisch)	[10, 97, 27, 126]	
gering	quantitativ	[73]	Calomel-Bezugselektrode
groß	qualitativ und quantitativ (Colorimeter)	[144]	
groß	qualitativ und quantitativ colorimetrisch	[49]	
groß	qual. u. quant. colorimetr.	[112]	
groß	qualitativ	[35, 81, 165]	
groß	quantitativ (Titration)	[22]	
groß	quantitativ (Titration)	[19, 1]	
sehr groß	quantitativ (manometrisch)	[82]	
sehr groß	quantitativ	[39, 145, 94]	
sehr groß	quantitativ	[39, 145, 94]	
sehr groß	quantitativ	[143]	Metallionenzusammen-setzung des Milieus ver-schiebt das Maximum

2. In der neuen Literatur spielt die Tatsache eine große Rolle, daß die Lichtenergie fähig ist, sowohl die Wasserstoffbindung in der Sulfhydryl-form als auch die Bindung der beiden Schwefelatome im Disulfid zu lösen bzw. zu lockern. Ob von diesen beiden Prozessen, die offenbar immer nebeneinander ablaufen, derjenige überwiegt, der zum Disulfid führt, oder derjenige, der die Sulfhydrylform entstehen läßt, hängt offenbar von der Wahl der Verbindung ab [162, 135]. Jedenfalls ist die Lichtenergie in der Lage, das Gleichgewicht von Sulfhydrylen nach der einen oder anderen Seite zu verschieben.

3. Schließlich wird das Redoxgleichgewicht immer dann verschoben, wenn in dem biologischen System Substanzen vorhanden sind, die eine

größere oder geringere Elektronenaffinität haben. Liegen Verbindungen vor, deren Elektronenaffinität größer ist als die der Sulfhydryle, so werden diese oxydiert und die Verbindung selbst wird reduziert. Umgekehrt liegen die Verhältnisse bei Verbindungen mit geringerer Elektronenaffinität.

Eine Anzahl solcher Oxydationsmittel, die für die Erforschung der SH-Verbindungen von Wichtigkeit sind, seien hier genannt: Wasserstoffperoxyd reagiert mit Thiolen unter Bildung von Disulfiden. Liegt H_2O_2 im Überschuß vor, so geht die Oxydation bis zur Sulfensäure weiter [11, 146]. Luftsauerstoff verwandelt hochmolekulare Thiole relativ leicht in Disulfide, während zur Oxydation von niedrigmolekularen SH-Verbindungen Schwermetallkatalysatoren notwendig sind [72, 159]. Nickel fördert die Oxydation von H_2S [84], Mangan ist als Katalysator für die Umwandlung von Cystein in Cystin notwendig [128] und Kupfer geht mit Glutathion sehr leicht instabile Komplexverbindungen ein [98]. Weiterhin reagieren folgende Stoffe sehr leicht mit Sulfhydrylverbindungen: Alloxan, Chinone, Jod- und Bromacetat, Jodacetamid, p-Chloromercuribenzoat (pCMB) und organische Arsen-III-Verbindungen. Die Endprodukte dieser Umsetzungen können entweder Disulfide, Mercaptide oder Thioäther sein.

Nachweis- und Bestimmungsmethoden

Für den qualitativen und quantitativen Nachweis von Sulfhydrylverbindungen in Gewebeextrakten sowie für die Demonstration von Thiolen in histologischen Schnitten gibt es eine Reihe von Methoden, die in Tab. 1 zusammengestellt sind. Die Spezifität einer Anzahl dieser Techniken läßt zu wünschen übrig, da vielfach nur SH-Gruppen oder gar nur reduzierende Substanzen nachgewiesen werden. Es ist also zu empfehlen, in jedem Fall Kontrollversuche anzustellen, indem man die SH-Gruppen spezifisch blockiert und prüft, ob die Bestimmung negativ ausfällt. Schwierigkeiten bereitet weiterhin der Nachweis der sog. maskierten, proteingebundenen Schwefelverbindungen, da sie aus sterischen Gründen schlecht erfaßbar sind [148]. In diesen Fällen ist es notwendig, das Eiweiß durch Trichloressigsäure oder Duponol CP (Natriumdodecylsulfat) zu denaturieren. Um die niedrigmolekularen, leicht löslichen Sulfhydryle nachzuweisen, die bei der normalen Vorbehandlung der histologischen Schnitte ausgewaschen werden, ist die Fixierung und die Vorbehandlung in absoluten Alkoholen (Propanol, Butanol) vorzunehmen, da sich die meisten Thiole in diesen Medien schwer lösen [60].

Verbreitung der Sulfhydryle

Bei den Thiolen ist grundsätzlich zu unterscheiden zwischen proteingebundenen und niedrigmolekularen, leicht löslichen Sulfhydrylverbindungen. Proteinschwefelverbindungen kommen in jeder Zelle vor, da sich die Aminosäuren Cystein, Cystin und Methionin am Aufbau der Polypeptidketten beteiligen. Auf Grund ihres Gehaltes an SH-Gruppen sind die Eiweißmoleküle in der Lage, untereinander Brücken zu bilden, indem zwei SH-Gruppen unter Austritt von Wasserstoff zu einer Disulfidbindung zusammentreten. Durch diese Brücken werden die einzelnen Eiweißmoleküle fest miteinander verkettet. So finden wir stark schwefelhaltige Eiweißbildungen überall dort, wo an die Proteine in mechanischer Hinsicht besondere Anforderungen gestellt werden.

Ein typisches Beispiel für diese Funktion der Schwefelverbindungen in den Skleroproteinen bilden die Epidermis und ihre verhornten Anhangsgebilde (Haare, Federn, Nägel, Hufe usw.). Die Hornteile bestehen zum größten Teil aus Keratin, einem Eiweiß, das sehr viel Schwefel enthält [59, 137, 158]. Auf einem Schnitt durch die Haut findet man im Stratum cylindricum, der Keimschicht der Epidermis, eine starke Reaktion auf freie SH-Gruppen. Von dieser Zellage nach außen nimmt die Verhornung und damit die Überführung von SH- in SS-Gruppen zu. Die Sulfhydrylreaktion wird also distal vom Stratum cylindricum immer schwächer. Bei den Haaren ist es ähnlich, nur liegt hier die Zone der stärksten Anfärbbarkeit mit Nitroprussidnatrium etwas von der Keimschicht des Haares entfernt. Die für die Keratinisierung notwendigen SH-Gruppen werden hier also etwas später bereitgestellt.

Der prozentuale Schwefelgehalt verschiedener Eiweiße ist sehr unterschiedlich (Tab. 2). So zeigt sich, daß das Insulin viel Schwefel enthält, der hier ausschließlich in Form von Cystin vorliegt (über die Bedeutung

Tabelle 2. *Gehalt einiger Proteine an schwefelhaltigen Aminosäuren in Gramm Aminosäure pro 100 Gramm Protein* (g-%)

	Cystein g-%	Cystein/2 g-%	Methionin g-%	Literatur
Eieralbumin	1,35	0,51	5,20	[149]
Serumalbumin	0,7	5,6	1,5	[149]
Casein	0,0	0,34	2,8	[149]
Serum-Globulin	1,5		1,4	[109]
Hämoglobin	0,56	0,46	1,0	[149,125]
Insulin	0,0	12,5	—	[149]
Keratin (Haare)	—	11,9	0,7	[149]
Myosin (Rind)	—	1,3	3,3	[24]
Vasopressin	—	14,9	—	[150]
Oxytocin	—	6,7	0,95	[119a]
Vitellin	—	1,5	2,8	[46]

des Schwefels im Insulin s. S. 77), und daß einige Albumine und gewisse Skleroproteine einen hohen Schwefelgehalt haben. Reich an SH-Gruppen ist auch das Fibrinogen. Man schreibt seinen SH-Gruppen eine Bedeutung bei der Coagulation des Blutplasmas zu. Wird nämlich dem Blut GSH zugefügt und damit die Oxydation der Sulfhydrylgruppen zu Disulfidgruppen unterbunden, so bleibt die Gerinnung aus [86]. Auch der Gerinnungsschutz durch Dicumarol, das viele aktive

SH-Gruppen enthält, wird auf diesen Vorgang zurückgeführt [15]. Danach soll die Umwandlung von Fibrinogen in Fibrin vorwiegend in der Bildung von S—S-Brücken bestehen, denn der Zusatz von oxydiertem Glutathion beschleunigt die Gerinnung. Regulierend in diesem Oxydationsvorgang könnte das im Blut vorhandene freie Glutathion wirken. Durch fraktionierte Zentrifugierung wurde ermittelt, daß das Glutathion im Blut an eine mikrosomale Struktur gebunden ist. Der Gehalt des Blutes an freiem Glutathion beträgt zwischen 40 und 60 mg-%, wovon etwa zwei Drittel in der reduzierten Form vorliegen [23].

Nach Untersuchungen von WALD u. BROWN [154] spielen Thiol-Gruppen bei der Bildung des Sehpurpurs eine Rolle. Sie fanden, daß der Sehpurpur (Rhodopsin) durch die Verbindung von Vitamin A_1-Aldehyd mit dem Protein Opsin entsteht. Diese Synthese ist durch SH-Inhibitoren (pCMB = p-Chlorquecksilberbenzoesäure, Jodessigsäure usw.) zu unterbinden. Zugabe von GSH begünstigt die Bildung des Sehpurpurs, die in der Dunkelheit in der Retina der Wirbeltiere vor sich geht. Andererseits werden bei der rückläufigen Reaktion (Bleichung des Sehpurpurs im Licht) beträchtliche Mengen freier SH-Gruppen nachweisbar. Die Autoren halten den Sehpurpur für eine Thiocetalverbindung:

$$C_{19}H_{27}C \underset{H}{\overset{S}{<}} \!\!\!\! \underset{S}{>} Opsin$$

Den Sulfhydrylgruppen des Muskeleiweißes (Myosin) wird heute allgemein eine Funktion beim Kontraktionsvorgang zugeschrieben: Erstens verbindet sich das Myosin, das selbst nicht kontraktil ist, vermittels seiner SH-Gruppen mit einem anderen Eiweißkörper, dem Actin. Actin seinerseits existiert in zwei Formen, der globulären des G-Actins und der fibrillären, polymerisierten Form des F-Actins. An der Polymerisation des G-Actins zu F-Actin sind SH-Gruppen maßgeblich beteiligt. Nach Meinung vieler Autoren ist dieser Vorgang mit der Muskelkontraktion eng verknüpft, so daß auch in diesem Fall den SH-Gruppen die Aufgabe zufiele, durch Bildung von S—S-Brücken den „Aggregatzustand" des Eiweißes zu verändern [6].

Auffallend ist fernerhin der hohe Gehalt der Augenlinse an Glutathion (DISCHE in [58]). Er verringert sich merklich bei einer pathologischen Alterserscheinung, dem Katarakt, der in einer Trübung der Augenlinse besteht [16]. Das Fehlen von Glutathion soll eine Coagulation des Eiweißes bewirken.

Diese Beispiele machen die Funktion des Schwefels in den Eiweißverbindungen deutlich. Auf Grund ihres Gehaltes an Sulfhydrylgruppen sind die Proteine in der Lage, durch Verkettung der Einzelmoleküle untereinander eine sehr feste Konsistenz zu erlangen. Dadurch hat der

Organismus die Möglichkeit, die eigentliche Eiweißsynthese von der „Erstarrung" der Gerüsteiweiße zeitlich und räumlich zu trennen. Dank der großen Reaktionsfreudigkeit der SH-Verbindungen kann der Vorgang der Festigung in sehr kurzer Zeit ablaufen. Diese Tatsachen machen den hohen Schwefelgehalt der Skleroproteine hinreichend verständlich (Tab. 2). Auf den hohen Schwefelgehalt im Vitellin, dem Eiweiß des Dotters, wird bei der Besprechung der Wachstumserscheinungen (S. 17) näher einzugehen sein; bei den Albuminen fehlt eine Erklärung noch.

Zur Gruppe der nicht an Proteine gebundenen Thiole rechnen alle im Plasma und in den Körperflüssigkeiten gelösten, niedrigmolekularen Verbindungen. Es gibt sehr wenig Zahlenangaben über das Vorkommen dieser Gruppe von Schwefelverbindungen. Lediglich im Säugerblut sind unter normalen und pathologischen Verhältnissen quantitative Bestimmungen von Thiolen vorgenommen worden. Im einzelnen sind die Zahlen darauf zu prüfen, ob die Probe genügend enteiweißt wurde, um verläßliche Werte zu liefern. Obgleich systematische Untersuchungen fehlen, ist mit Sicherheit anzunehmen, daß auch in den Geweben die löslichen Thiolverbindungen sehr weit verbreitet sind.

Sulfhydryle in biochemischen Prozessen

1. Auf- und Abbau von Sulfhydrylverbindungen

Schwefel wird den Organismen elementar und in Form von Sulfaten und Sulfiden angeboten. Während die Pflanzen in der Lage sind, Sulfate aufzunehmen und in Verbindungen einzubauen, sind die tierischen Lebewesen darauf angewiesen, ihren Schwefelbedarf mit der Eiweißnahrung zu decken. Sulfide und elementarer Schwefel werden durch Schwefelbakterien zu Sulfat oxydiert und können so durch die Pflanze aufgenommen werden. Das Sulfat wird dann zunächst über bisher unbekannte Zwischenstufen bis zur SH-Stufe reduziert und dann in organische Verbindungen · eingeführt. Das einzige faßbare Zwischenprodukt bei der Cysteinsynthese dürfte Cysteinsäure sein, die dann zum Cystein reduziert wird.

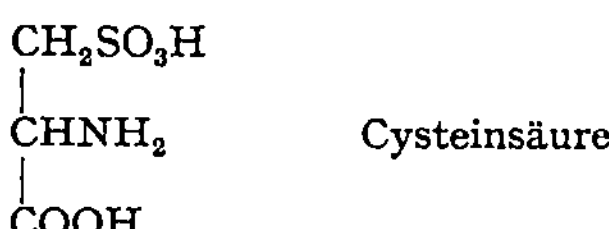

Über den Aufbau des Methionins weiß man lediglich, daß gewisse Bakterien freies Methionin synthetisieren können. Da Cystein und Cystin zu den „entbehrlichen" Aminosäuren gehören, muß der tierische Organismus die Möglichkeit haben, den Schwefel für diese Aminosäuren aus dem Methionin zu beziehen. Hierbei gibt das Methionin zunächst die

Methylgruppe ab und überträgt dann das Schwefelatom auf die Oxy-
aminosäure Serin:

$$\underset{\text{Methionin}}{\begin{array}{c} H_2C\!-\!S\!-\!CH_3 \\ | \\ CH_2 \\ | \\ HC\!-\!NH_2 \\ | \\ COOH \end{array}} \qquad \underset{\text{Homocystein}}{\begin{array}{c} H_2C\!-\!SH \\ | \\ CH_2 \\ | \\ HC\!-\!NH_2 \\ | \\ COOH \end{array}} + \underset{\text{Serin}}{\begin{array}{c} OHCH_2 \\ | \\ HC\!-\!NH_2 \\ | \\ COOH \end{array}} \rightarrow$$

$$\underset{\text{Cystathionin}}{\begin{array}{c} H_2C\!-\!S\!-\!CH_2 \\ | \qquad\quad | \\ CH_2 \quad HC\!-\!NH_2 \\ | \qquad\quad | \\ HC\!-\!NH_2 \quad COOH \\ | \\ COOH \end{array}} \rightarrow \underset{\substack{\gamma\text{-Oxy-}\alpha\text{-Amino-}\\ \text{buttersäure}}}{\begin{array}{c} H_2C\!-\!OH \\ | \\ CH_2 \\ | \\ HC\!-\!NH_2 \\ | \\ COOH \end{array}} + \underset{\text{Cystein}}{\begin{array}{c} H_2C\!-\!SH \\ | \\ HC\!-\!NH_2 \\ | \\ COOH \end{array}}$$

Diese Aminosäuren werden nun in der verschiedensten Weise in Peptide,
Eiweiße und andere Schwefelverbindungen eingebaut. Die Synthese
des wichtigen Tripeptids Glutathion wird, wie Untersuchungen mit
radioaktivem Schwefel gezeigt haben, durch ein Ferment aus der Säuger-
leber katalysiert [52]. Adenosintriphosphat liefert die Energie für diesen
Vorgang, bei dem zuerst eine Verbindung zwischen Glutaminsäure und
Cystein gebildet wird. Ob weiterhin ganze Glutathionmoleküle in die
Polypeptidketten eingebaut werden, ist noch nicht geklärt [58]. Über
den Aufbau der anderen Schwefelverbindungen, die hier besprochen
werden, liegen noch keine Mitteilungen vor. — Für das Gleichgewicht
zwischen GSH und GSSG scheinen besondere Fermentsysteme verantwortlich zu sein, von denen das Enzym Glutathion-Reduktase nachgewiesen werden konnte. Es findet sich in Erbsensamen [7], Weizen-
keimlingen [38], tierischen Geweben und der Hefe [121]. Nach CONN u.
VENNESLAND [37] kann auch Triphosphopyridinnucleotid diese Reduktion katalysieren. Der Reduktion von Disulfiden kommt deshalb
eine so große Bedeutung zu, weil für die meisten Vorgänge, in die die
Sulfhydryle eingreifen, die reduzierte Form benötigt wird.

MAPSON benutzt die Glutathion-Reduktase, um die oxydierte Form des
Glutathions quantitativ zu bestimmen [101]. Er reduziert das GSSG fermentativ
zu GSH und verfährt weiter nach einer der oben angegebenen Methoden. Cystin
wird durch das Ferment nicht reduziert, während Cystein und GSH durch geeignete
Differenzmessungen vorher ausgeschaltet werden müssen.

Der Abbau der Schwefelverbindungen beginnt mit der Spaltung der
Disulfidbrücken. Nachdem dann durch Proteasen die Aminosäuren aus
den Eiweißen freigemacht worden sind, kann der weitere Abbau auf

verschiedenen Wegen vor sich gehen. Erstens kann die Sulfhydrylgruppe abgespalten und über verschiedene, im einzelnen nicht näher bekannte Zwischenstufen in Sulfat überführt und abgeschieden werden. Zweitens kann Cystein über Cysteinsäure zu Taurin decarboxyliert werden, das sich am Aufbau der Gallensäuren beteiligt. Diese verlassen mit der Gallenflüssigkeit durch den Darm den Körper. Durch Fäulnisprozesse wird ferner im Darm Schwefelwasserstoff in geringen Mengen produziert und abgeschieden [48]. Schließlich verläßt bei Säugern eine beträchtliche Menge Schwefel durch die Hautproliferation und die Haarbildung den Körper.

2. Sulfhydrylverbindungen in enzymatischen Prozessen

Fermente enthalten wie alle Eiweiße in ihrem Apo-Ferment SH-Gruppen als Bausteine. Diese SH-Gruppen verhalten sich genauso wie die anderer Eiweiße. Darüber hinaus kommt aber bei einer großen Anzahl von Fermenten den Sulfhydrylverbindungen eine wesentliche Bedeutung bei ihrer speziellen Funktion zu. Diese Erkenntnis stammt aus Versuchen, bei denen den Fermentsystemen Thiole oder Thiol-Inhibitoren zugefügt wurden mit dem Ergebnis, daß der Reaktions-ablauf beschleunigt oder gehemmt oder gar unterbunden wurde. In vielen Fällen war es auch möglich, die Sulfhydryle zu isolieren, ihre Wirkungsweise im Reagenzglas zu klären und ihre Konstitution auf-zuklären. Auf diese Weise wurde festgestellt, daß die folgenden Enzyme für ihre Tätigkeit SH-Gruppen benötigen (nach BARRON [11]):

Pankreasesterase [161], Lipase [139], Cholinesterase [111], β-Amylase [160], Urease [75], Carboxypeptidase [142], Kathepsin [120], Papain [18], α-Aminosäureoxydase [142, 53], Carboxylase [13], Myokinase [34], Glyoxalasesystem [82], Ficin [167], Phosphorylase [11], Hexokinase [9], Brenztraubensäureoxydase [13], Adenosintriphosphatase [140], Alkohol-dehydrase [157], Phosphoglycerinaldehyddehydrase [123], Äpfelsäure-dehydrase [13], Cholindehydrase [12], Phosphoglucomutase [92], Trans-acylase [139] und andere Fermente, an deren Wirkung Co-A beteiligt ist.

Die Beteiligung der Sulfhydryle an diesen Enzymreaktionen kann sehr verschiedener Natur sein. So können dieselben Thiole auf die eine Fermentreaktion hemmend wirken und auf eine andere aktivierend. An einigen wichtigen Beispielen sollen die Reaktionsprinzipien erläutert werden. Selbstverständlich sind die einzelnen Reaktionsweisen nicht streng voneinander zu trennen, sondern greifen vielfach ineinander. Der Übersichtlichkeit wegen soll jedoch zwischen folgenden Möglich-keiten unterschieden werden.

1. Bei den meisten der oben genannten Fermente wirken Thiol-verbindungen als Aktivatoren oder Reaktivatoren mit. Sie stellen das Redoxpotential her, in dem allein die Fermente wirken können. Wird

dieses Redoxpotential durch den Einfluß anderer Substanzen gestört, so sorgen die Sulfhydryle dafür, daß das physiologische Milieu wieder hergestellt wird. Als besonders giftig für Fermentsysteme sind stark oxydierende Agentien und Schwermetallionen zu nennen. Vor diesen Substanzen werden die Enzyme durch Thiole geschützt. Der Schutz beschränkt sich nicht darauf, daß die Giftstoffe abgefangen werden, sondern bereits blockierte Fermente können durch Thiole wieder reaktiviert werden. In den meisten Fällen wird vermutet, daß die Fermente, die zu schützen sind, in ihrer prosthetischen Gruppe selbst SH-Gruppen enthalten.

Die eiweißspaltenden Fermente Kathepsin und Papain benötigen im Reagenzglasversuch für ihre Wirksamkeit reduzierende Substanzen wie Cystein, GSH oder Blausäure als Aktivatoren [135]. Von diesen wird GSH als der natürlich vorkommende Aktivator angesehen. Durch Peroxyde hervorgerufene Blockierungen können durch Cystein wieder rückgängig gemacht werden. Wahrscheinlich sind die Co-Fermente von Kathepsin und Papain Sulfhydrylverbindungen. — Ähnlich wirkt nach WALDSCHMIDT-LEITZ [155] GSH aktivierend auf die Arginase in der Leber von Säugern und Fischen. Für die Urease kommt nach HELLER-MANN [75] GSH wohl nicht als natürlicher Aktivator in Frage, obgleich man die Blockierung des Ferments mit Schwermetallionen durch Cyanid und Schwefelwasserstoff aufheben kann. HELLERMANN nimmt an, daß Urease ein SH-Ferment ist, daß aber in der Zelle keine Thiole als Aktivatoren tätig sind. Daß die Glykolyse durch Jod und Kupferionen gehemmt und durch Cystein und GSH wieder in Gang gesetzt werden kann, ist auf diese Weise zu erklären [156, 53].

2. Die Sulfhydryle können nicht nur auf Fermente einwirken, sondern auch auf deren Substrate und sie dadurch erst für die Fermente zugänglich machen. Grundsätzlich geschieht dies auf zwei Wegen. Entweder wird eine Verbindung zwischen Sulfhydryl und Substrat hergestellt, oder es wird durch das System Sulfhydryl-Disulfid das Substrat oxydiert oder reduziert. Erst diese Verbindungen können von dem Ferment angegriffen werden. Substanzen, die Substrate für die Einwirkung von Fermenten vorbereiten, werden nach einem Vorschlag von HOFFMANN-OSTENHOFF [76] als „enzymatische Komplemente" bezeichnet.

Ein Beispiel für diese Wirkung von Glutathion als enzymatisches Komplement stellt das Glyoxalase-System dar. Glyoxalase oxydiert Methylglyoxal zu Milchsäure. Früher betrachtete man die Glyoxalase als ein einheitliches Ferment, während sich in neuerer Zeit herausgestellt hat, daß das System aus zwei Einzelfermenten besteht, von denen das erste die Kondensation von Glutathion mit der Aldehydgruppe des Glyoxals katalysiert. Es entsteht als Zwischenprodukt Lactoyl-glutathion, das von einem weiteren Ferment in Milchsäure und Glutathion gespalten wird [82, 136, 164].

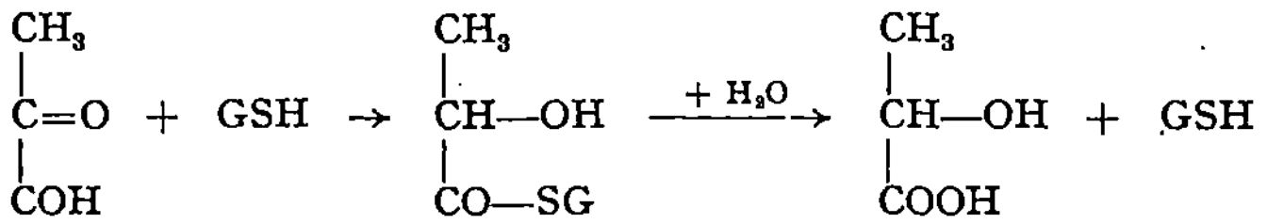

$$\begin{array}{cccccc}
CH_3 & & CH_3 & & CH_3 & \\
| & & | & & | & \\
C\!=\!O & +\ GSH\ \rightarrow & CH\!-\!OH & \xrightarrow{\ +\ H_2O\ } & CH\!-\!OH & +\ GSH \\
| & & | & & | & \\
COH & & CO\!-\!SG & & COOH &
\end{array}$$

Auf andere Weise wirkt das Glutathion bei der Keratinspaltung. Im Darmextrakt der keratinverdauenden Kleidermotte finden sich Sulfhydrylverbindungen, vor allem Glutathion, in relativ großer Menge. Diese Thiole spalten die Disulfidbrücken des Keratins auf und machen es so für die Proteasen angreifbar [95].

3. Schließlich können SH-Verbindungen in der Weise an Fermentreaktionen beteiligt sein, daß sie an einen Eiweißträger als Co-Enzym gebunden die prosthetische Gruppe des Enzyms selbst darstellen. Sie sind nach dem, was über ihre Reaktionsfähigkeit gesagt wurde, besonders dazu geeignet, eine Überträgerfunktion auszuüben. Neben der Übertragung von Elektronen spielt die Übertragung von Acetylresten eine besondere Rolle. Das Ferment geht dazu mit dem Substrat eine Verbindung vom Typ der Thioäther ein, die eine sehr hohe Bindungsenergie besitzt. Der Thioäther wird wieder gespalten, indem der Acetylrest an ein Empfängersystem abgegeben und die Bindungsenergie frei wird.

Namentlich zwei Verbindungen spielen als Co-Fermente im oxydativen Endabbau eine entscheidende Rolle: Das Co-Enzym A und die Lipoinsäure. Die Struktur und die Funktion des Co-Enzyms A wurden von LIPMAN und von LYNEN ermittelt [96, 99, 133]. Dem Co-Enzym A (Co A) fällt u. a. die wichtige Aufgabe zu, das Acetat und das Acetoacetat, die aus dem Abbau von Aminosäuren und Fetten hervorgehen, für den weiteren Abbau auf den Citronensäurecyclus zu übertragen.

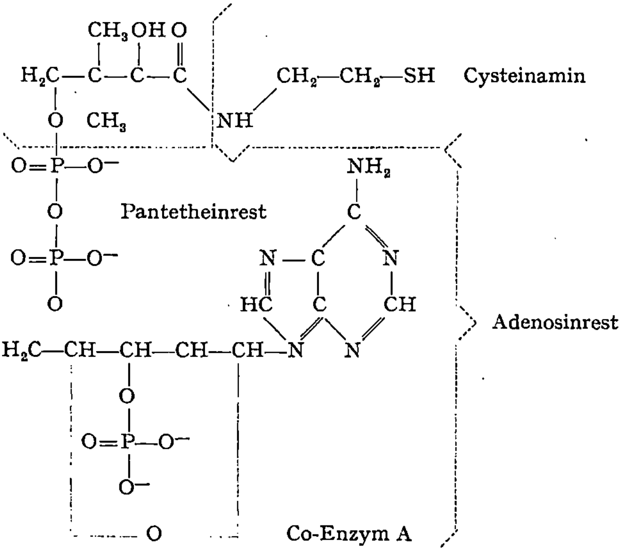

Das Co-Enzym A bildet mit dem Acetat bzw. zwei Co-Enzyme A mit dem Acetoacetat das sog. Acetyl-Coenzym A (Reaktion I). Die Energie für diese Verbindung liefert die Spaltung von Adenosintriphosphat zu Adenylsäure (AMP).

$$\text{I. CoA—SH} + \text{Acetat} + \text{ATP} \xrightarrow{\text{Enzym}} \text{Acetyl—S—CoA} + \text{AMP} + \text{PP}$$

Das Acetyl-Coenzym A, das bis zur Entdeckung des Co-Enzyms A als „aktivierte Essigsäure" bezeichnet wurde, überträgt den Acetylrest auf die Oxalessigsäure, aus der dadurch Citronensäure entsteht (Reaktion II).

$$\text{II. CoAS—CO—CH}_3 + \text{O}{=}\text{C—CH}_2\text{—COOH} +$$

$$+ \text{H}_2\text{O} \to \text{CoASH} + \text{HOOC—CH}_2\text{—}\overset{\displaystyle \text{OH}}{\underset{\displaystyle \text{COOH}}{\text{C}}}\text{—CH}_2\text{—COOH}$$

Die Citronensäure macht nun eine Folge von Reaktionen durch, in deren Verlauf zwei C-Atome als CO_2 abgespalten werden und aus denen Oxalessigsäure hervorgeht, die wiederum in den Cyclus eintreten kann.

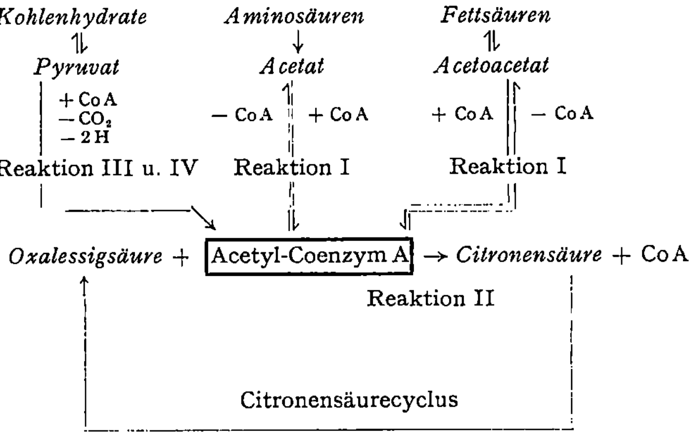

Endabbau und Citronensäurecyclus

Aus dem Abbau der Kohlenhydrate geht nicht Acetat sondern ein C_3-Körper, die Brenztraubensäure, hervor, der nicht ohne weiteres von Co A übertragen werden kann. Die Brenztraubensäure wird durch ein weiteres schwefelhaltiges Co-Enzym, die Lipoinsäure, auf das Co A übertragen [29, 116]. Die Lipoinsäure, die auch als Protogen A, α-Lipoic Acid oder Thioctic Acid bezeichnet wird, ist das 6,8-Disulfid der Caprylsäure. Es gibt mehrere Formen der Lipoinsäure, die sich durch die unterschiedliche Stellung ihrer Schwefelatome auszeichnen, deren Aktivität aber annähernd gleich ist. Im einzelnen geht die Reaktion so vor sich, daß unter Sprengung der Disulfidbrücke an das eine Schwefelatom

Brenztraubensäure unter gleichzeitiger Decarboxylierung angelagert wird. Dabei wird CO_2 frei (Reaktion III).

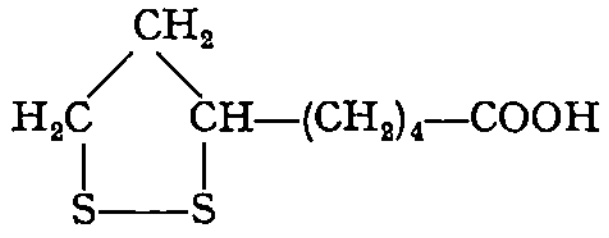

$$
\begin{array}{c}
CH_2 \\
\diagup \quad \diagdown \\
H_2C \qquad CH-(CH_2)_4-COOH \\
| \qquad\quad | \\
S-\!-\!-S
\end{array}
$$

Lipoinsäure

Der so entstandene Acetylrest wird an das Co-Enzym A abgegeben. Dabei geht auch das zweite Schwefelatom in die Sulfhydrylform über (Reaktion IV). Durch DPN wird aus der Sulfhydrylform das Disulfid wieder hergestellt [*62, 124*].

III. $\quad CH_3-\overset{O}{\overset{\|}{C}}-COOH + S-S\text{-}R \rightleftharpoons CH_3-\overset{O}{\overset{\|}{C}}-S\text{-}R\ SH + CO_2$

IV. $\quad CH_3-\overset{O}{\overset{\|}{C}}-S\text{-}R\ SH + CoA-SH \rightleftharpoons CH_3-\overset{O}{\overset{\|}{C}}-S-CoA + HS\text{-}R\ SH$

$\quad HS\text{-}R\ SH + DPN^+ \rightleftharpoons S-S\text{-}R + DPNH_2 \qquad R = (CH_2)_4-COOH$

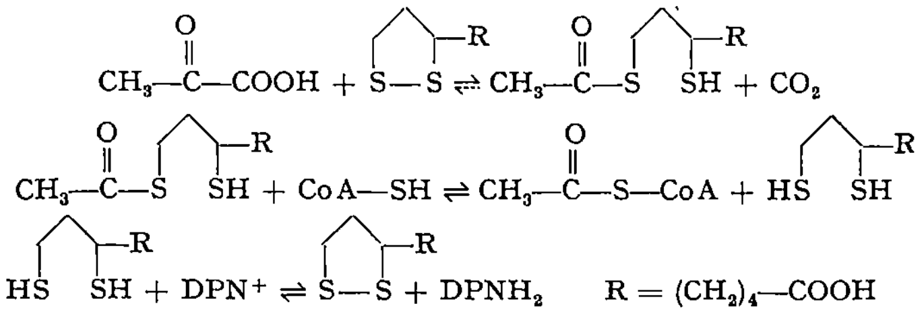

Darüber hinaus kommt der Lipoinsäure nach neueren Beobachtungen von CALVIN wahrscheinlich noch eine weitere Fähigkeit im Stoffwechselgeschehen der Pflanze zu: Das normalerweise, d. h. unter dem Einfluß der Energie des Sonnenlichtes, von der Pflanze aufgenommene CO_2 wird in einer Folge von Reaktionsschritten, dem sog. Photosynthesecyclus, zu einem C_3-Körper, der Glycerinsäure, aufgebaut. Diese wird für die Bildung von Fetten, Eiweißen und Kohlenhydraten verwendet.

Nach Verdunkelung taucht das aufgenommene CO_2, wie mit Hilfe von radioaktivem Kohlenstoff festgestellt wurde, nach ganz kurzer Zeit im Citronensäurecyclus auf. Es wird vermutet, daß die Glycerinsäure, die sich von der Brenztraubensäure nur durch ein Wassermolekül unterscheidet, durch die Lipoinsäure in der Dunkelheit unter Umgehung des Weges über hochmolekulare organische Verbindungen unmittelbar in den Citronensäurecyclus eingeführt werden kann. Die biologische Bedeutung dieses Weges dürfte sein, daß beim Fehlen der Lichtenergie der Aufbau von hochmolekularen energiereichen Verbindungen gestoppt wird. Diese Untersuchungen bedürfen jedoch noch der weiteren Bestätigung.

Obgleich schon seit der Entdeckung des Glutathions der Zusammenhang der Sulfhydryle mit der Zellatmung erörtert wurde, sind schlüssige Beweise für diese Vorgänge erst in letzter Zeit gefunden worden. MAPSON u. MOUSTAFA [*102, 104*] konnten an Extrakten von Erbsenkeimlingen nachweisen, daß Glutathion in der Lage ist, den Wasserstoff, der im

Verlaufe des Citronensäurecyclus frei wird, von jeder der Zwischenstufen des Cyclus zu übernehmen. Dadurch wird GSSG zu GSH reduziert. GSH gibt den Wasserstoff an Dehydroascorbinsäure ab. Die entstandene Ascorbinsäure schließlich kann Wasserstoff, wie schon seit längerem bekannt ist, unmittelbar auf molekularen Sauerstoff übertragen. Ähnliche Vorgänge fanden YOUNG u. CONN [170] bei Avocatofrüchten (*Persea gratissima*). Hier ist der Atmungsvorgang an die Mitochondrienfraktion des Extrakts gebunden.

$$GSSG + H_2 \rightarrow 2\,GSH$$
$$2\,GSH + 2\ \text{Dehydroascorbinsäure} \rightarrow GSSG + 2\ \text{Ascorbinsäure}$$
$$2\ \text{Ascorbinsäure} + {}^1\!/_2\,O_2 \rightarrow H_2O + 2\ \text{Dehydroascorbinsäure}$$
$$\overline{H_2 + {}^1\!/_2\,O_2 \rightarrow H_2O}$$

Als Fermente für diese Übertragung wurden Glutathion-Reduktase, Ascorbinsäure-Oxydase und TPN gefunden [38]. So sind die Sulfhydrylverbindungen wenigstens im Reagenzglas in der Lage, sich unmittelbar in Atmungsvorgänge einzuschalten. Es liegt hier ein Atmungssystem vor, das unabhängig vom Cytochrom funktioniert.

Die physiologische Wirkung der Sulfhydryle

1. Wachstum und Zellteilung

a) Normales Wachstum. Die Resultate der Untersuchungen über den Einfluß niedrigmolekularer Thiole auf Wachstums- und Zellteilungsvorgänge sind sehr unterschiedlich. In sehr vielen Fällen wirkt sich die Zugabe von Thiolverbindungen — meistens wurde Glutathion verwendet — in einer Beschleunigung des Wachstums aus. Vor allem HAMMETT hat die wachstumsfördernde Wirkung des Glutathions mit den verschiedensten Objekten getestet: Die Ausdifferenzierung der Hydranthen von *Obelia geniculata* wurde gefördert [68]. Die Regeneration der Neurone im Ganglion des Polychaeten *Nereis pelagica* sowie die Regeneration von *Tubifex* und *Planaria* [33] verlief bei Zusatz von Sulfhydrylen zum Medium wesentlich schneller [65]. Auch bei der Hautproliferation von Säugern [64], bei der regenerierenden Schere der Krabbe *Longicarpus* [66] und bei dem Wachstum von Echinodermenlarven [67] stellte HAMMETT einen fördernden Einfluß von Thiolen fest. Er führte die Wachstumssteigerung auf eine Erhöhung der Mitoserate zurück [63, 69]. Andere Autoren waren dagegen nicht in der Lage, durch Zugabe von SH-Verbindungen eine Änderung der Wachstumsgeschwindigkeit zu erzielen. Zum Beispiel bleibt bei der Teilung der Eier der Schnecken *Limnaea* und *Physa* [54] und bei der Regeneration von Polychaeten [108] eine Zufuhr von SH-Verbindungen wirkungslos. Die Diskrepanz in den Angaben über die wachstumssteigernde Wirkung von Thiolen rührt z. T. wahrscheinlich von der unterschiedlichen Dosierung her. Durch neuere Untersuchungen von LOOMIS [171] erscheinen auch die Versuche von HAMMETT in einem anderen Licht. LOOMIS konnte die Freßreaktion bei Hydrozoen durch Zugabe von Glutathion zum Medium auslösen. Andere Schwefelverbindungen waren weit weniger wirksam. Er bezeichnet auf Grund seiner Untersuchungen Glutathion als ein „feeding hormon" für *Hydra*. Tatsächlich frißt *Hydra* jedes beliebige Substrat (Filtrierpapier, Agar usw.), wenn es mit Glutathion getränkt ist. Eine Erhöhung der Wachstumsrate ist bei den Hammettschen Versuchen zweifellos eingetreten. Auch von CLEFFMANN konnte in Kulturen von *Hydra* und *Pelmatohydra* eine Steigerung der Knospungsrate erzielt werden, wenn sich die Tiere in einem Medium von 10^{-7} mol GSH befanden. Ob aber diese Wachstumssteigerung auf einer direkten Beeinflussung der Zellteilungs- und Wachstumsvorgänge durch GSH oder im Sinne von LOOMIS auf einer Erhöhung der Futteraufnahme beruht, ist noch nicht entschieden.

Neben diesen Untersuchungen, die durch Thiolzugabe auf eine direkte Beeinflussung des Wachstums abzielten, liegen zahlreiche indirekte Befunde vor, die den Zusammenhang zwischen Wachstum und Sulfhydrylen betreffen. Im regenerierenden Axolotlschwanz ist der Glutathiongehalt in der fünften bis zehnten Woche nach der Amputation signifikant erhöht [117], während für das regenerierende Schwanzblastem von Kaulquappen das Gegenteil behauptet wird [100]. Am Hühnerembryo beobachtete HOPKINS schon 1921, daß das Blastoderm im Gegensatz zum Dotter eine starke Reaktion mit Nitroprussidnatrium ergibt [78]. Im Laufe der Ontogenese nimmt der Gehalt des Blastoderms an Sulfhydrylverbindungen in gleichem Maße wie die relative Anzahl der Mitosen ab. Beträgt der GSH-Gehalt des Blastems vom fünftägigen Embryo 400 mg-% des Trockengewichts, so finden sich im Blastoderm des zwanzigtägigen Embryos nur noch 100 mg-% [110]. Bei dem relativ hohen Gehalt des Dottereiweißes an Sulfhydrylverbindungen (s. Tab. 2) handelt es sich um maskierte SH-Verbindungen. Sie bilden offenbar die Schwefelreserve für den Embryo. Bei jungen Ratten liegen die Verhältnisse ähnlich [14]. Darüber hinaus ist bei Kaninchen ein Zusammenhang zwischen Körpergröße und Gehalt an Thiolen gefunden worden. GREGORY u. GOSS [61] bemerkten nämlich, daß der Glutathiongehalt im Gewebe von Embryonen bzw. Jungtieren gleichen Alters proportional der Körpergröße ist. Diese Beziehung gilt sowohl für individuelle Größenunterschiede als auch für den Vergleich erblich festgelegter Größen verschiedener Rassen.

Ob die Wachstumssteigerung, die HAMMETT fand, auf einer Stimulierung der Mitoserate beruht, konnte er nicht entscheiden. Sicherlich gab es auch eine Förderung des Zellwachstums, wie das Beispiel der regenerierenden Neurone von *Nereis* zeigte. Einen Beitrag zu dieser Frage lieferten VOEGTLIN u. CHALKLEY [*152*]. Sie erzielten in Kulturen von *Amoeba proteus* unter konstanten Ernährungsbedingungen nach Zugabe von GSH oder GSSG zum Kulturmedium eine deutliche Steigerung der Kern- und Zellteilung. Diese verliefen im Anfang synchron; nach einer Reihe von Teilungsschritten blieb die Zellteilung mehr und mehr aus, und es fanden nur noch Kernteilungen statt, so daß im Gegensatz zur Kontrolle mehrkernige Amöben entstanden. Man kann dies, wenn auch mit Vorbehalt, so deuten, daß der primäre Effekt der Mercaptane eine Steigerung der Mitosetätigkeit ist.

Einen Hinweis darauf, welche Rolle die Thiole bei der Kernteilung spielen, lieferten die Beobachtungen von RAPKINE am Seeigelei [*122*]. Er untersuchte die Menge der Schwefelverbindungen im Verlaufe der ersten Furchungsteilungen im Ei von *Paracentrotus*. Der Gehalt an freien, in Trichloressigsäure löslichen SH-Gruppen fällt in der ersten Phase der ersten Furchungsteilung von 40 mg-% bis auf 10 mg-%. In dieser Phase laufen die vorbereitenden Prozesse ab, wie Verschmelzung der Pronuclei, Kondensation der Chromosomen und Asterbildung durch Ausbildung der Polstrahlen. In der zweiten Phase, in der der Spindelapparat entsteht, die Chromosomen die Äquatorialplatte bilden, und die Zelle sich teilt, steigt die Menge der löslichen SH-Verbindungen wieder bis zu ihrem Ausgangswert an. MAZIA [*58, 103*] bestätigte diese Befunde[1] und konnte darüber hinaus nachweisen, daß sich die in Trichloressigsäure unlöslichen, also proteingebundenen Sulfhydryle genau entgegengesetzt verhalten. Sie finden sich besonders reichlich in der ersten Phase und sind während der Spindelbildung auf ein Minimum reduziert. Diese Erscheinungen sind so zu deuten, daß die SH-Gruppen, die im reifen Ei vorhanden sind, bei Beginn der Furchung (Phase I) in das Eiweiß, das für die Spindelbildung benötigt wird, eingebaut werden, wo sie während der Spindelbildung (Phase II) durch Bildung von Disulfidbindungen die Festigkeit der Spindelfasern bewirken und dann nicht mehr nachgewiesen werden können. Im Verlauf dieser Zeit werden bereits wieder die freien, löslichen SH-Verbindungen für die nächste Furchungsteilung bereitgestellt.

Von vielen Untersuchern wird den Thiolen eine Bedeutung bei der Steuerung und Auslösung der Mitose zugeschrieben. Diese Annahme wird wesentlich gestützt durch die Erfahrungen, die man bei Gewebekulturen gemacht hat. Ein Extrakt aus Hühnerembryonen, die außerordentlich reich an Thiolen sind (s. S. 73), wirkt nämlich stark mitosefördernd auf Gewebekulturen gleichgültig welcher Herkunft [*25*]. Die

---

[1] In einer neueren Arbeit (NEUFELD, E. u. D. MAZIA: Exper. Cell Res. 13, 622 (1957)] konnten bei Strongylocentrotus purpuratus keine Schwankungen im Gehalt an freien SH-Gruppen gefunden werden.

Verwendung von Hühnerembryonalextrakt machte die Gewebezüchtung erst in dem jetzigen Umfang möglich. Bei einer Trennung des Embryonalextraktes in einzelne Fraktionen durch Dialyse, Barium- und Alkoholfällungen zeigt sich, daß allein die bariumlösliche Fraktion die mitosefördernde Wirkung hat [70, 71]. In dieser Fraktion finden sich das gesamte Glutathion und verwandte Sulfhydrylverbindungen, so daß die Annahme berechtigt erscheint, daß die Sulfhydryle zu der mitosefördernden Wirkung des Embryonalextraktes in Beziehung stehen. Ferner kann man die mitosehemmende Wirkung von metallorganischen Verbindungen auf Gewebekulturen durch Zugabe von Cystein wieder aufheben. In diesem Fall scheint es festzustehen, daß die cytostatische Wirkung der metallorganischen Verbindungen durch Blockierung von SH-Fermenten zustande kommt. Diese Blockierung ist durch Thiole wieder zu beseitigen [93].

Es ist versucht worden, die Wirkung des Glutathions auf Gewebekulturen unmittelbar zu messen. Die Ergebnisse sind noch lückenhaft und nicht beweiskräftig. Sarkomfibroblasten, die auf einem Minimalmedium von verdautem Casein, Glykokoll und Nucleinsäuren gezüchtet wurden, reagierten unter bestimmten, reproduzierbaren Bedingungen auf die Zugabe von Glutathion mit einer Flächenzunahme der Kultur [8]. SENGEL [138] stellte eine günstige Beeinflussung des Wachstums der Federknospe durch SH-Aminosäuren fest; FALUDI [43] erzielte an Kulturen aus der cambialen Zone der Kartoffelknolle Wachstumsförderung (Zunahme des Trockengewichtes). In allen diesen Fällen wird jedoch nichts über die Mitosetätigkeit berichtet.

Die bisher geschilderten Versuche beziehen sich auf eine reine Beschleunigung des Wachstums durch Thiole. Ein Einfluß auf die Art der Differenzierung der Gewebe war jedoch nicht festzustellen. Diese vollzog sich vielmehr so, wie es für die Art der Gewebe und für die Außenfaktoren typisch war. Es sind jedoch auch zwei Fälle beschrieben, in denen ein Einfluß der Thiole auf die Art der Gewebedifferenzierung deutlich ist: Die Wachstumsform von *Saccharomyces cerevisiae* und anderen Hefen wird durch Cystein und Glutathion beeinflußt [105, 134, 115]. Bei Anwesenheit dieser Verbindungen wird die Ausbildung von Mycelien begünstigt, während nach Ausschaltung der SH-Gruppen durch Kobaltacetat mehr gedrungene, „hefeähnliche" Zellen vorliegen und der Abstand zwischen den einzelnen Blastosporenhaufen verringert wird. — RUNNSTRÖM [130, 131, 132] äußerte auf Grund von umfangreichen Untersuchungen am Seeigelkeim die Vermutung, daß das Vorhandensein von SH-Verbindungen notwendig sei, um das normale Verhältnis zwischen animalen und vegetativen Keimteilen zu gewährleisten. Es gelang ihm, durch Behandlung von Seeigelkeimen mit Lithiumverbindungen und Jodosobenzoesäure, die als Antagonisten von Sulfhydrylen bekannt sind, eine Animalisierung des Keimes zu bewirken. Das bedeutet, daß in diesen Fällen die animalen Keimteile quantitativ stark überwiegen. Sollten sich diese Befunde bestätigen und erweitern lassen, so würde damit den Sulfhydrylverbindungen neben der unspezifischen Wachstumsstimulierung ein spezifischer formativer Einfluß zugeschrieben werden müssen.

b) Atypisches Wachstum. Über Thiole in Geweben mit atypischem Wachstum liegen erst wenig Untersuchungen vor. In den peripheren Bezirken von jungen Geschwülsten der Ratte wurden beträchtliche Mengen von Glutathion gefunden, die sich in der Größenordnung mit den Glutathionmengen der Leber, deren Gewebe als besonders glutathionreich bekannt ist, vergleichen lassen. Ältere Tumoren sowie die nekrotischen, inneren Teile der Geschwülste enthalten kein Glutathion. Auffallend ist weiterhin die Tatsache, daß ein verhältnismäßig großer Teil des Glutathions in der oxydierten Form vorliegt. Der Gehalt der nicht befallenen Organe an Glutathion nimmt im Verlauf der Tumorentwicklung ab [172].

Eine Beziehung zwischen Sulfhydrylen und bösartigem Wachstum konnte auch HOLZER aufzeigen, indem er den Ehrlichschen Mäuse-Ascites-Tumor durch SH-Antagonisten hemmte. Als Inhibitoren verwendete er Jodessigsäure, Chinone, Halogenalkyl und Äthylenimin. Wurde eine bestimmte Menge Ascites-Tumorzellen mit diesen Agentien behandelt, so waren sie nicht mehr in der Lage, die Tumorbildung auszulösen, während dieselbe Menge unbehandelter Zellen immer zur Ascitesbildung ausreichte. Die behandelten Zellen waren noch lebens- und teilungsfähig. Eine Untersuchung ihres Stoffwechsels ergab bei normaler Atmung eine stark gehemmte Glykolyse. Legen wir die WARBURGsche Theorie zugrunde, daß eine entartete Zelle durch eine abnorm gesteigerte Glykolyse gekennzeichnet ist, so würde hier eine Unterdrückung derjenigen Eigenschaften der Ascites-Tumorzelle vorliegen, die für die Bösartigkeit charakteristisch sind [55]. In diesem Zusammenhang verdient die Mitteilung von LEUTHARD u. GREENSTEIN Beachtung, nach der sich im Tumorgewebe im Gegensatz zu allen anderen Geweben keine Cysteindesulfurase findet [173].

2. Hormone

Die Erforschung der Wechselbeziehungen zwischen Hormonen und SH-Verbindungen ist bisher über ein Anfangsstadium nicht hinausgekommen. Lediglich das Verhältnis zum Insulin ist näher untersucht worden [58, 90]. Im Insulinmolekül befinden sich sechs Disulfidbrücken, die durch Reduktionsmittel wie Schwefelwasserstoff, Cystein usw. irreversibel zerstört werden. Es handelt sich hier also um ein Disulfid, das biologisch aktiv ist. Das Insulin wird in den β-Zellen der LANGERHANSschen Inseln gebildet. Mit Alloxan, das selektiv die β-Zellen zerstört, kann man experimentell Diabetes erzeugen. Durch Glutathiongaben vor der Injektion kann wiederum die pathogene Wirkung des Alloxans aufgehoben werden. Zur Erklärung dieses Phänomens gibt es zwei Theorien. Entweder macht das Glutathion, das außerordentlich leicht mit Alloxan reagiert, dieses bereits in der Blutbahn unschädlich, oder die SH-Gruppen schützen die β-Zellen vor der Zerstörung durch Alloxan. In diesem Zusammenhang ist es vielleicht von Bedeutung, daß die Zellpermeabilität, die durch Schwermetallsalze blockiert wird, durch SH-Verbindungen reaktiviert bzw. aktiviert werden kann [91]. Nach diesen Tierexperimenten glaubte man, die Anfälligkeit für Diabetes einem erniedrigten Gehalt des Körpers an Glutathion zuschreiben zu können. Dafür ließen sich aber beim Menschen keine direkten Beweise finden. Die Tatsache, daß bei schweren Fällen von Diabetes der Glutathionspiegel im Blut erniedrigt ist, wird von LAZAROW [90] als ein sekundärer Stoffwechseleffekt angesehen.

Durch eine größere Anzahl von Untersuchungen ist ein Zusammenhang zwischen dem Stoffwechsel der Sulfhydryle und der Tätigkeit von anderen inkretorischen Drüsen festgestellt worden. In den meisten dieser Arbeiten wurde nach Exstirpierung der Drüsen bzw. nach Verabfolgen des entsprechenden Hormons eine Änderung der Menge freier SH-Verbindungen in verschiedenen Geweben oder Körperflüssigkeiten gefunden. Nach Hypophysektomie sinkt der Glutathionspiegel in der Leber und in den Erythrocyten ab [20]. Adrenalektomie hat starke Verminderung des GSH-Gehaltes im Blut zur Folge [36]. Ebenso tritt eine starke GSH-Abnahme im Blut bei ADDISONscher Krankheit ein [21]. Nach Exstirpierung der Thyreoidea steigt der Glutathionspiegel des Blutes an, während die Verabreichung von Thyroxin den Glutathionspiegel senkt. Entfernung der Parathyreoidea macht sich durch eine Abnahme des Glutathions im Blut bemerkbar [26].

Alle diese Befunde sind noch sehr unvollständig. Von manchen Autoren wird auch das Gegenteil der obigen Befunde berichtet, so daß eine Nachprüfung notwendig erscheint. Außerdem ist noch in keinem Fall geklärt, ob die Hormone selbst auf die Glutathionsynthese einwirken, oder ob es sich um eine Sekundärwirkung der durch die genannten Hormone hervorgerufenen Stoffwechselanomalien handelt.

3. Strahlenschutz

a) Röntgenstrahlen. Bestimmte reduzierende Substanzen, darunter auch Glutathion, Cystein usw. schützen den Organismus bis zu einem gewissen Grade vor der Wirkung ionisierender Strahlen (Röntgen- und γ-Strahlen). Wie HOLLAENDER u. Mitarb. [77] zeigten, wird die Anfälligkeit von *Escherichia coli* gegen Röntgenstrahlen in Gegenwart von

Glutathion verringert. LANGENDORF u. Mitarb. fanden, daß bei Mäusen und Ratten nach einer Dosis von 500 r durch Verabfolgen von GSH oder anderen Sulfhydrylverbindungen vor der Bestrahlung die Überlebensrate wesentlich erhöht wird [89]. An Hand von histologischen Kriterien (abgestorbene Zellen, Eosinophilie, Mitosehemmung, pyknotische Zellen usw.) wurde durch zahlreiche Arbeiten [36, 113, 118, 119] eine deutliche Schutzwirkung des Glutathions erwiesen. Weil die Erfolge so eindeutig waren, wird seither die Verwendung von Cysteinamin als prophylaktisches Mittel gegen Strahlenkater empfohlen [7]. Schließlich konnten auch die durch Röntgenstrahlen hervorgerufenen Mitosehemmungen und Chromosomenaberrationen durch Glutathion wesentlich vermindert werden [105, 106, 107]. Eine quantitative Untersuchung der Chromosomenbrüche von *Tradescantia paludosa* ergab, daß der wirksamste Schutz durch Cystein in einer Konzentration von 10^{-2} mol und in alkalischem Milieu erreicht wird [107]. Die Schutzwirkung für Chromosomen besteht nicht etwa darin, daß die Fragmente sich leichter wieder vereinigen, sondern daß ein Bruch überhaupt nicht stattfindet. Für die Erklärung der Schutzwirkung des Glutathions gibt es zwei Möglichkeiten:

1. Durch ionisierende Strahlen wird das Zellwasser in H^+-, OH^-- und O_2H^--Ionen gespalten, die sich leicht zu Peroxyden vereinigen. Auf die toxische Wirkung der Peroxyde führt man die Strahlenschädigungen zurück. Die Schutzwirkung der Sulfhydryle kann dadurch erklärt werden, daß sie das Plasma vor der Einwirkung der Peroxyde auf verschiedenen Wegen schützen. Man kann nämlich fast alle Strahlenschutzeffekte, die durch GSH oder andere Thiole erzielt wurden, auch durch Katalase erreichen. — DALE u. RUSSEL [40] konnten Katalase durch Bestrahlung mit ionisierenden Strahlen inaktivieren. Bei Gegenwart von GSH oder Cystein blieb diese Inaktivierung aus. Es besteht somit die Möglichkeit, daß die Thiole lediglich die zelleigene Katalase vor der Einwirkung der Röntgenstrahlen schützen. Ferner können die durch Bestrahlung entstandenen Peroxyde durch das Redoxsystem der Sulfhydryle abgefangen werden. Darüber hinaus könnte die Schutzwirkung der Thiole darin bestehen, daß sie in der auf S. 67 und 68 beschriebenen Weise die SH-haltigen Fermente der Zelle dem toxischen Einfluß der entstandenen Peroxyde entziehen. Diese letztgenannte Möglichkeit kann nicht alle Erscheinungen erklären, denn wie PATT [118] bemerkte, werden auch nicht schwefelhaltige Enzyme wie z. B. Ribonuclease durch SH-Gruppen vor Strahlenschädigungen geschützt.

2. In neuerer Zeit wird die Theorie diskutiert, daß die Sulfhydrylverbindungen durch ionisierende Strahlen unmittelbar zerstört werden. Sowohl hochmolekulare als auch niedrigmolekulare Thiole werden nämlich durch Röntgenstrahlen oxydiert. Auf diesem Wege könnten wichtige SH-Fermente ausgeschaltet werden.

b) UV-Strahlen. Auch gegen ultraviolette Strahlen besteht nach Verabreichung von GSH eine gewisse Schutzwirkung [166]. Schwefelverbindungen sind in der Lage, vor allem in der Disulfidform Lichtenergie aufzunehmen. Sie absorbieren im ultravioletten Bereich das Licht bestimmter Wellenlängen. So schützt Glutathion *Escherichia coli* gegen UV-Strahlen durch einfache physikalische Absorption [168]. Dabei nimmt das Thiol die Strahlungsenergie auf, durch die es in folgender Weise verändert wird. Die Wirkung der Strahlen auf das Cysteinmolekül selbst in wäßriger Lösung untersuchte SCHOCKEN [135]. Er fand, daß man durch UV-Bestrahlung sowohl Cystin in Cystein als auch Cystein in Cystin überführen kann. Dabei überwiegt allerdings die Reduktion zum Cystein. Nach einer gewissen Bestrahlungsdauer wird das Cystein teilweise zerstört.

Auf diesen Befunden baut WELS [163] seine „Sulfhydrylhypothese der biologischen Lichtwirkung" auf. Er weist darauf hin, daß viele physiologische Vorgänge, die sich im Innern des Körpers abspielen, durch Einwirkung des Lichtes, das nur die äußersten Hautschichten erreicht, gesteuert werden. Er nimmt als Vermittler zwischen dem Licht und den Organen die Sulfhydrylverbindungen an, die sich ja in der Haut besonders zahlreich finden [137, 158]. Diese Theorie wird außer durch die oben mitgeteilten Befunde von CALVIN [29], der ja besondere Übertragungsreaktionen der Lipoinsäure unter dem Einfluß der Lichtenergie feststellen konnte (s. S. 71), durch die Tatsache gestützt, daß die meisten aktiven Schwefelverbindungen in ihrer reduzierten Form wirksam sind. Es ist sehr wohl denkbar, daß die Lichtenergie wenigstens in einem Teil der Fälle das Agens ist, das die Schwefelverbindungen regeneriert, d. h. wieder in ihre reduzierte Form überführt.

4. Pigmentierung

Thiole können nicht nur, wie aus dem bisher Referierten hervorgeht, als Aktivatoren von enzymatischen Prozessen auftreten, sondern sie können auch hemmend wirken. Das ist z. B. der Fall, wenn es sich bei dem Ferment um eine Schwermetallverbindung handelt. So stellt die Oxydase, die in den Pigmentzellen des tierischen Körpers aus dem ungefärbten Tyrosin Melanin entstehen läßt, ein Kupferproteid dar. In einer großen Anzahl von Untersuchungen ist die hemmende Wirkung von SH-Verbindungen auf die Pigmentbildung bewiesen worden. Der Sauerstoff, der für die oxydative Melanogenese notwendig ist, kann durch Sulfhydryle entzogen werden. Dieser Vorgang ist gegenüber der spezifischen Mercaptidbildung mit dem Kupfer wohl von untergeordneter Bedeutung.

DANNEEL u. SCHAUMANN [41] wiesen in Hautextrakten einen wasserlöslichen, hitzestabilen, dialysierbaren Inhibitor der Pigmentbildung nach. FIGGE [47, 50] konnte die Tyrosinase in vitro durch Hautextrakte hemmen. ROTHMAN u. Mitarb. [45, 51, 128] zeigten dann, daß der Grad der Hemmwirkung von Hautextrakt proportional der Menge der in ihm enthaltenen SH-Verbindungen ist, und daß der Grad der Pigmentierung mit zunehmendem SH-Gehalt in der Haut abnimmt. So ist z. B. der Thiolgehalt in der Haut, die durch Vitiligo depigmentiert ist, gegenüber dem normalen Wert um 80—100% erhöht[1]. Der Zusammenhang der Bräunung der Haut mit der Sonneneinstrahlung ist demnach auch verständlich und experimentell vielfach nachgeprüft [129]: Die UV-Strahlen des Sonnenlichtes überführen die SH-Gruppen der Haut in Disulfidgruppen, die nun einen hemmenden Einfluß auf die Pigmentbildung nicht mehr ausüben können. — Wie YAMAKAWA [169] berichtet, beruht das Zeichnungsmuster einer ostasiatischen Muschel, die durch Melanin gefärbt ist, auf dem unterschiedlichen Gehalt der einzelnen Teile des Mantelrandes an SH-Gruppen. SENGEL [138] konnte die Pigmentbildung in Gewebekulturen von Hühnerhaut und Hühnerfederknospen durch Glutathion ausschalten. Er sieht in dieser Hemmung eine Störung der Melanoblastendifferenzierung und nicht ihrer Funktion, während allgemein von den oben genannten Autoren angenommen wird, daß durch Thiole die Pigmentbildungstätigkeit unterbrochen wird.

Über die Rolle, die die Thiole bei der Entstehung der Wildfärbung spielen, sind wir etwas näher orientiert. Dieses Zeichnungsmuster, das durch einen dominanten Faktor vererbt wird, ist unter den Säugern weit verbreitet und von Bedeutung, weil hier genphysiologische Probleme leicht angegangen werden können. Die Haare wildfarbiger Tiere enthalten hell und dunkel gefärbte Abschnitte, die in regelmäßiger Anordnung miteinander abwechseln. Die Pigmentzellen der Haarwurzeln produzieren also in zeitlicher Aufeinanderfolge verschiedene Pigmentsorten. Sie enthalten während der Bildung von hellem Pigment mehr SH-Gruppen als bei der Bildung von schwarzem, wie die starke diffuse Färbung des Plasmas mit der Berliner Blau-Reaktion zeigt. Fernerhin konnte in Gewebekulturen von genetisch einfarbig schwarzer Haut durch Zugabe von Glutathion oder anderen Sulfhydrylen zum Kulturmedium die Bildung von hellem Pigment, das sich histochemisch nicht von dem Pigment wildfarbiger Tiere unterscheidet, erzwungen werden. Offenbar wird durch eine bestimmte Konzentration von SH-Gruppen die Melanogenese in den Pigmentzellen in eine andere Richtung, nämlich zur Bildung von hellem Wildfarbigkeitspigment gesteuert [31, 32].

Auf Grund neuerer Untersuchungen in vitro glaubt KOHN [83] die oben geschilderte Ausschaltung der Tyrosinase durch Sulfhydryle ablehnen zu können. Er fand in Fermentsubstratmischungen, die durch

---

[1] In einem Fall wird auch bei Negern von erniedrigter SH-Menge gesprochen, während FLESH [57] das Gegenteil berichtet.

GSH gehemmt wurden, einen Stoff, den er als eine Verbindung eines Zwischenprodukts der Melanogenese mit Glutathion identifizieren konnte. Demnach soll die Reaktionskette Chromogen—Pigment dadurch unterbrochen werden, daß durch die Sulfhydryle ein Intermediärprodukt abgefangen wird. Eine Erklärung des Mechanismus, durch den die Pigmentbildung gehemmt wird, steht also noch aus.

5. Entgiftung

Die Sulfhydrylverbindungen schützen den Organismus nicht nur gegen die von Strahlen hervorgerufenen Schädigungen, sondern auch gegen den Einfluß vieler Gifte. So wird Blausäure durch Thiole als Rhodanwasserstoffsäure unschädlich gemacht und abgeschieden [87]. Sublethale Dosen von Blausäure summieren sich nicht, wenn sie in genügend großen Abständen gegeben werden, da sich in der Zwischenzeit immer wieder genügend SH-Verbindungen zur Entgiftung gebildet haben. Auch Arsen-III-Verbindungen, Anthracen, Brombenzol, Benzylchlorid, Naphthalin und andere Verbindungen werden durch Thiole entgiftet [48, 151]. Auch die Wechselwirkung zwischen Alloxan und Glutathion, die oben beschrieben wurde, wäre hier zu erwähnen. Weiterhin werden Lost, Stickstofflost, Tränengas und andere Giftgase durch Schwefelverbindungen weitgehend unschädlich gemacht. Die Erfolge waren so eindeutig, daß 2,3-Dimercaptopropanol (BAL = British Anti Lewisit) im Kriege zum Schutz gegen Gasvergiftungen verwendet wurde.

Diese Erscheinungen kann man etwa folgendermaßen erklären. In vielen Fällen beruht die Schutzwirkung darauf, daß die Thiole mit den toxischen Verbindungen unschädliche Komplexe wie Thioäther, Thioester und Mercaptide eingehen. Diese Verbindungen werden vom Organismus ohne Schwierigkeiten abgebaut oder abgeschieden. Diese Entgiftungswirkung hängt eng zusammen mit der oben beschriebenen Aktivierung von Fermenten, da die genannten Gifte Fermentgifte darstellen. Nach Ansicht von VOEGTLIN [151] beruht die Toxicität dieser Substanzen in den meisten Fällen darauf, daß lebensnotwendige Sulfhydrylverbindungen inaktiviert werden, nachdem die nicht lebensnotwendigen verbraucht sind. Durch Zugabe eines Überschusses an Thiolen würden also SH-Fermente vor der Inaktivierung durch die oben genannten Verbindungen geschützt werden.

Die Schutzwirkung der Thiole erstreckt sich auch auf gewisse tierische Gifte (Bienengift) und andere Toxine, wie das des Tetanus und der Diphtherie [28, 153]. In diesem Zusammenhang führt WILLIAMS [166] eine Reihe von Beispielen an, die die Bedeutung von SH-Gruppen für verschiedene Antikörper nachweisen. Der Mechanismus dieser Reaktionen ist noch weitgehend ungeklärt.

Schlußbemerkungen

Der anorganisch gebundene Schwefel wird den Organismen in Form von Sulfat und Schwefelwasserstoff und in geringen Mengen auch als elementarer Schwefel dargeboten. Von diesen Substanzen kann das Sulfat von den Pflanzen unmittelbar aufgenommen und zum Aufbau organischer Schwefelverbindungen verwendet werden. Der Schwefelwasserstoff dagegen ist nur für Schwefelbakterien zugänglich, die ihn einerseits über elementaren Schwefel zu Sulfat oxydieren und andererseits zur Bildung organischer Schwefelverbindungen verwerten können. Die so entstandenen schwefelhaltigen Aminosäuren werden von Pflanze und Tier in ihre arteigenen Eiweiße und viele andere Verbindungen eingebaut. Der Kreislauf wird geschlossen, indem durch Exkretion Schwefel als Sulfat abgeschieden wird, und indem bei der Fäulnis organischer Substanzen Schwefelwasserstoff entsteht. Für das Gleichgewicht in der anorganischen Natur sorgen die desulfurierenden Bakterien, die Sulfat zu H_2S reduzieren.

Die zentrale Stellung im Kreislauf des Schwefels nehmen also die SH-Aminosäuren ein (Abb. 1). Sie haben im Organismus folgende wichtige Aufgaben:

Sie dienen als Bausteine für die körpereigenen Eiweiße. Aus allem bisher Bekannten sind wir in der Lage, über die Funktion, die die SH-Gruppen im Eiweißmolekül haben, Aussagen zu machen. Der Schwefelanteil des Eiweißes steht in besonderer Beziehung zu ihren *mechanischen*

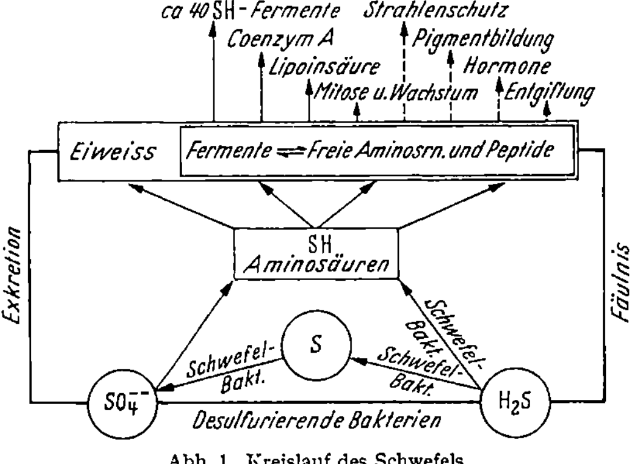

Abb. 1. Kreislauf des Schwefels

Eigenschaften, d. h. die Schwefelgruppen sind für die besondere Festigkeit der Proteine, insbesondere der Skleroproteine, verantwortlich oder sind in der Lage, diese Festigkeit in relativ kurzer Zeit herzustellen.

Schwefelhaltige Aminosäuren oder deren Abkömmlinge bilden biologisch besonders aktive Systeme (Fermente, Co-Enzyme, Enzymaktivatoren u. ä.), die an vielen Punkten in das Stoffwechselgeschehen eingreifen. Über die Aufgaben dieser Systeme kann man nicht so klare Aussagen machen wie über die Aufgaben der SH-Gruppen im Eiweiß-molekül. Wir wissen lediglich, daß diese Fermente mit SH-Aminosäuren und SH-Peptiden in reger Wechselwirkung stehen. Hierdurch wird eine große Anzahl von biochemischen und physiologischen Vorgängen beein-flußt, von denen wir nur teilweise den Wirkungsmechanismus kennen. So wissen wir, daß die meisten biochemischen Prozesse, an denen SH-Verbindungen beteiligt sind, als *Übertragungsreaktionen von Elektronen oder organischen Resten* zu beschreiben sind. Über die Bedeutung der Thiole für die *Atmung* (die Einführung von O_2), die auf Grund der leichten Oxydierbarkeit der Sulfhydryle schon sehr lange vermutet wurde, ist noch sehr wenig bekannt.

Die Analyse der physiologischen Bedeutung der Sulfhydryle, die sich aus den Aminosäuren herleiten, ist deswegen besonders erschwert, weil diese Verbindungen in so viele physiologisch-chemische Prozesse ein-greifen, die sämtlich als Ursachen für die untersuchten Erscheinungen in Frage kommen. So müssen wir einstweilen auf eine kausale Analyse überall dort verzichten, wo wir den Zusammenhang zwischen Funktion des Organismus und biochemischer Reaktion noch nicht genauer kennen. Dies gilt vor allem z. B. für die *Wachstumserscheinungen,* von denen als sicher angenommen werden darf, daß die durch Sulfhydryle hervor-gerufene Wachstumssteigerung auf die Tätigkeit SH-abhängiger Fermente zurückzuführen ist. Diese Zusammenhänge sind aber z. Z. noch nicht durchschaubar.

In dieser Arbeit werden folgende *Abkürzungen* verwendet: GSH = reduziertes Glutathion, GSSG = oxydiertes Glutathion, CoA = Coenzym A, pCMB = p-Chlor-mercuribenzoat, RSR = rotes Sulfhydrylreagens [1-(4-Chlormercuriphenylazo)-Naphthol-2], BAL = British Anti Lewisit (2,3-Dimercaptopropanol).

Literatur*

1. Abelin, J.: Z. analyt. Chem. 88, 78 (1932).
2. Anson, M.: Science 90, 142 (1939).
3. — J. gen. Physiol. 23, 247 (1940).
4. — J. gen. Physiol. 25, 399 (1941).
5. — and W. Stanley: J. gen. Physiol. 25, 679 (1941/42).
6. Astbury, G.: Proc. roy. Soc. B 137, 40 (1950).
7. Bacq, Z., and A. Herve: Bull. Acad. roy. Méd. Belg. 17, 13 (1952).
8. Baker, L.: J. exp. Med. 49, 163 (1929).
9. Barley, K., and E. Webb: Biochem. J. 42, 60 (1948).
10. Barnett, R., and A. Seligman: J. nat. Cancer Inst. 14, 769 (1949).
*11. Barron, E.: Adv. Enymol. 11, 201 (1951).
12. — and T. Singer: Science 97, 356 (1943).
13. — — J. biol. Chem. 157, 221 (1945).
14. — P. Grimmet, L. Beers and S. Shelata: Biochim. biophys. Acta 20, 345 (1956).

* Zusammenfassende Arbeiten.

15. Baumberger, J.: Amer. J. Physiol. 133, 206 (1941).
16. Bellows, I.: Arch. Ophtal. (Chicago) 16, 762 (1936).
17. Bennett, S.: Anat. Rec. 110, 231 (1951).
18. Bersin, T.: Z. physiol. Chem. 222, 177 (1923).
19. — Ergebn. Enzymforsch. 4, 68 (1935).
20. — C. R. Soc. Biol. (Paris) 128, 336 (1948).
21. — L. Kepinov and G. Weller: C. R. Soc. Biol. (Paris) 120, 589 (1935).
22. Binkley, F., G. Christensen and C. Wu: J. biol. Chem. 192, 575 (1951).
23. Bhattacharaya, S., J. Roboson and C. Stewart: Biochem. J. 60, 696 (1955).
24. Block, R.: Adv. Prot. Chem. 2, 119 (1945).
25. Borger, B., and T. Peters: Z. physiol. Chem. 214, 91 (1933).
26. Caccialanza, P.: Klin. Wschr. 1942, 922.
27. Cafrung, E., H. di Stefano and A. Farah: J. Histochem. Cytochem. 3, 354 (1955).
28. Calien, F.: J. Lab. clin. Med. 24, 254 (1938).
29. Calvin, M.: Fed. Proc. 13, 667 (1954).
30. Chevremont, M., and J. Frederic: Arch. de Biol. 54, 561 (1943).
31. Cleffmann, G.: Z. indukt. Abstamm.- u. Vererb.-Lehre 85, 137 (1953).
32. — Z. Naturforsch. 9b, 701 (1954).
33. Coldwater, K.: J. exp. Zool. 65, 43 (1933).
34. Colowick, S., and A. Kalkar: J. biol. Chem. 143, 117 (1943).
35. Comian, M.: J. biol. Chem. 183, 561 (1950).
36. Conkrite, E., W. Chapman and G. Brecher: Proc. Soc. exp. Biol. (N. Y.) 76, 294 (1951).
37. Conn, E., and B. Vennesland: J. biol. Chem. 192, 17 (1951).
38. — — Nature (Lond.) 167, 376 (1951).
39. Dannenberg, H.: Angew. Chem. 63, 208 (1951).
40. Dale, W., and C. Russel: Biochem. J. 62, 50 (1956).
41. Danneel, R., and K. Schaumann: Biol. Zbl. 58, 242 (1938).
42. de Rey-Pailhade, I.: C. R. Acad. Sci. (Paris) 106, 1683 (1888).
43. Faludi, B.: Naturwissenschaften 43, 280 (1956).
44. Felix, K.: Physiologische Chemie. Heidelberg: Quelle und Meyer 1951.
45. Felsher, Z., L. Rubin and S. Rothman: Dermatologica (Basel) 94, 280 (1947).
46. Fevold, H.: Adv. Prot. Chem. 6, 187 (1951).
47. Figge, F.: Proc. Soc. exp. Biol. (N. Y.) 46, 269 (1941).
*48. Flaschenträger, B.: Physiologische Chemie. Berlin: Springer 1951/54.
49. Flemming, R.: Biochem. J. 24, 965 (1930).
50. Flesh, P.: Proc. Soc. exp. Biol. (N. Y.) 70, 136 (1949).
51. — and S. Rothman: Science 108, 505 (1948).
52. Fodor, P., A. Miller, A. Neidle and H. Woelsch: J. biol. Chem. 203, 991 (1953).
53. Frisell, W., and L. Hellerman: J. biol. Chem. 225, 53 (1957).
54. Gaunt, R.: Proc. Soc. exp. Biol. (N. Y.) 28, 660 (1931).
55. Gemmil, C., and L. Hellerman: Amer. J. Physiol. 120, 522 (1944).
56. Giroud, A., and H. Balliard: Protoplasma (Wien) 19, 381 (1933).
57. — and C. Leblond: Protoplasma (Wien) 12, 23 (1931).
*58. "Glutathione": A Symposium, U. S. Acad. Press 1954.
59. Goddard, D., and L. Michaelis: J. biol. Chem. 106, 605 (1934).
*60. Gomory, G.: Quart. J. Microsc. Sci. 97, 1 (1956).
61. Gregory, D., and N. Goss: J. exp. Zool. 66, 335 (1933).

62. GUNSALUS, J.: Fed. Proc. 13, 715 (1954).
63. HAMMETT, F.: Protoplasma (Wien) 11, 382 (1930).
64. — Protoplasma (Wien) 13, 331 (1931).
65. — Protoplasma (Wien) 19, 117 (1933).
66. — and O. HAMMETT: Protoplasma (Wien) 16, 253 (1932).
67. — — Protoplasma (Wien) 15, 59 (1932).
68. HAMMETT, D., and F. HAMMETT: Protoplasma (Wien) 19, 161 (1933).
69. HAMMETT, F., and T. LAVINE: Growth 4, 337 (1940).
70. HARRIS, M.: Growth 17, 801 (1953).
71. — and R. KUDSKY: Exp. Cell Res. 6, 327 (1940).
72. HARRISON, D.: Biochem. J. 18, 1009 (1924).
*73. HEIDE, K.: Behringwerk-Mitt. H. 30 (1955).
74. HEFFTER, A.: Med.-Naturw. Arch. 1, 81 (1908).
75. HELLERMAN, L., M. PERKINS and W. CLARK: Proc. Nat. Acad. Sci. (Wash.) 19, 855 (1933).
*76. HOFFMANN-OSTENHOFF: Enzymologie. Wien: Springer 1954.
77. HOLLHAENDER, A., G. STAPLETON and W. BURNETT: The Modification of X-Ray Sensitivity by Chemicals. London: I. Churchill Ltd. 1953.
78. HOPKINS, F.: Biochem. J. 15, 286 (1921).
79. — and M. DIXON: J. biol. Chem. 54, 527 (1922).
80. — E. MORGAN and C. LUTWAK-MANN: Biochem. J. 32, 1829 (1938).
81. HUTCHIN, M., H. HARPER, S. MARGEN and L. KINSELL: J. biol. Chem. 185, 839 (1950).
82. KLEBANOFF, S.: Biochem. J. 64, 425 (1956).
83. KOHN, R.: Enzymologia 17, 193 (1954).
84. KREBS, H.: Biochem. Z. 204, 322 (1922).
85. KUHN, R., u. M. DESNUELLE: Z. physiol. Chem. 121, 275 (1934).
86. KÜHNAU, I., u. V. MORGENSTERN: Z. physiol. Chem. 227, 145 (1937).
87. LANG, S.: Naunyn-Schmiedebergs Arch. exp. Path. Pharmak. 36, 75 (1895).
88. LACASSAGNE, A.: Strahlentherapie 84, 481 (1951).
89. LANGENDORF, H., R. KOCH u. H. SAUER: Strahlenther. 93, 281 (1954).
90. LAZAROW, A.: Physiol. Rev. 29, 48 (1949).
91. LE FEVRE, P.: J. gen. Physiol. 31, 505 (1948).
92. LEHMANN, H.: Biochem. J. 33, 1241 (1939).
93. LETTRE, H., u. R. LETTRE: Naturwissenschaften 34, 127 (1947).
94. LEY, R., u. K. ARENDS: Z. physiol. Chem. 17, 177 (1932).
95. LINDENSTRÖM-LANG, K., and F. DUSPIVA: Hilgardia 237, 131 (1935).
96. LIPMAN, F.: J. biol. Chem. 160, 173 (1945).
*97. LIPP, W.: Histochemische Methoden. München: Oldenburg 1954.
98. LYMAN, C., and E. BARRON: J. biol. Chem. 121, 275 (1937).
99. LYNEN, F., u. E. REICHERT: Angew. Chem. 63, 47 (1951).
100. MALUF, N.: Nature (Lond.) 138, 75 (1936).
101. MAPSON, L.: Biochem. J. 55, 714 (1953).
102. — and E. MOUSTAFA: Biochem. J. 62, 248 (1956).
103. MAZIA, D., and K. DAN: Proc. Nat. Acad. Sci. (Wash.) 38, 836 (1952).
104. MAPSON, L., and D. GODDARD: Nature (Lond.) 167, 975 (1951).
105. MIKAELSON, K.: Science 116, 172 (1952).
106. MIKAELSON, L.: Proc. Nat. Acad. Sci. (Wash.) 40, 171 (1954).
107. — Atti 9. Kongr. Internaz. Genet. Bellagio (Como) (Caryologia, Firenze 6. Suppl.) (1954).
108. MORGULIS, S., and D. GREEN: Proc. Soc. exp. Biol. (N. Y.) 28, 797 (1931).
109. MÜTING, D.: Z. inn. Med. 4, 303 (1949).

110. MURRAY, H.: J. gen. Physiol. 9, 621 (1926).
111. NACHMANSON, D., and E. LEDERER: Bull. Soc. Chim. biol. 21, 707 (1939).
112. NAKAMURA, K., and F. BINKLEY: J. biol. Chem. 173, 407 (1948).
113. NAKAO, Y., Y. TAZIMA and T. SUGIMURA: Radiation Res. 3, 400 (1955).
**114*. NEEDHAM, J.: Biochemistry and Morphogenesis. Cambridge: Univ. Press 1950.
115. NICKERSON, W., and Z. MANKOWSKI: Amer. J. Bot. 40, 584 (1953).
116. O'KANE, D., and J. GUNSALUS: J. Bact. 56, 499 (1948).
117. ORECHOVITSCH, W.: Hoppe-Seylers Z. physiol. Chem. 224, 61 (1934).
118. PATT, H., S. MAYER, R. STRAUBE and E. JACKSON: J. cell. comp. Physiol. 42, 327 (1953).
**119*. — Physiol. Rev. 33, 35 (1953).
119a. PIERCE, J., and V. DU VIGNEAUD: J. biol. Chem. 199, 929 (1952).
120. PURR, A.: Biochem. J. 29, 5 (1935).
121. RALL, I., and A. LEHNINGER: J. biol. Chem. 194, 119 (1952).
122. RAPKINE, L.: Ann. Physiol. Physikochem. Biol. 9, 383 (1931).
123. — Biochem. J. 32, 1729 (1938).
124. REED, L., and B. DEBUSK: Fed. Proc. 13, 723 (1954).
125. RIGGS, A., and R. WOLBACH: J. gen. Physiol. 39, 585 (1956).
126. ROBERTS, L.: Science 124, 628 (1956).
127. ROSE, W.: Physiol. Rev. 18, 109 (1938).
128. ROSENTHAL, S., and C. VOEGTLIN: U. S. Public Health Rep. 48, 347 (1933).
129. ROTHMAN, S., and A. HENINGSEN: J. Invest. Derm. 9, 307 (1947).
130. RUNNSTRÖM, J.: Biol. Bull. 69, 378 (1935).
131. RUNNSTRÖM, J.: Verh. dtsch. zool. Ges. Tübingen 1954.
132. RUNNSTRÖM, J., and G. KRISZAT: J. Exp. Cell Res. 3, 497 (1952).
133. SANADI, O., and A. LITTLEFIELD: Science 116, 127 (1952).
134. SCHERR, G., and R. WEAVER: Bact. Rev. 17, 51 (1953).
135. SCHOCKEN, K.: Biochem. J. 18, 1289 (1952).
136. SCHROEDER, E., and G. WOODWARD: J. biol. Chem. 129, 283 (1939).
137. SCOTT, E., S. ROTHMAN and C. GREEN: J. Invest. Derm. 20, 111 (1953).
138. SENGEL, P.: C. R. Soc. Biol. (Paris) 149, 1032 (1955).
139. SCHWACHMAN, H., C. HELLERMAN and B. COHEN: J. biol. Chem. 107, 257 (1934).
140. SINGER, T., and E. BARRON: Proc. Soc. exp. Biol. (N. Y.) 56, 120 (1944).
141. — — J. biol. Chem. 157, 241 (1945).
142. SMITH, E., and H. HANSON: J. biol. Chem. 179, 803 (1949).
143. STERN, J.: J. biol. Chem. 221, 33 (1956).
144. SULLIVAN, M.: U. S. Public Health Rep. 44, 1421 (1929).
145. Tabul. biol. ('s-Grav.) 12, 291 (1937).
146. TOENNIES, G., and TH. CALLAN: J. biol. Chem. 129, 481 (1939).
147. THUNBERG, T.: Ergebn. Physiol. 11, 328 (1911).
148. THUNICLIFF, H.: Biochem. J. 19, 194 (1925).
149. TRISTRAM, G.: Adv. Prot. Chem. 5, 83 (1949).
150. TURNER, R., J. PIERCE and V. DU VIGNEAUD: J. biol. Chem. 191, 21 (1951).
151. VOEGTLIN, C., H. DEYER and C. LEONHARD: Publ. Health Rep. 76, 294 (1923).
152. — and P. CHALKLEY: Publ. Health Rep. 45, 3041 (1930).
153. VINCENT, H.: C. R. Acad. Sci. (Paris) 204, 1693 (1937).
154. WALD, G., and P. BROWN: J. gen. Physiol. 35, 797 (1952).
155. WALDSCHMIDT-LEITZ, E., A. PURR u. A. BALLS: Naturwissenschaften 18, 644 (1930).

156. WAGNER-JAUREGG, TH.: Hoppe-Seylers Z. physiol. Chem. **243**, 166 (1936).
157. — u. E. MÖLLER: Z. physiol. Chem. **230**, 222 (1935).
158. WALKER, E.: Biochem. J. **18**, 1289 (1925).
159. WARBURG, O., u. Y. SAKUMA: Pflüg. Arch. ges. Physiol. **200**, 203 (1924).
160. WEILL, C., and M. CALDWELL: J. Amer. chem. Soc. **67**, 214 (1945).
161. WEINSTEIN, S., and A. WYNNE: J. biol. Chem. **112**, 649 (1935).
162. WEISS, J., and H. FISHGOLD: Nature (Lond.) **137**, 71 (1936).
163. WELS, P.: Forsch. Fortschr. dtsch. Wiss. **26**, 309 (1950).
164. WIELAND, T., u. H. KÖPPE: Liebigs Ann. Chem. **581**, 1 (1953).
165. WIKBERG, E.: Physiol. Plantarum (Copenh.) **7**, 657 (1954).
166. WILLIAMS, R.: J. Immunol. **55**, 161 (1947).
167. WINNIK, T., W. COHN and D. GREENBERG: J. biol. Chem. **153**, 465 (1944).
168. WHITEHEAD, H.: Science **116**, 459 (1952).
169. YAMAKAWA, S.: Annotationes Zoologicae Japonenses **25**, 43 (1952).
170. YOUNG, L., and E. CONN: Plant Physiol. **31**, 205 (1956).
171. LOOMIS, W.: Ann. N. Y. Acad. Sci. **62**, 209 (1955).
172. VOEGTLIN, C., and J. THOMPSON: J. biol. Chem. **70**, 801 (1926).
173. LEUTHARDT, F., and J. GREENSTEIN: Science **101**, 19 (1945).
174. HOLZER, H., J. HAAN u. P. PETTE: Biochem. Z. **327**, 195 (1955).

Der Feinbau der Organoide von Amoeba proteus und seine Beeinflussung durch verschiedene Fixierstoffe[1]

Von Fritz Erich Lehmann, Bern

Unter Mitarbeit von Angelo Bairati[2] und Ermanno Manni[3]

Aus dem Zoologischen Institut und dem Theodor-Kocher-Institut
der Universität Bern

Mit 20 Abbildungen

Inhaltsübersicht

[1] Die hier referierten eigenen Forschungen wurden ermöglicht durch Zuwendungen der Stiftung Dr. J. de Giacomi der Schweiz. Naturforschenden Gesellschaft und des Theodor-Kocher-Institutes. Die elektronenmikroskopischen Bilder wurden in der Abteilung für Elektronenmikroskopie des Chemischen Institutes der Universität Bern hergestellt.
[2] Istituto di Anatomia Umana, Milano, Italia.
[3] Istituto di Fisiologia Umana, Torino, Italia.

1. Einführung

1.1. Probleme funktioneller Strukturanalyse der Organoide bei der Amöbe; wahrscheinliche Strukturbilder

Die beiden bekannten Haupttypen von großen Amöben [s. AN-DRESEN (1956)], die einkernige *Amoeba proteus* (oder *Chaos diffluens*; SCHAEFFER) und die vielkernige Art *Chaos chaos* (SCHAEFFER) werden z. Z. in der experimentellen Biologie für die Lösung verschiedener grundlegender Fragen herangezogen. Transplantationen des Zellkerns dienen der Analyse genetischer (DANIELLI u. Mitarb.) oder stoffwechselphysiologischer Fragen. Der Fermentgehalt der Mitochondrien und des Cytoplasmas sowie die Pinocytose werden z. B. eingehend von der Arbeitsgruppe des Carlsberg-Laboratoriums untersucht (H. HOLTER u. Mitarb.). Die Gesamtheit dieser physiologischen Studien[1] ruft nach einer genauen Erfassung der strukturellen Grundlagen des physiologischen Geschehens. Neuerdings hat ANDRESEN (1956) eine sehr einläßliche Monographie über die Cytologie von *Chaos chaos* veröffentlicht. Er hat hier wesentliche Beziehungen zwischen lichtmikroskopischen Befunden, die z. T. auch quantitativer Art sind, und einigen funktionellen Phänomenen hergestellt. Doch liegt es im Auflösungsvermögen des Lichtmikroskopes begründet, daß die Aussagen über die einzelnen Organoide, wie Plasmalemma, Mitochondrien, Hyaloplasma, nicht sehr bestimmt sein können. In diesem Falle drängt sich eine elektronenmikroskopische Strukturanalyse geradezu auf. Aber es liegt ebenfalls auf der Hand, daß die bis heute vorliegenden submikroskopischen Befunde nicht als abschließend gelten können, da die Elektronenmikroskopie als Forschungsrichtung viel zu jung ist. Immerhin existieren heute schon für einzelne Organoide der Amöbe gut umrissene Resultate, so daß es gerechtfertigt erscheint, eine *erste vorläufige Sichtung* und Einordnung der Befunde vorzunehmen. Zugleich soll versucht werden, eine Brücke zwischen strukturellen und funktionellen Befunden zu schlagen und so zu weiteren Forschungen auf dem fesselnden *Gebiete funktioneller Strukturanalyse* bei der Amöbe anzuregen.

Damit ist unser Vorgehen einigermaßen umschrieben. Es geht für einige Organoide der Amöbe darum, ausgehend von ANDRESENs cytologischen Befunden und von funktionellen Resultaten verschiedener Autoren, *die wahrscheinlichsten Strukturbilder* darzustellen. Diese werden erlangt durch Vergleiche verschiedener Bilder, erzielt mit verschiedenen Methoden; vergleichende Auswertung und Herausarbeiten der auffallendsten Konvergenzen führen zur Aufstellung wahrschein-

---

[1] Nachtrag während der Korrektur: Das inzwischen erschienene Buch von J. BRACHET, Biochemical Cytology (Academic Press 1957), enthält sehr viele wichtige Angaben über die biochemischen Funktionen der Organoide von Amoeba.

licher Strukturbilder. Diese Bilder können sich nur nach dem Prinzip der Widerspruchsfreiheit der Befunde richten. Sie beanspruchen also nur solange Gültigkeit, bis neue und verbesserte Resultate zur Aufstellung neuer Strukturbilder mit höheren Wahrscheinlichkeitsansprüchen zwingen.

Angesichts dieser Fragestellung empfiehlt es sich, in der folgenden zusammenfassenden Darstellung die Struktureigentümlichkeiten der Organoide durch charakteristische Photographien zu belegen, die mehr sagen als lange Beschreibungen.

1.2. Kurze Kennzeichnung genereller Zellorganoide

Ich habe in einer Zusammenfassung [LEHMANN (1956)] darauf aufmerksam gemacht, daß es in den meisten tierischen Zellen, so auch bei den Amöben, generelle Strukturen gibt, die als typische Funktionsträger oder „Organoide" [DURYEE u. DOHERTY (1954)] anzusehen sind. Die Zelle ist eine synergistisch funktionierende Einheit, in der der Zellkern einerseits und das gesamte Cytoplasma andererseits in ihren Leistungen hochgradig voneinander abhängig sind.

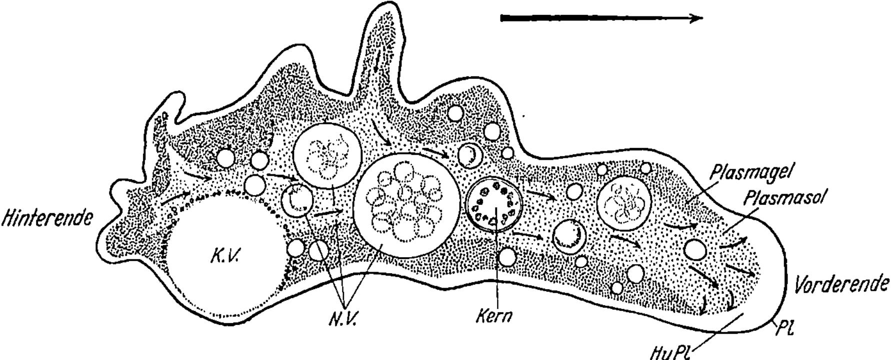

Abb. 1 a—c. Schematische Darstellungen zur Organisation der Amöbe. — a) Schema einer *Amoeba proteus* (nach MAST 1926). Plasmalemma (*Pl*) dick konturiert. Darunter klares Hyaloplasma (*HyPl*). Plasmagel dicht, Plasmasol dünn punktiert. Nahrungsvacuolen (*N.V.*). Contractile Vacuole mit Mitochondrien (*K.V.*). Kleine Pfeile geben Strömungsrichtung des Plasmasols an. Großer Pfeil bezeichnet Fließrichtung der Amöbe

1. Der Zellkern ist der Träger der stabilen genetischen Information mit der Desoxyribonucleinsäure der Chromosomen (DNS). Zugleich scheidet er während der physiologischen Aktivitätsphasen der Zelle reichlich partikuläres Material aus:

a) den Inhalt der Nucleolen, bestehend aus Ribonucleinsäure (RNS), Proteinen und Lipoiden;

b) chromidienartige Körper, reich an RNS-Proteinen und Lipoiden, die von vielen Autoren auch als Mikrosomen bezeichnet werden. [Bei den Chromidien oder Mikrosomen handelt es sich um sphärische Gebilde mit oder ohne Lumen und einem Durchmesser, der zwischen 30 und 200 mμ liegt. *Amoeba* s. S. 92, *Tubifex:* LEHMANN (1952), Amphibien: EAKIN u. LEHMANN (1957).] Vieles spricht dafür, daß die Chromidien

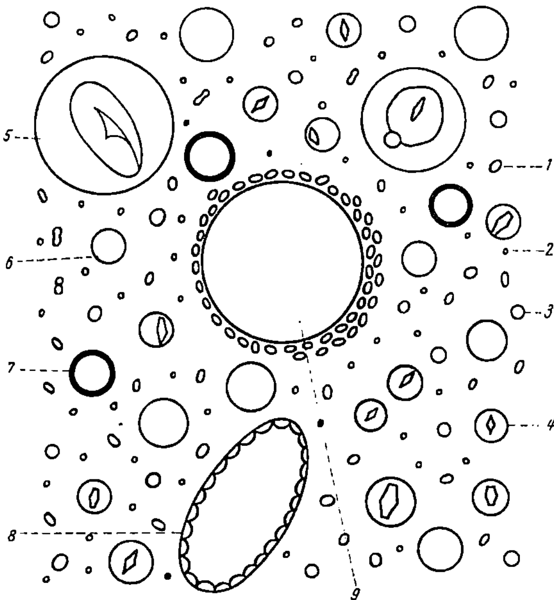

b) Halbschematisches Inventar der im Cytoplasma von *Amoeba proteus* und *Chaos chaos* vorhandenen, lichtmikroskopisch sichtbaren Zelleinschlüsse (aus ANDRESEN 1956). 1. Mitochondrien. 2. α-Granula (vermutlich große Mikrosomen oder Chromidien von 100—200 mμ Durchmesser). 3. Fetttropfen. 4. Kristallvacuolen mit Membran. 5. Nahrungsvacuole mit einem phagocytierten Ciliaten. 6. Leere Vacuolen. 7. Schwere sphärische Körper. 8. Kern mit randständigen Nucleolen. 9. Contractile Vacuole mit Mitochondrienhof

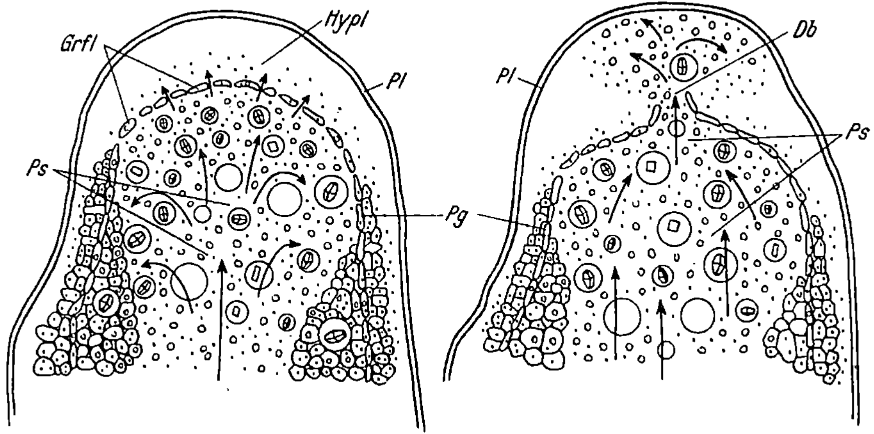

c) Schemata von Pseudopodien nach MAST (1926) in verschiedenen Bewegungsphasen. Plasmalemma (*Pl*), Plasmagel (*Pg*), Plasmasol (*Ps*) des Endoplasmas. Grenzfläche des Endoplasmas (*GrFl*) durchlässig für feines Plasmasol oder Hyaloplasma (*Hypl*) (*A*). Durchbruch (*Db*) des endoplasmatischen Plasmasols mit grobem Inhalt. Pfeile geben Strömungsrichtung an oder Mikrosomen trotz verschiedener Größe strukturell und funktionell verwandte Gebilde sind. Verschiedene neuere Befunde deuten die Möglichkeit an, daß die Mikrosomen wenigstens teilweise vom Zellkern aus gebildet werden [s. a. Helen Gay (1956) u. a.]. Auf Grund mancher Indizien scheinen die RNS-Proteine der Mikrosomen locusspezifische Genprodukte zu sein und dem Zellgetriebe seinen spezifischen strukturellen und biochemischen Charakter aufzuprägen.

2. Das Cytoplasma. 2.1. Die *Zellhaut* oder das *Plasmalemma* enthält in ihrer Oberfläche vermutlich Glucoproteide mit besonderen serologischen Oberflächeneigenschaften und Funktionen, die die Zellpermeabilität regeln. Darunter befindet sich bei formativ aktiven Zellen eine Schicht mit fibrillären und contractilen Proteinen, sowie metabolisch aktive Chromidien oder Mikrosomen (s. o.).

2.2. Das *Hyaloplasma* ist gekennzeichnet dadurch, daß es leicht vom Sol- in den Gelzustand oder umgekehrt übergehen kann. Träger dieser Eigenschaft ist ein dreidimensionales fibrilläres Maschenwerk aus contractilen, leicht desaggregierenden Proteinfasern: das *endoplasmatische Reticulum*. In seinen Maschen ist eine flüssige Phase zu vermuten, das *Enchylema* (Monne), das als Vehikel beim Transport von Metaboliten eine große Rolle spielen dürfte. Dem fibrillären Netzwerk auf- oder eingelagert sind die schon oben erwähnten *Chromidien* oder *Mikrosomen*[1]: lipoidhaltige Körper, die reich an ungesättigten Fettsäuren (das erklärt ihre Osmiophilie) und auch an RNS sind (das erklärt ihre Basophilie). Die Mikrosomen sind vermutlich die Träger der Proteinsynthese.

2.3. Die *Mitochondrien* sind von komplizierter Struktur und zugleich von etwas größeren Dimensionen (Größenordnung 1—3 μ). Sie besitzen eine komplexe Binnenstruktur und bestehen aus Lipoiden (ebenfalls mit zahlreichen ungesättigten Fettsäuren, die wohl für die Osmiophilie verantwortlich sind), Proteinen und Nucleinsäuren. Die Mitochondrien sind die Träger des oxydativen Energiestoffwechsels und sind die Bildner der Adenosintriphosphorsäure (ATP).

2.4. Die bei Protozoen sehr häufigen *Vacuolen* (Abb. 1a und b) zeigen je nach ihrer Funktion einen mehr oder weniger komplizierten Bau ihrer cytoplasmatischen Wand. Folgende Typen sind nach Andresen biologisch wichtig: die *Nahrungsvacuolen* (die entstanden sind durch Ingestion

---

[1] Neuere Studien an Embryonalzellen von *Tubifex* machen in Übereinstimmung mit anderen Autoren an anderen Objekten zwei Kategorien von „Mikrosomen" wahrscheinlich: a) Chromidien-artige „Mikrosomen" (Durchmesser von 50 bis 300 mμ) mit osmiophiler Membran und einem transparenten Inneren; b) dichte, lumenlose granulaartige „Mikrosomen" (10—30 mμ), die wohl den "dense granules" Palades entsprechen. Auch bei *Amoeba* scheinen beide Typen vorzukommen. Sie werden im ganzen durch neutrale Os-Fixierung schlecht oder gar nicht, durch saure Os-Fixierer mit Chromat (Abb. 13) oder durch Bouin-Osmium (Abb. 11 und 12) gut erhalten.

von kleineren oder größeren Organismen); *Fettvacuolen; leere Vacuolen* (entstanden durch Ingestion von Flüssigkeitstropfen: Pinocytose); *contractile Vacuolen*, die sich rhythmisch kontrahieren und Flüssigkeit ins Außenmedium entleeren; *Vacuolen mit Einschlußkörpern unbekannter Art* (Kristallvacuolen usw.).

2.5. Für die Physiologie des Plasmalemmas und des Hyaloplasmas ist das Verhalten der *Pseudopodien* wichtig (Abb. 1 c).

2. Von den Methoden zur Erfassung des Feinbaues der Organoide der Amöben

Für moderne zellbiologische Forschungen an Zellstrukturen bieten die Amöben ein besonders günstiges Forschungsfeld. Es sind möglich Untersuchungen 1. an der lebenden Zelle mit allen lichtoptischen Methoden; 2. an Zellhomogenaten, welche isolierte Organoide enthalten; 3. die klassischen cytologischen Methoden und 4. die elektronenmikroskopische Untersuchung. Da ANDRESEN (l. c.) die Methoden 1—3 ausführlich dargestellt und ihre Resultate zusammengefaßt hat, erübrigt sich hier eine rein referierende Wiederholung. Dagegen bedürfen die Methoden der Elektronenmikroskopie einer knappen Erörterung, um eine Urteilsbildung zu ermöglichen über den Sicherheitsgrad und die Problematik elektronenmikroskopischer Methoden und Befunde.

2.1. Chemische Eigenschaften der Organoide in ihrer Bedeutung für die Fixierung (Fixierungsmittel als cytochemische Reagentien)

Die wichtigsten Organoide sind Gelkörper von chemisch sehr kompliziertem Aufbau. Sie hängen in ihrem physikalisch-chemischen Zustand von vielen Bedingungen ab und können nur bei ständigem Stoffwechsel existieren. Das Ziel auch für die elektronenmikroskopische Forschung wie für die lichtmikroskopische Cytologie ist es, einigermaßen gut fixierte *Äquivalentbilder* dieser Gebilde zu erhalten. Zunächst zeigt die reine Empirie der cytologischen Technik, daß manche Organoide als Gelkörper eine erhebliche strukturelle Stabilität besitzen, wie etwa die Zellkerne, Chromosomen, Zellrinde oder Mitochondrien, wenn sie mit geeigneten chemischen Fixiermitteln behandelt wurden. Wir sind allerdings heute noch nicht in der Lage, umfassende und chemisch gut begründete Angaben zu machen über die chemischen Reaktionen der organischen Baustoffe der Organoide mit den einzelnen Komponenten der Fixierstoffgemische. Immerhin können einige positive Resultate festgehalten werden über Reaktionen zwischen organischen Baustoffen und Osmiumtetroxyd (Osmiumsäure) OsO_4, Essigsäure, Chromverbindungen, Formalin und Aceton.

Osmiumtetroxyd wird zu Unrecht heute noch als Universalfixativ für die elektronenmikroskopische Cytologie betrachtet und entsprechend kritiklos verwendet. Schon auf Grund der Resultate von 1954 (Bairati u. Lehmann) und der großen Zusammenstellung von Bahr (1954) hatte ich einen beschränkten Anwendungsbereich des OsO_4 vorausgesagt [Lehmann (1956)], und zwar für ungesättigte Fettsäuren und für Proteine, die viel basische Aminosäuren enthalten. Dann hat Wigglesworth (1957) überzeugende Experimentalbefunde und längst bekannte chemische Tatsachen vorgelegt, wonach das OsO_4 in den Dimensionen der Zellorganoide, vor allem bei den Lipoiden, mit ungesättigten Fettsäuren unlösliche und stark gefärbte Polymerisationsprodukte erzeugt. Da sich diese reichlich in sehr vielen Grenzflächen der Organoide als geordnete Filme finden, kann durch gute Fixierung dieser Filme ein klares ortstreues Muster hervorgerufen werden, obschon bei den nachfolgenden Prozeduren sehr viel Protein- und Nucleinsäurematerial wegen unzureichender Fixierung herausgelöst wird. So stellt das OsO_4 *nach* Wigglesworth *die membranöse Architektur der Zellorganoide* dar, während Proteine und Nucleoproteinstrukturen, soweit sie nicht eng mit ungesättigten Lipoiden vergesellschaftet sind, auf alle Fälle ihr natives Gefüge verlieren und nicht selten gänzlich herausgelöst werden. Diese These von Wigglesworth vermag auch unsere eigenen Befunde über die Eigenart der OsO_4-Fixierung weitgehend verständlich zu machen. — Ferner darf man annehmen, daß die Stellen mit starker Schwärzung auf stark konzentrierte ungesättigte Lipoide hinweisen, soweit nicht außerordentliche Unterschiede in der Materialdichte im elektronenoptischen Bild eine Rolle spielen. In entgegengesetzter Richtung scheinen *Essigsäure*, *Pikrinsäure*, *Sublimat*, z. T. auch *Formalin*, zu wirken. Diese fällen in erster Linie Proteine und Nucleoproteine. Von Bedeutung ist die Wirkung der *Chromate*, die mit Proteinen, vor allem auch mit Nucleinsäuren und mit gewissen Lipoiden, unlösliche Komplexe bilden. Ferner verspricht auch die Anwendung des Uranylacetates [Strugger (1956)] als Kontrastmittel für Proteine usw. wesentliche Fortschritte.

Angesichts dieser verschiedenen Angriffspunkte der einzelnen Fixierstoffe empfehlen sich für elektronenmikroskopische Zwecke Kombinationen verschiedener Fixierstoffe. Dies soll in den folgenden Abschnitten an Bildern belegt werden. — Für die allgemeine Verwendung von Fixiermitteln mit Puffern von einem p_H von etwa 7 sprechen wenige Argumente. Dagegen verursacht ein p_H von etwa 3—5 sehr oft eine raschere Fällung der Proteine und Nucleoproteine in der Nähe des isoelektrischen Punktes dieser Polyelektrolyte. Beigabe des oberflächenaktiven und wenig toxischen Acetons erleichtert nach unseren Erfahrungen ein rascheres Eindringen von Fixierungsgemischen und verhindert durch raschere Deshydratation eine vorzeitige Auflösung feinerer Gefüge.

Je nach dem Anteil an chemischen Bausteinen der Organoide werden speziell angepaßte und kombinierte Fixierstoffe, simultan oder sukzessiv, angewandt werden müssen. Im folgenden seien einige Beispiele aus unserem Versuchsmaterial als Beleg gegeben[1]. Hierbei erwiesen sich Fixierungszeiten von 5—10 min und eine Temperatur von 0° als besonders günstig. Eine Nachfixierung erfolgt auf alle Fälle durch die Behandlung mit Alkohol.

Das *Plasmalemma* und das Hyaloplasma von *Amoeba* mit relativ niedrigem Lipoid- und hohem Proteingehalt gaben die am besten erhaltenen Strukturen bei Vorbehandlung mit Versene (0,0005 M), Fixierung mit BOUINs Gemisch und Nachbehandlung mit OsO_4 [s. BAIRATI u. LEHMANN (1954)].

Die lipoidhaltige Struktur der *Kernmembran* der Amöbe bietet nach kurzer Fixierung mit gepuffertem OsO_4 nach PALADE die am besten differenzierten und zugleich die regelmäßigsten Bilder. Die intranucleären Strukturen des Zellkerns scheinen je nach ihrer Imprägnation mit ungesättigten Lipoiden mehr oder weniger gut mit Osmium fixierbar zu sein. Dies belegen auch die relativ lipoidarmen Kernstrukturen von *Tubifex* [LEHMANN u. MANCUSO (1957)] und Amphibien [EAKIN u. LEHMANN (1957)], die durch saure chromat- und OsO_4-haltige Gemische besser erhalten werden als durch neutrale osmiumhaltige Gemische [LEHMANN u. MANCUSO (im Druck)].

Die *Fetttropfen* (Abb. 3) im Cytoplasma der Amöbe werden durch Kombination von Chromat und OsO_4 so unlöslich gemacht, daß sie ähnlich wie auch bei *Tubifex* im Methacrylat erhalten bleiben, während die unkombinierten Einzelstoffe diesen Effekt nicht haben.

2.2 Die Strukturgüte bei Fragmentpräparaten ohne Einschlußmittel verglichen mit der Strukturschädigung von Schnitten aus Methacrylat

Aus den Untersuchungen von BORYSKO (1956) geht die stark strukturverändernde Wirkung hervor, die das polymerisierende Methacrylatgemisch auf manche Feinstrukturen des Cytoplasmas ausübt. Ähnliches stellen wir für manche feinere Fibrillärstrukturen der Amöbe fest. Die Regelmäßigkeit und Feinheit der Fibrillärtextur des Plasmalemmas, wie sie nach BAIRATIs Bildern bei direkter Auftragung von Fragmenten auf die Trägerfolie erhalten bleibt (Abb. 12a), kann bei Plasmalemma-

---

[1] Folgende Fixierungslösungen wurden benutzt: PALADEs Fixativ (mit Veronalpuffer auf ein p_H von 7 eingestelltes 1—2%iges Osmiumtetroxyd). Chromatmodifikation nach DALTON und WEBER (1956): Zusatz von 1,25% Kaliumbichromat zu PALADEs Lösung. Chromfixierung E nach LEHMANN und MANCUSO (1957). Mit einem Gemisch von 41 ml Formol 20%, 8 ml Aceton, 0,5 ml Eisessig und 50 ml OsO_4 2,5% während etwa 10 min vorfixieren. Dann je 2 ml Chromsäure 10% auf 5 ml des erstgenannten Fixativs zugeben. Nach einer weiteren Fixierungsdauer von 15 min kurz auswaschen und dann in Methacrylat einbetten.

schnitten in Methacrylat nach den Präparaten Mannis nicht voll erreicht werden (s. Abb. 11). Wird das umschließende Methacrylat von den Schnitten durch Amylacetat abgelöst, erfolgen zusätzliche Vergröberungen und Verzerrungen der Feinstruktur (s. Abb. 16). Somit scheint die Güte der Feinstruktur, auch wenn sie durch ausreichende Fixierung erhalten wird, wesentlich bei der Einschließung in Methacrylat gefährdet zu werden. Weitere Versuche auf dem Gebiete der Einbettungstechnik scheinen sehr notwendig zu sein. [Vgl. auch die Befunde von Miß A. M. Glauert et al. (1956).]

Für die Darstellung zarter Einzelheiten wurden die Schnitte im Methacrylat belassen, bei Übersichtsaufnahmen wurde es mit Amylacetat oder monomerem Methacrylat entfernt. Wenn bei den Detailbildern mit starker Vergrößerung nichts Besonderes vermerkt ist, ist der Schnitt im Methacrylat photographiert worden.

3. Feinbau einiger Organoide von Amoeba

3.1. Der Feinbau des Kerns von Amoeba

[s. Andresen (1956) S. 513—518; Lehmann (1956) S. 119—123]

Die Erhaltung der heterogenen Feinstrukturen des Zellkerns (Abb. 2) durch verschiedene Fixiermittel ist bei *Amoeba* je nach der Art der angewandten Fixiermittel recht verschieden. Bouins Gemisch mit oder ohne Nachosmierung ergibt, ganz im Gegensatz zur Reaktion des Plasmalemmas, eine partielle Auflösung feinerer Strukturen. Ein Austritt stark osmierbarer kleiner Tröpfchen ist typisch für Bilder, die mit dem gut auflösenden Siemens-Mikroskop aufgenommen wurden (Abb. 5). Es scheint sich hier um tropfige Entmischung der Lipoidkomponenten besonders bei der Kernmembran zu handeln. Die starke Schwärzung der Tropfen könnte auf dem Reichtum an ungesättigten Lipoiden beruhen. Umgekehrt liefert gepuffertes OsO_4, angewandt während einer kurzen Fixierungszeit (etwa 10 min), fein differenzierte Bilder der Kernmembran, der Nucleolen und chromosomenartiger Kernfilamente. Die Schwärzung dieser Gebilde ist sehr stark. Die Gesamtheit dieser Befunde deutet auf einen großen Reichtum an ungesättigten Lipoiden in Kernmembran und Nucleolen hin. Nicht nur hier, sondern auch beim Kern von *Tubifex*, liegt eine auffallende *Häufung ungesättigter Lipoide* in nucleinsäurereichen Strukturen vor. Das scheint für Chromidien, Mitochondrien, Kernmembran und Nucleolen zu gelten. Welcher Art die Verkoppelung von RNS-Proteinen und Lipoiden ist, ist noch unbekannt. Angesichts der Häufigkeit dieser Erscheinung darf aber eine wesentliche *funktionelle Beziehung zwischen Lipoiden und RNS-Proteinen* vermutet werden. Nach Wilbur et al. (1957) führen Peroxyde von ungesättigten Fettsäuren zur Dissoziation von Nucleinsäuren.

Für den lipoidreichen Amöbenkern kann also nach den vorliegenden Befunden mit kurzfristiger PALADE-Fixierung ein gut äquivalentes Strukturbild erzielt werden (s. Übersichtsbild Abb. 2).

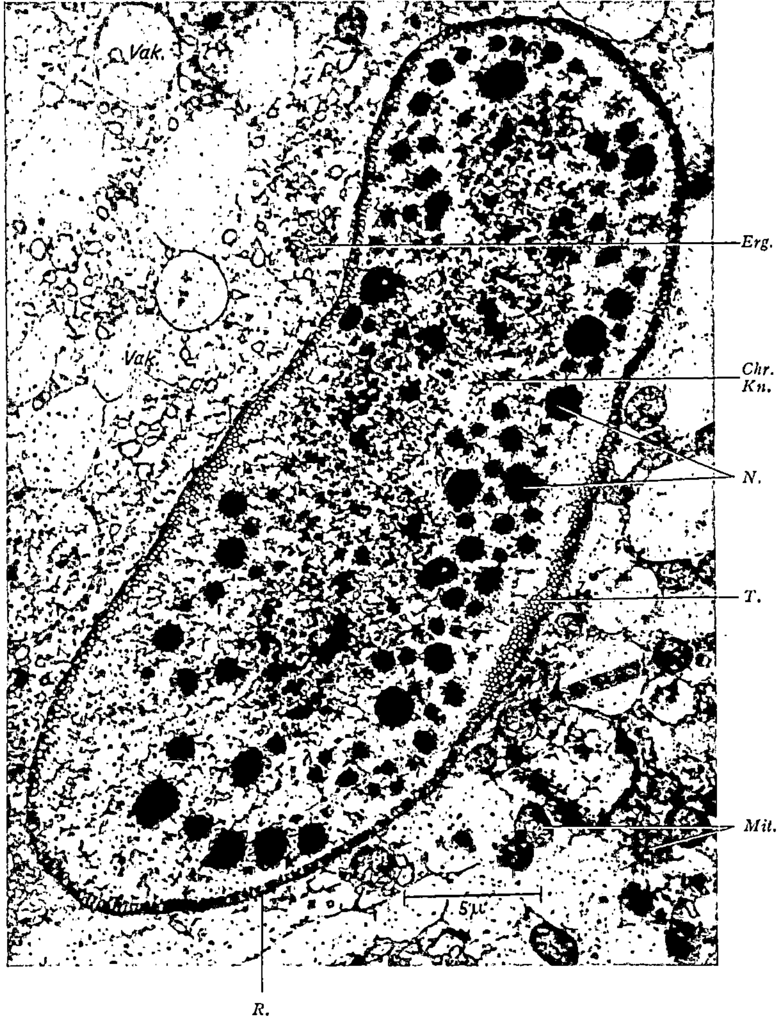

Abb. 2. Übersichtsbild eines Zellkernes von *Amoeba proteus*. (Schnittpräparat nach Entfernung des Methacrylates von E. MANNI.) Die Amöbe war (vor der Fixierung in Os gepuffert) leicht zentrifugiert worden. Rechts vom Kern zahlreiche Mitochondrien und große Vacuolen (*Vak.*). Links mittelgroße und kleine Vacuolen sowie ergastoplasmaartige Gebilde (*Erg.*). Die Kernmembran zeigt die charakteristische Porenstruktur teils im Radialschnitt (*R*), teils im Tangentialschnitt (*T*). Zahlreiche sehr stark osmierte Nucleolen(*N*). Auch das übrige endonucleäre Material ist stark osmiert (Vergr. 3600fach). *Chr.Kn.* Vermutlicher Knäuel von Chromonemata (s. Abb. 6). *Erg.* Ergastoplasmaartige Anhäufungen von Chromidien. *Mit* Mitochondrien

1. Der Feinbau der Kernmembran

Die sehr dicke Membran (Abb. 3 und 4) trägt eine charakteristische Wabenstruktur [Bairati u. Lehmann (1952), Harris u. James (1952)].

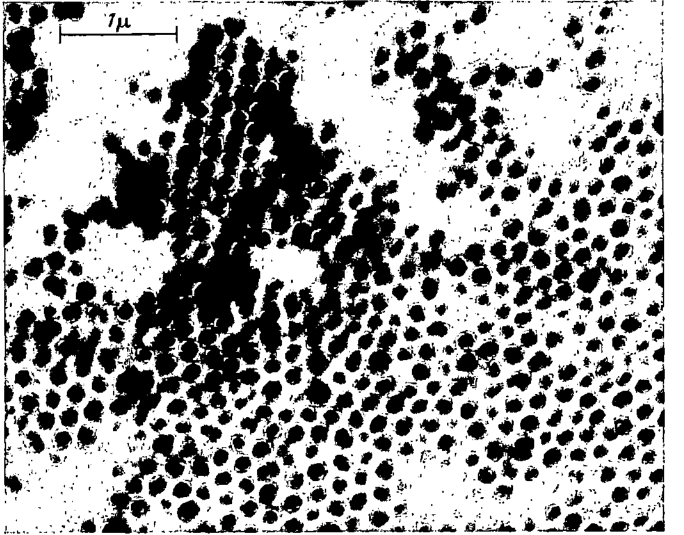

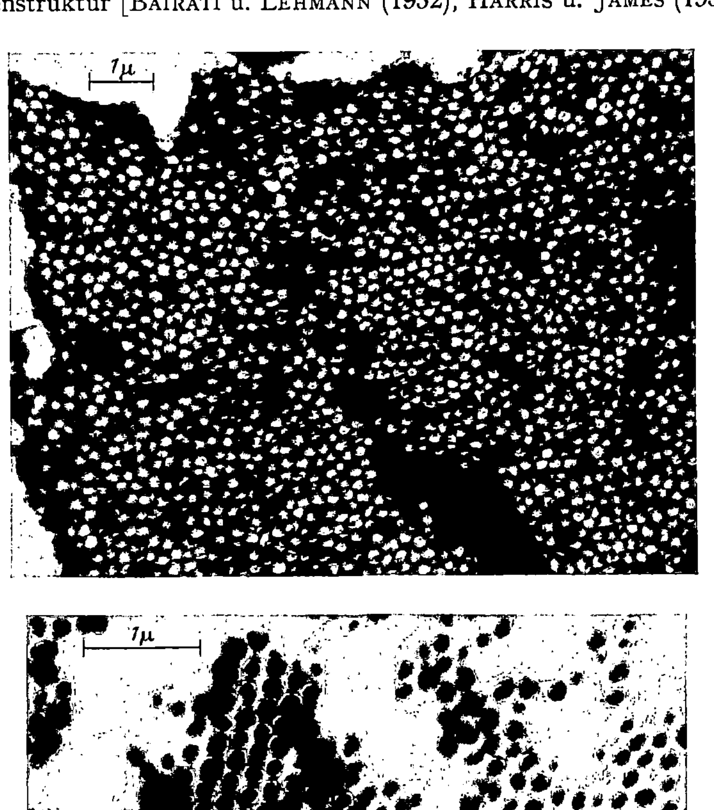

Abb. 3a u. b. Flächenansicht großer Kernfragmente. a) (Fixierung mit Bouin-Osmium, direkt montiertes Fragmentpräparat von A. Bairati.) Das etwas unregelmäßige Muster der Poren innerhalb einer großen Fläche wird hier sehr deutlich. (Vergr. 8000fach.) Es demonstriert die auflockernde, nicht optimale Wirkung der Bouin-Fixierung (s. auch Abb. 5). b) (Fixierung mit Zenker-Gemisch. Beschattetes Fragmentpräparat und Photographie von A. Bairati aufgenommen mit Trüb-Täuber-Mikroskop.) (Vergr. 15000fach) Das Porenmuster zeigt hier stellenweise eine sehr regelmäßige Ordnung

Die Waben sind gegen das Lumen des Zellkerns offen und gegen das Cytoplasma hin geschlossen. Axial über jeder Wabe sitzt ein osmiophiler Verschluß (Abb. 6 und 7) und auch die Wabenkanäle sind intensiv

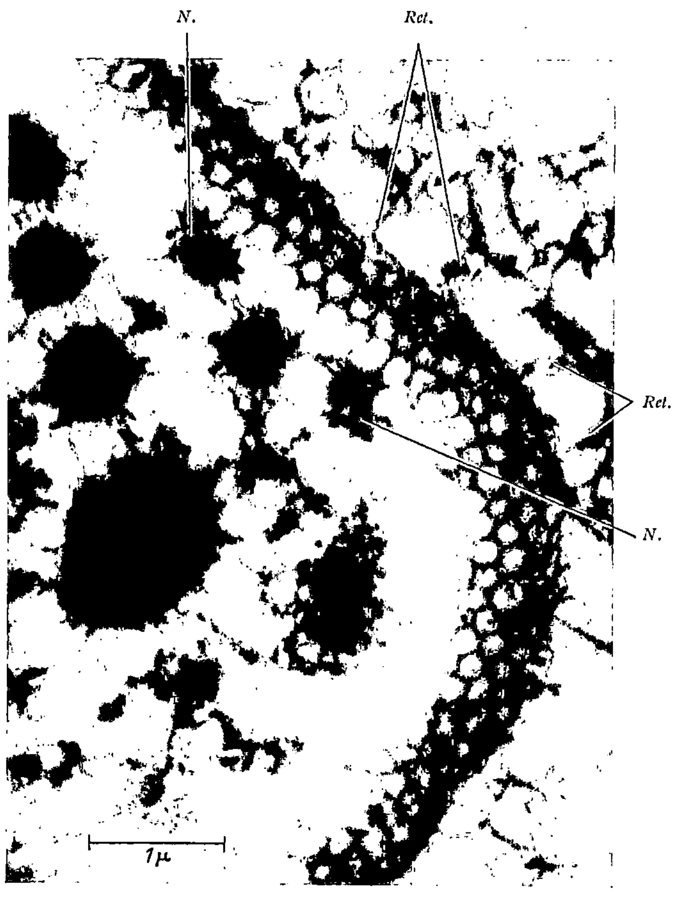

Abb. 4. Tangentialschnitt der Kernmembran von *Amoeba* (Schnitt nach Fixierung in OsO$_4$ gepuffert und Entfernung des Methacrylates von E. MANNI). Trotz der Schrumpfungen, die durch das Amylacetat erzeugt wurden, ist die kontinuierliche membranöse Bedeckung der Außenfläche des Kerns erkennbar; ferner sind zahlreiche Verbindungen zwischen endoplasmatischem Reticulum (*Ret.*) und Membran vorhanden. Einige der Porenmembran nahegelegene Nucleolen (*N*) zeigen Verbindungen zu den Wänden der Porenmembran. (Vergr. 18000fach)

osmiophil. Vielfach stehen die Waben durch Filamente mit nahegelegenen Nucleolen in Verbindung (Abb. 4, 6 und 7). Das legt einen Transport partikulären Materials innerhalb der Stränge und der Wabenwände nahe. Denn es lassen sich Ketten von Bläschen von den Nucleolen bis in die Poren der Waben und wieder an der Membrangrenze nach außen gegen das Plasma beobachten (Abb. 6, 7). Dabei könnten die

7*

reichlich vorhandenen Lipoide wesentliche Transportfunktionen übernehmen. Osmiophile Bläschen verbinden nicht nur die Nucleolen mit der Membran, sondern sie finden sich reichlich in der Nähe ergastoplasmaähnlicher Gebilde in der Nähe der Kernmembran, was ebenfalls eine Passage dieser Gebilde durch die Membran zu dem „Ergastoplasma" hin nahelegt (Abb. 7).

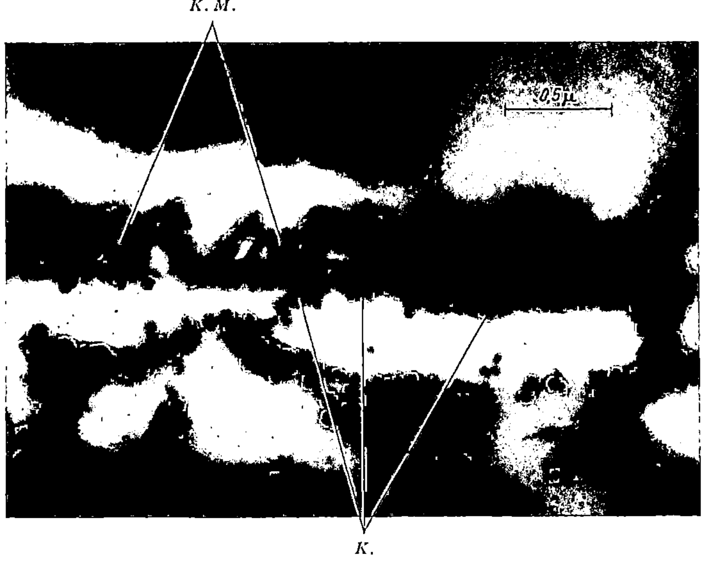

Abb. 5. Radialschnitt der Kernmembran von *Amoeba*. (Schnitt nach Fixierung mit BOUINS Gemisch und Nachosmierung, aufgenommen im Methacrylat mit Siemens Elmiskop von E. MANNI.) Die in der Mitte des Bildes gelegene Kernmembran (*K.M.*) zeigt eine starke Vergröberung und Verzerrung der Porenstruktur. Auf der Cytoplasmaseite der Membran befinden sich große Mengen größerer und kleiner stark geschwärzter Kugeln (*K.*), die vermutlich im Laufe einer „tropfigen Entmischung" der Feinstruktur ins Cytoplasma ausgetreten und dort osmiert worden sind (Vergr. 28000fach)

2. Endonucleäre Strukturen

Neben den großen, stark osmiophilen Nucleolen, die aus zahlreichen sehr kleinen Bläschen aufgebaut erscheinen, finden sich die schon genannten osmiophilen Sphären, von der Größe kleiner Chromidien oder Mikrosomen, die sich von den Nucleolen abzulösen scheinen. Für dieses Material stellt sich die Frage, ob es in dieser Gestalt aus den Nucleolen austritt und so unverändert die Kernmembran passiert und ins Cytoplasma übertritt. Unsere Befunde lassen hier noch keine klare Entscheidung zu. Ein Partikeldurchtritt scheint immerhin möglich.

In besonders dünnen Schnitten MANNIs fanden sich Knäuel von Fäden (Abb. 6a und 6b) mit auffallend konstantem Durchmesser von 20—30 mμ und mit z. T. sehr deutlichen Querbandstrukturen, z. T. auch mit gut erkennbaren korkzieherartigen Windungen. Die Maße betragen für den Durchmesser eines wenig entspiralisierten Fadens etwa 30 mμ und für den Faden selbst etwa 15 mμ. Das Gesamtbild suggeriert das Vorliegen von entspiralisierten Chromonemata. Eine Querbänderung

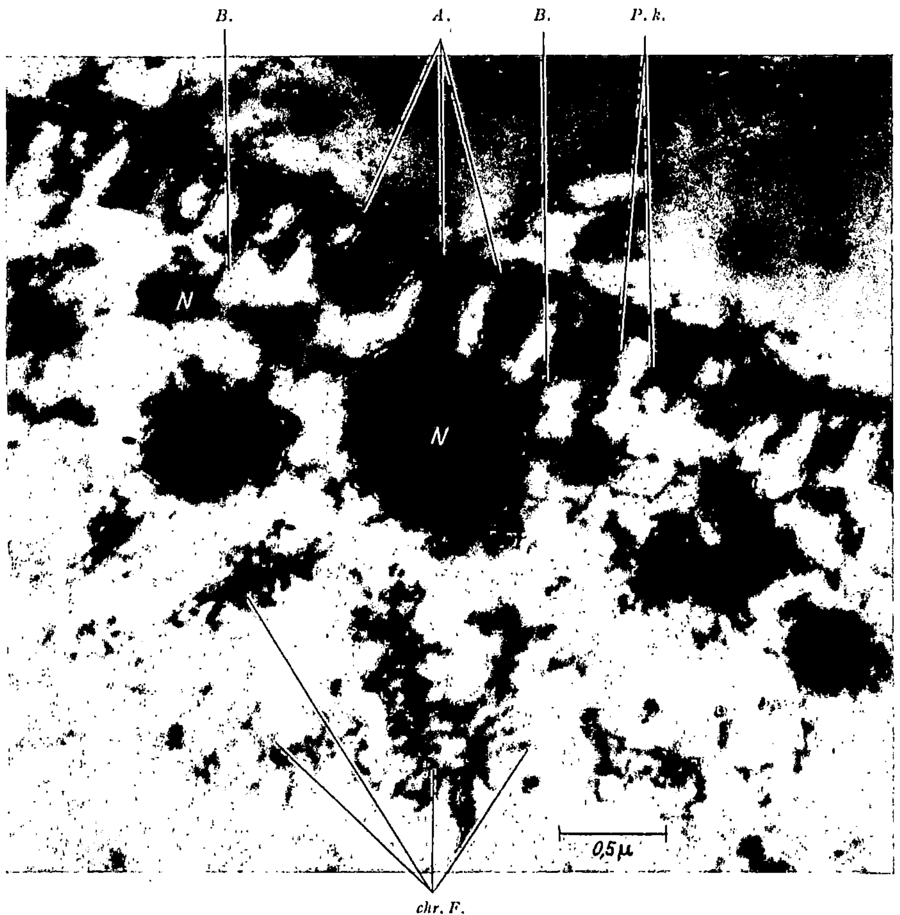

Abb. 6a. Radialschnitt der Kernmembran von *Amoeba* (Schnitt nach Fixierung mit OsO₄ gepuffert, aufgenommen im Methacrylat mit Siemens-Elmiskop von E. Manni). Hier finden sich weitere feinstrukturelle Einzelheiten. In der kontinuierlichen Schicht der Kernmembran sind die über den Poren liegenden annuliartigen (*A*.) Gebilde [Pappas (1956), Greider et al. (1956)], wie bei diesen Autoren stark osmiert. Ebenso sind die Wände der Porenkanäle (*P.k.*) stark geschwärzt. Es bestehen verschiedene Materialbrücken (*B*.) von den Nucleoli (*N*.) zu den Wänden der Porenkanäle. Zahlreiche chromonemaartige Filamente (*chr.F.*) gleichen Durchmessers mit z. T. deutlicher Querbänderung und z. T. deutlichen korkzieherartigen Windungen sowie dunklen Querschnitten sind sichtbar. (Vergr. 28000fach) (S. Abb. 6b.)

analoger Größenordnung konnte ferner an Kernfragmenten gefunden werden, die mit Aceton-Eisessig, also einem ganz anderen Fixativ, konserviert worden waren (Abb. 8a, b, c). Da bis jetzt keine analogen Befunde für *Amoeba* publiziert worden sind, seien unsere Befunde an quergebänderten Filamenten des Amöben-Zellkerns zunächst nur mitgeteilt, ohne daß irgendwelche Verallgemeinerungen versucht seien. Immerhin stimmen unsere Befunde größenordnungsmäßig gut mit den Angaben von Ris (1956) für Chromonemata anderer Formen wie auch mit den Beobachtungen von Marquardt et al. (1956) an Pflanzen überein.

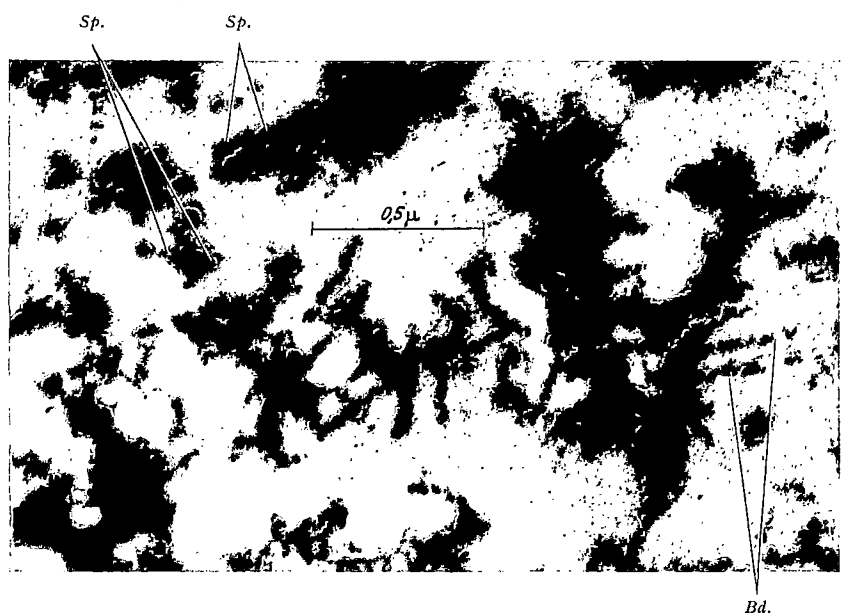

Abb. 6b. Photographie, die auf 45000fache Vergrößerung gebracht wurde, läßt Spiralen (*Sp.*) und Bänderungen (*Bd.*) sehr deutlich erkennen

3.2. Das Cytoplasma und seine Organoide

1. Die Zellhaut oder das Plasmalemma

[Andresen (1956) S. 453—459; Lehmann (1956) S. 124—126]

Das Plasmalemma tierischer Zellen ist Träger wichtiger Funktionen der Permeabilität. Es ist besonders aktiv bei amöboiden Zellen als Organ der amöboiden Verformbarkeit. Ob in der vorwärtsströmenden Amöbe das Plasmalemma dauernd neu gebildet wird, konnte bis heute noch nicht eindeutig entschieden werden; ebensowenig war zu sagen, wo die Contractilität des Plasmalemmas zu lokalisieren sei. Angesichts dieser fundamentalen Unklarheiten steht für das Plasmalemma die deskriptive Erfassung des Feinbaues im Vordergrund. Diese war jedoch wesentlich behindert durch die *cytochemischen Besonderheiten des Plasmalemmas*. Das beliebte OsO_4 hat sich als ein denkbar ungeeignetes Fixier-

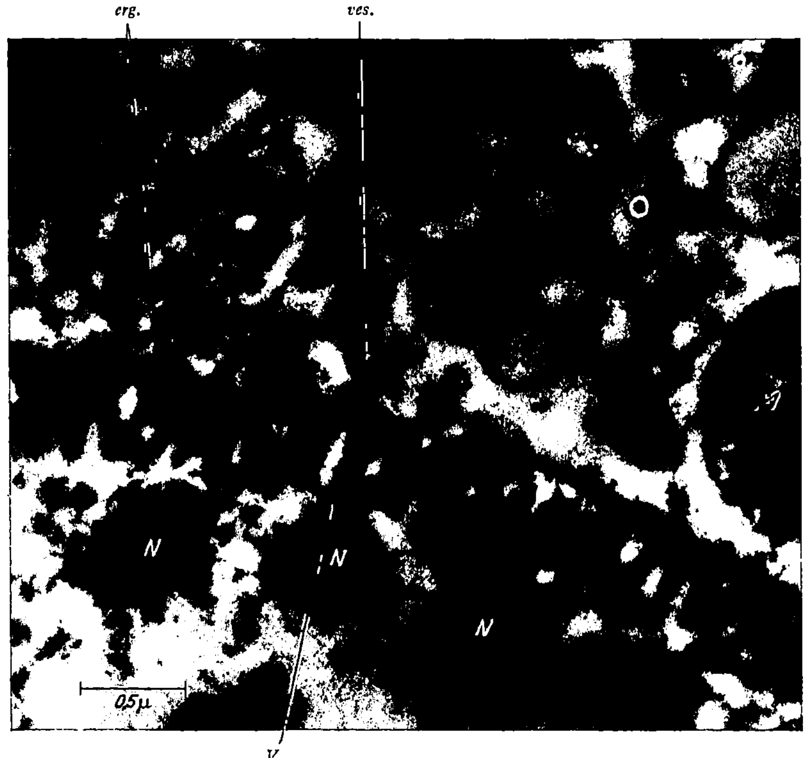

Abb. 7. Radialschnitt der Kernmembran von *Amoeba* (dieselbe Technik wie bei Abb. 6. Aufnahme von E. MANNI). Der Kernmembran anliegend ein ergastoplasmaartiges (*erg.*) Gebilde. Zwischen diesem und der Kernmembran reichlich vesiculäres (*ves.*) und osmiophiles Material. Auf der endonucleären Seite der Membran zwei nahegelegene Nucleolen (*N.*) in Verbindung (*V.*) mit den Wänden der Porenkanäle. Es könnte sich hier um die Beteiligung von Nucleolen am Aufbau des ergastoplasmaartigen Körpers handeln, analog zu den Befunden von H. GAY (1956). (Vergr. 28000fach) *M* Mitochondrien

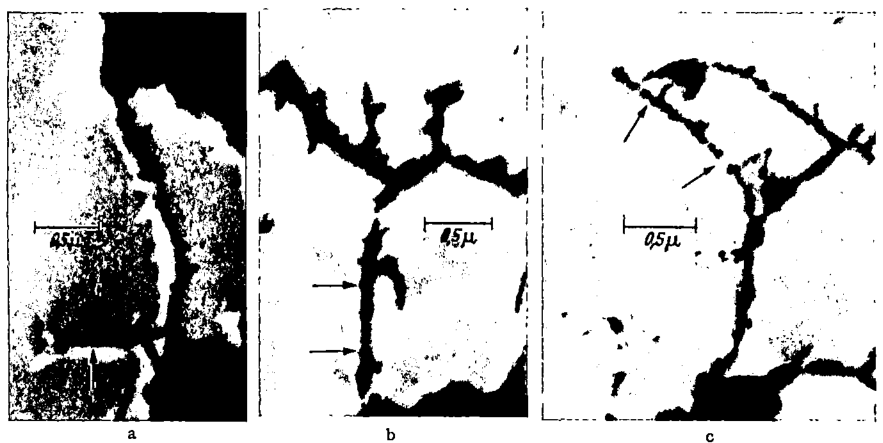

Abb. 8. Fragmentpräparate einer Kernwand von *Amoeba* mit anhaftendem fibrillärem Material (fixiert vor der Fragmentierung mit Aceton-Eisessig 20 : 1 und aufgenommen nach Beschattung mit einem Trüb-Täuber-Mikroskop von A. BAIRATI). (Vergr. 8000fach). a) Querscheibenstruktur (→→); b) Wenig gedehnte Filamente mit Scheiben (→→); c) Stark gedehnte Filamente mit Querscheiben (→→)

mittel erwiesen (Abb. 10a und b), denn ein großer Teil der Plasmalemma-strukturen löst sich nach längerer Fixierung mit OsO_4 auf [s. Bairati u. Lehmann (1954, 1956)]. Demgegenüber liefert die unorthodoxe

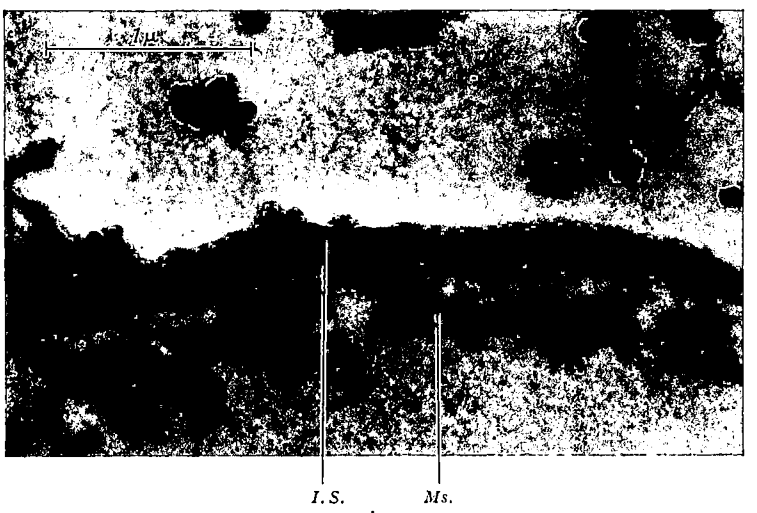

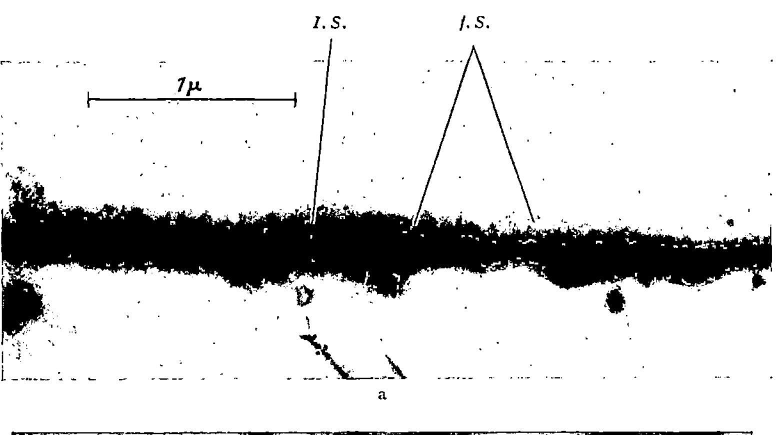

Abb. 9a u. b. Radiale Schnitte durch das Plasmalemma von *Amoeba proteus*. (Nach Vorbehandlung mit Versene mit Bouin fixiert, nachosmiert. Präparat und Aufnahme von E. Manni mit Siemens-Elmiskop.) — a) Schnitt im Methacrylat. Schleimige Außenschicht mit regelmäßig fädigen (*J. S.*) Strukturen. Innen-schicht (*I. S.*) sehr dicht. Wenige stark osmierte Entmischungstropfen. (Vergr. 27 000fach) — b) Schnitt nach Ablösung des Methacrylates durch Amylacetat. Die Mucoidschicht (*Ms.*) ist unregelmäßig wolkig und abgelöst von der Innenschicht (*I. S.*), die selbst deutlich verquollen ist. (Vergr. 30 000fach)

Fixierung mit Bouins Gemisch, insbesondere bei Vorbehandlung mit Versene und Nachbehandlung mit OsO_4, regelmäßige und hochdiffe-renzierte Strukturbilder. Da diese sehr leicht zu reproduzieren sind, können sie z. Z. als die wahrscheinlichsten Äquivalentbilder des Plasma-lemmas gelten. Die Erklärung für das eigenartige cytochemische Verhalten des Plasmalemmas dürfte darin liegen, daß es nur relativ wenige Teilstrukturen und vollständige Membranen aus ungesättigten Lipoiden besitzt. Dagegen scheinen viele Bildungen vorzuliegen, deren makromolekulare Bausteine einen isoelektrischen Punkt besitzen, der stark im sauren Bereich liegt, also Proteine verschiedener Art. Ein relativ lipoidarmes Organoid, wie das Plasmalemma, bietet der Os-Fixierung zu wenige gut polymerisierbare Strukturen und zudem zu viele schlecht fixierbare makromolekulare Komponenten, die sich während und nach der Os-Fixierung herauslösen lassen. Das Plasmalemma bedarf also eines guten Protein- und Nucleinsäurenfixierers. Ganz ähnlich ist die Situation für die Fixierung des endoplasmatischen Reticulums und der Mitosespindel [LEHMANN u. MANCUSO (1957)], die mit Os-Fixierung unbrauchbare Resultate liefern.

Bei optimaler Fixierung ist das Plasmalemma von *Amoeba* zweischichtig (Abb. 9 und 11). Das erklärt auch sein Verhalten im polarisierten Licht [BAIRATI u. LEHMANN (1953) und FREY-WYSSLINGs Kritik (1955)]. Die *mucoidhaltige Außenschicht* hat bei ultradünnen Schnitten, die im Methacrylat untersucht wurden, eine überraschende Feinstruktur ergeben, die übrigens auch von PAPPAS (1956) abgebildet wurde. Es liegt eine dichte Packung feinster Filamente vor, die parallel stehen und senkrecht auf der Innenschicht des Plasmalemmas aufsitzen. Das äußere Plasmalemma bietet demnach eine Art von Sammetstruktur. Die von BAIRATI und LEHMANN in früheren Arbeiten postulierte Struktur einer gesinterten Kugelfolie hat sich als ein vergröbertes Umwandlungsprodukt dieses filamentösen Belages erwiesen, der entsteht bei Lufttrocknung von Fragmenten oder bei Ablösung des Methacrylates von Schnitten (Abb. 10c).

Die *innere*, vermutlich lebende Schicht des Plasmalemmas ist sehr scharf und glatt von der Außenschicht abgesetzt und hat eine sehr komplizierte Struktur, die besonders deutlich an Fragmentpräparaten ist, wo große Flächenbereiche erfaßt werden können (Abb. 12a und b). Es ist ein zweidimensionales Netzwerk aus flachen Cytoplasmafasern, die in mehr oder weniger orthogonaler Textur miteinander anastomosieren. Da das ganze Faserwerk stark flächig angeordnet ist, bleiben nur wenige Lücken übrig. In dieser fibrillären Schicht sind zahlreiche Mikrosomen eingelagert. Schnitte zeigen ferner, daß das Fasergerüst des endoplasmatischen Reticulums an vielen Stellen ohne scharfe Grenze in die Textur der Fibrillenschicht des Plasmalemmas übergeht (Abb. 11). Der Erhaltungsgrad der cytoplasmatischen Fasern ist übrigens im Methacrylat wesentlich schlechter als im Fragmentpräparat — ein Indiz für die korrodierende Wirkung des Methacrylates auf gewisse Plasmastrukturen. Ferner bewirkt die Ablösung des Methacrylates eine weitere Strukturverschlechterung bei den Cytoplasmafibrillen, die schrumpfen und eventuell reißen können.

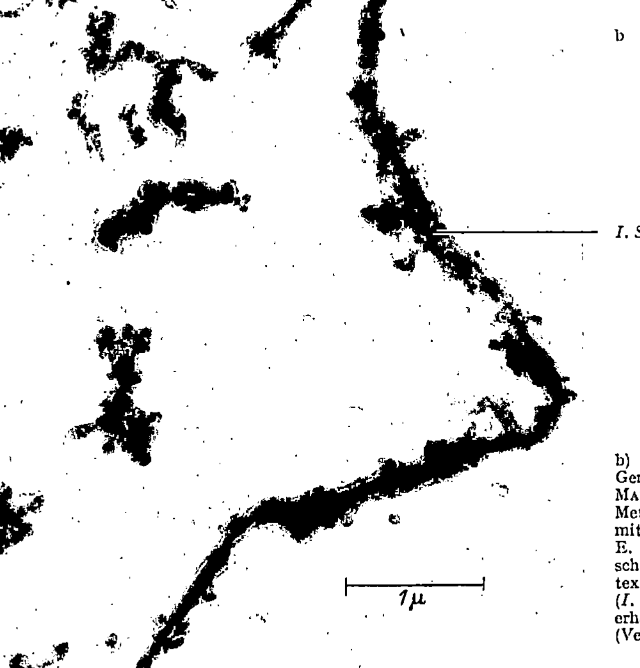

Abb. 10a—c.

Das Plasmalemma nach nicht optimaler Fixierung. a) (Fixierung mit Os gepuffert, in Methacrylat, mit Siemens-Elmiskop aufgenommen von E. Manni.) Einer der seltenen osmiumfixierten Schnitte, die noch Reste von Fibrillen des Reticulums (*F. R.*) zeigen. Im Plasmalemma (*Pl.*) fehlt die äußere Schicht, die innere hat ihre Faserstruktur verloren.
(Vergr. 19000fach)

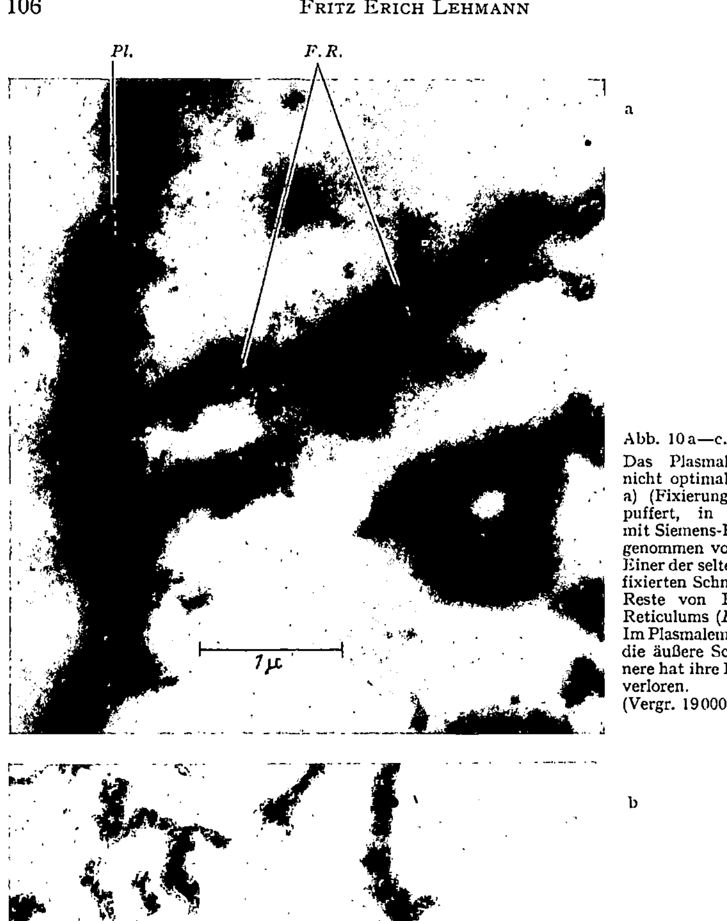

b) (Fixierung mit dem Gemisch E [Lehmann und Mancuso s. S. 95], in Methacrylat, aufgenommen mit Siemens-Elmiskop von E. Manni.) Die Außenschicht fehlt, die Fasertextur der Innenschicht (*I. S.*) ist nur in Resten erhalten.
(Vergr. 18000fach.)

Nach den bisherigen Resultaten kann also das Plasmalemma der *Amoeba* als zweischichtig gelten. Es enthält eine fein filamentöse äußere Mucoidschicht und eine dichte fibrilläre Schicht, die in OsO_4 sehr schlecht erhalten werden kann. Die enge Verbindung der Fibrillärschicht sowie

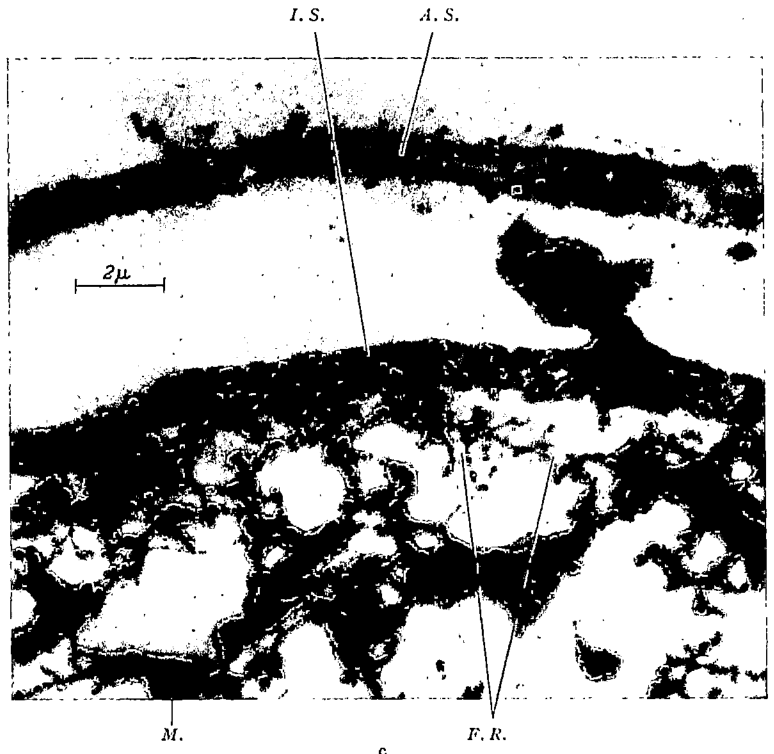

c) (Nach Fixierung mit Bouins Gemisch allein bei 0° C während 10 min und Vorbehandlung mit Versene. Präparat und Aufnahme von E. Manni.) Innen- (*I. S.*) und Außenschicht (*A. S.*) des Plasmalemma sind erhalten und wohl durch die Behandlung mit Amylacetat etwas verquollen. Das fibrilläre Reticulum (*F. R.*) mit Mikrosomen ist stellenweise gut erhalten, die Mitochondrien (*M.*) sind unscharf. Man beachte die sehr großen Kontraste in diesem allerdings nicht sehr dünnen Schnitt, bei dessen Fixierung keinerlei Schwermetalle angewendet wurden. (Vergr. 6000fach)

ihre große Ähnlichkeit mit dem endoplasmatischen Reticulum läßt daran denken, daß das Baumaterial der Fibrillärschicht dasselbe ist wie dasjenige des Reticulums.

Nachdem nun ausreichende Fixierungsmethoden vorliegen, ist es eine verlockende Aufgabe, den Feinbau des Plasmalemmas im vorstoßenden Vorderende der Amöbe auf etwaige Neubildungsvorgänge zu untersuchen und der Einschmelzung des Plasmalemmas im Hinterende des kriechenden Tieres nachzugehen. Hierdurch könnten sehr wesentliche Beiträge zum Umbau der Plasmakonstituenten im Amöbenzellkörper gewonnen werden.

2. Das Hyaloplasma oder das Grundplasma

[s. a. Andresen (1956), S. 453—459 und Lehmann (1956), S. 124—126]

Das Hyaloplasma der Amöbe besitzt die Fähigkeit, als Sol zu fließen (s. Abb. 1 c), sich reversibel in ein elastisches Gel zu verwandeln und als solches als primitives Muskelsystem zu funktionieren. Diese funktionellen

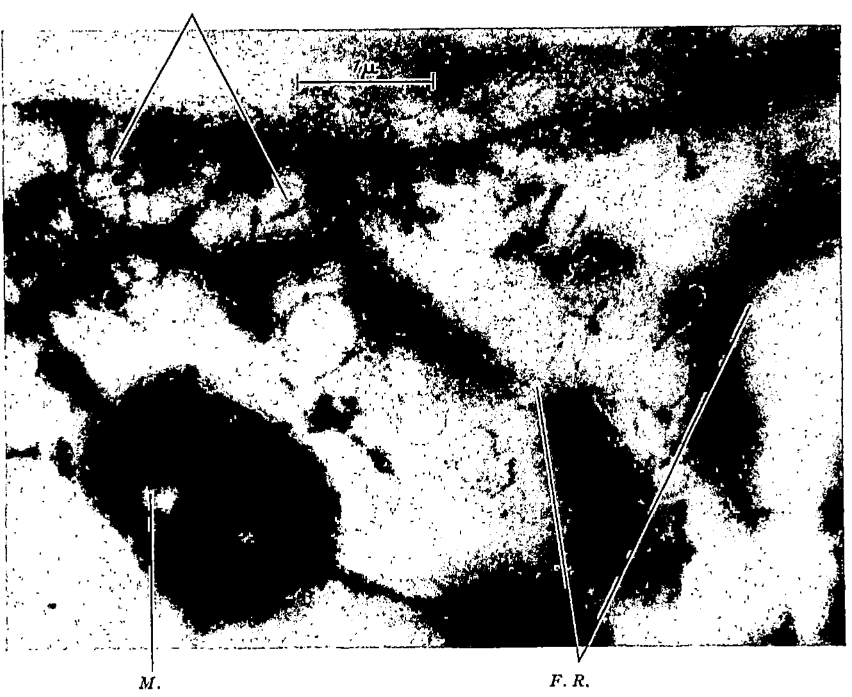

Abb. 11. Tangentialschnitt durch Plasmalemma. Dieselbe Technik wie in der Abb. 9 c. (Präparat und Aufnahme von E. Manni.) Mucoidschicht nur schwach erhalten. Dagegen ist der Zusammenhang der Faserschicht des Plasmalemmas (F. P.) mit dem endoplasmatischen Reticulum sehr deutlich. Die Dimensionen der Fibrillen in der Faserschicht sind denen im Reticulum (F. R.) sehr ähnlich und entsprechen denen des Fragmentpräparates von Abb. 12 in jeder Hinsicht. Einzig ist die Schärfe in der Begrenzung der Fibrillen weniger gut im Schnittpräparat. Man achte auch auf den Schnitt durch das Mitochondrion (M.), das die für Bouin-Fixierung typische Struktur zeigt. (Vergr. 18000 fach)

Leistungen werfen die Frage auf nach der Feinstruktur des diese Funktionen tragenden Substrates. Wie ich a. a. O. ausführlich begründet habe, sprechen zahlreiche Lebendbeobachtungen an verschiedenen Objekten dafür, daß das Hyaloplasma ein schwammartiges Netzwerk vorstellt, ausgefüllt von sehr zahlreichen Vacuolen mit einer flüssigen Phase, dem Enchylema Monnes (1948). Dieses relativ grobe Reticulum ist von einer guten mechanischen Stabilität und kommt als Träger der Contractilität in Frage. Beim Reticulum handelt es sich keineswegs um ein starres Cytoskelet. Es kann in relativ kurzer Zeit vom vernetzten

Gelzustand in den desaggregierten Solzustand übergehen und sich so verflüssigen. Über die enzymatischen Grundlagen dieser Sol-Gel-Umwandlung liegen erste experimentelle Angaben vor [Ts'o, BONNER et al.

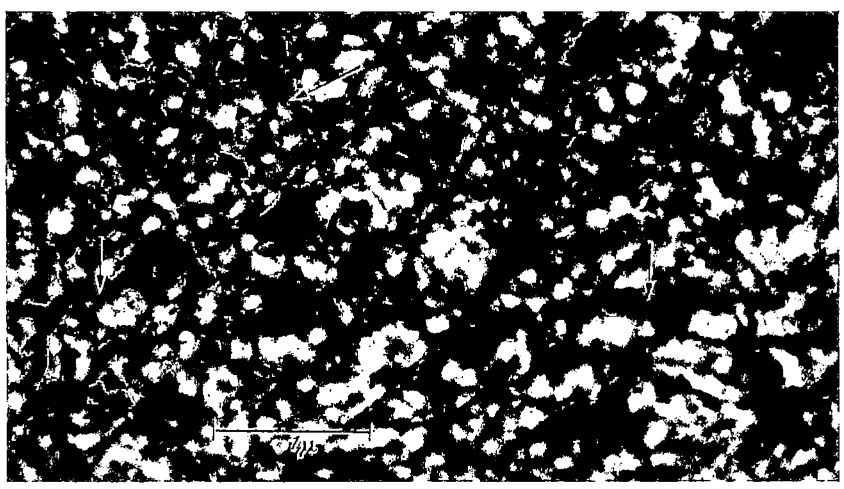

a

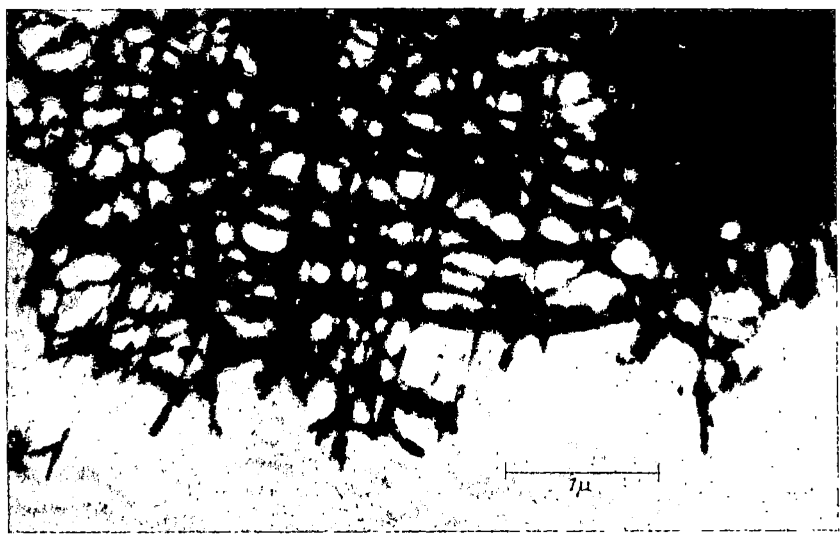

b

Abb. 12a u. b. Fragmentpräparate des Plasmalemmas (Vorbehandlung mit Versene, Fixierung mit BOUIN Nachosmierung; nach Fragmentierung direkt auf Folie aufgebracht. Präparat und Aufnahme mit dem Trüb-Täuber-Mikroskop von A. BAIRATI). — a) Flächenpräparat im Transparenzbild. Man beachte die feinen und langgestreckten Fibrillen, die z. T. strahlig, z. T. orthogonal gekreuzt verlaufen. Bei →→ dicke mikrosomenreiche Stränge; vgl. dieselbe Struktur auf dem Schnittpräparat Abb. 11. (Vergr. 20000fach) — b) Flächenpräparat nach gleicher Behandlung wie Präparat von Abb. 12a, aufgenommen von A. BAIRATI mit dem Trüb-Täuber-Mikroskop. Orthogonal sich kreuzende Fasern aus dem endoplasmatischen Reticulum, das dem Plasmalemma unmittelbar anliegt. (Vergr. 20000fach)

(1956) für den Schleimpilz *Physarum,* Hoffmann-Berling (1956) für die contractilen Proteine von undifferenzierten Sarkomzellen]. Bei *Physarum* kann eine ATP-sensitive Protein-Fraktion abgetrennt werden. Es wird vermutet, daß diese Fraktion an der *Umwandlung des Gels in Sol* unter Mitwirkung von ATP beteiligt ist. Das contractile Protein der

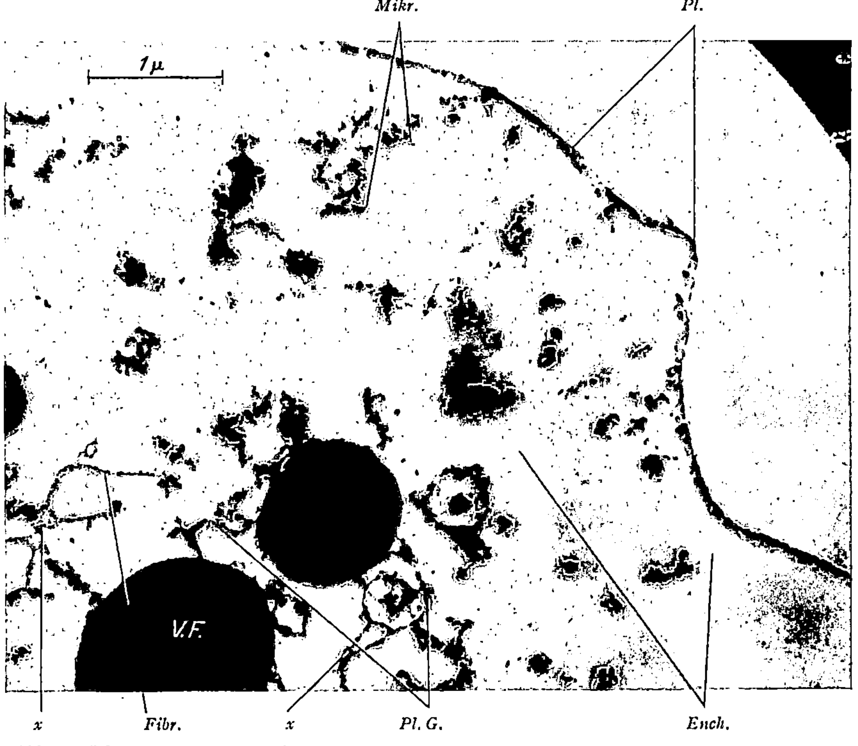

Abb. 13. Schnitt durch ein kleines Pseudopodium von *Amoeba proteus* mit einem zentralen gelierten Teil und einem peripheren solhaltigen Bereich. (Fixiert mit Fixativ nach Lehmann und Mancuso: enthaltend Chromsäure, Formalin, Osmium, Aceton und Eisessig. Präparat und Aufnahme mit Siemens-Elmiskop von E. Manni.) Der Raum unter dem Plasmalemma (*Pl.*) enthält vor der Fixierung vermutlich solartiges Enchylema (*Ench.*) mit wenigen Gruppen von Mikrosomen (*Mikr.*), die aber in diesem Zustande nur wenig fibrilläres Material mit sich führen. Der zentrale Teil des Pseudopodiums zeigt die Feinstruktur dessen, was Mast seit 1926 *Plasmagel* (*Pl. G.*) nennt (s. auch Abb. 1). Es ist ein lockeres Gefüge von Fibrillen (*Fibr.*), in dem leere Vacuolen und Fettvacuolen (*V. F.*) eingelagert sind. Durch Lösung der relativ wenigen Haftpunkte (*x, x*) kann dieses als Gel erscheinende Gefüge relativ leicht in eine Suspension kleinerer beweglicher Gruppen übergehen und zusammen mit dem Enchylema des Maschenwerks leicht zum *Plasmasol* Mast's werden. (Vergr. 18000fach)

Tumorzellen ähnelt dem Actomyosin. *Seine Löslichkeit* wird in einem mittleren Bereich der Ionenstärke *durch ATP vergrößert.* ATP scheint also in beiden Fällen bei der Solbildung eine Rolle zu spielen.

Es darf nun vermutet werden, daß auch das Hyaloplasma der Amöbe analoge Proteine enthält, die desaggregiert im Plasmasol und zu dicken Strängen aggregiert im Reticulum vorkommen [s. Lehmann (1952 und 1956)]. Die elektronenmikroskopischen Bilder von aufgetrocknetem

Plasmasol aus Amöben zeigen [BAIRATI u. LEHMANN (1951)] nach Auf-
trocknen aus destilliertem Wasser zahlreiche mikrosomenartige Körper
und mehr oder weniger aggregierte Fibrillen. Trocknet dasselbe Material
aus Lösungen auf, die Ca- und Mg-Ionen in einer Konzentration von
etwa m/50 enthalten, entsteht stellenweise ein deutliches Reticulum aus
Fasern mit eingelagerten Mikrosomen. Das läßt vermuten, daß bei der
Gelbildung Ca- und Mg-Ionen sowie enzymatische Wirkungen der
dispergierten Mikrosomen oder Chromidien beteiligt sind.

Das hyaloplasmatische Reticulum ist in bezug auf seine Fixierbarkeit
der fibrillären Schicht des Plasmalemmas sehr ähnlich. Fixierung mit
BOUINs Gemisch oder mit Fixativ E (s. S. 95, Abb. 13) gibt eine
optimale Erhaltung; OsO₄-Fixierung dagegen eine weitgehende Ver-
nichtung der Fibrillärstruktur (Abb. 14), wohl aus analogen Gründen
wie beim Plasmalemma.

Die hier referierten Befunde eröffnen nun die technischen Möglichkeiten, das Verhalten des Hyaloplasmas in verschiedenen Funktions-
zuständen zu untersuchen, in ruhenden und fließenden Amöben usw.

Soweit die tatsächlichen Befunde es heute schon gestatten, läßt sich
das gelierte Hyaloplasma der Amöbe als ein relativ derbes Reticulum
kennzeichnen. Seine Fibrillen liegen im Bereich der elektronenmikroskopischen Erfaßbarkeit. Sie tragen zahlreiche Mikrosomen. Dieses
System ist der vermutliche Träger der Contractilität. Zugleich ist es
einer raschen Desaggregierung fähig, möglicherweise unter Mitwirkung
von ATP und verschiedenen Fermenten. Das solartige Enchylema,
das u. a. desaggregiertes Fibrillenmaterial enthält, ebenso wie Mikrosomen, erfüllt in ungemischter Form den Raum unmittelbar unter dem
Plasmalemma. Zudem zirkuliert es zwischen den weiten Maschen des
gelierten Endoplasmas. Eine ihrer Natur nach unbekannte Wechselwirkung von Mikrosomen und desaggregierten Proteinen kann zur
Bildung neuer reticulärer Fasern führen. Demgegenüber erfolgt dauernde Einschmelzung des Reticulums am Hinterende der Amöbe.

3. Der Feinbau der Mitochondrien

Mitochondrien sind in lichtmikroskopischen Präparaten nicht mit
voller Sicherheit zu identifizieren. Weder die vitale noch die cytologische
Färbbarkeit fixierter Präparate erlaubt eine völlig zuverlässige Diagnose
dieser nur wenige μ großen Gebilde. Dagegen zeigt das elektronenmikroskopische Schnittbild regelmäßig reich differenzierte Gliederungen
des Binnenraumes, sei es durch Cristae, sei es durch Tubuli, an denen
die Mitochondrien leicht von Bildungen ähnlicher Größe unterschieden
werden können (s. z. B. WOHLFARTH-BOTTERMANN). Das gilt z. B. auch
für die Embryonalstadien von *Tubifex* [R. WEBER (1956)] und von
Amphibien [EAKIN u. LEHMANN (1957)] wie für das Cytoplasma von

Amoeba [MANNI (1956)]. Der Reichtum der Mitochondrien an ungesättigten Lipoiden ermöglicht eine gute Fixierung der begrenzenden

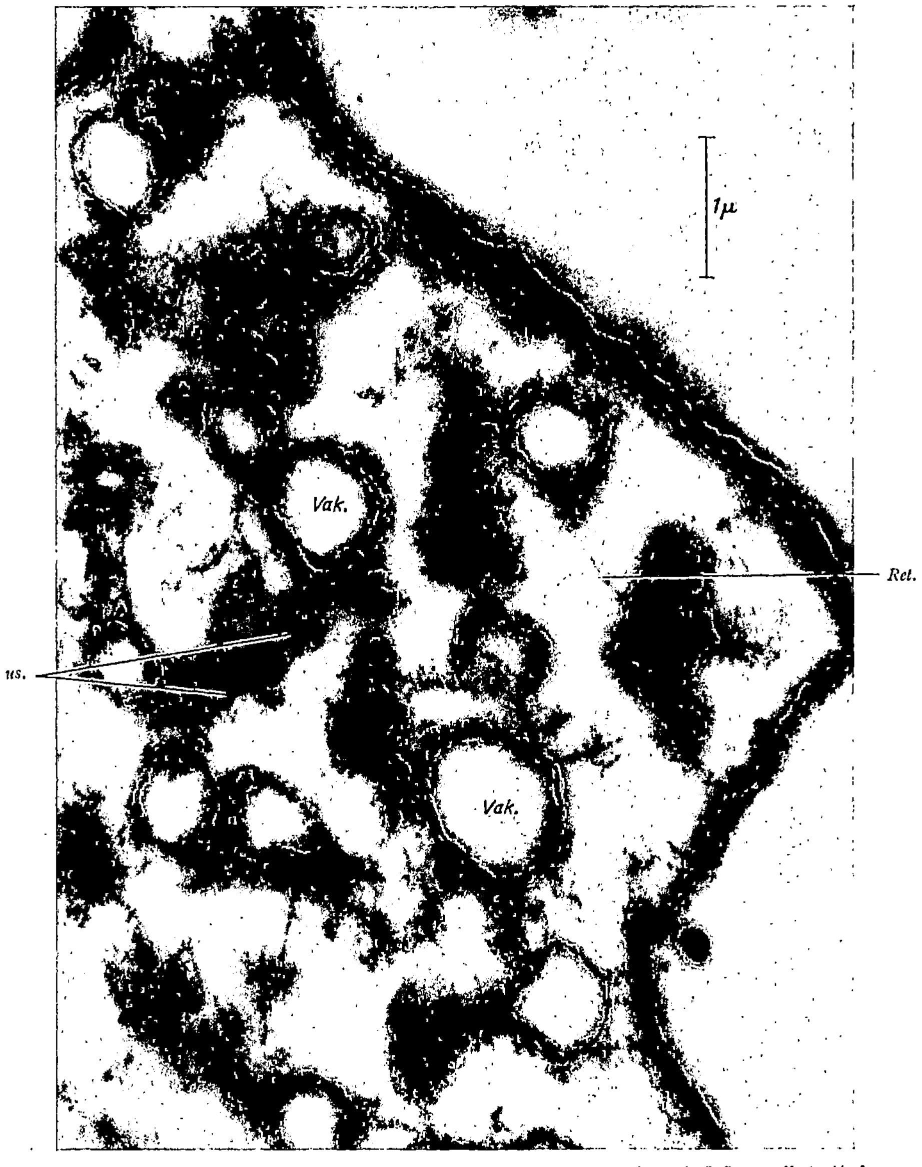

Abb. 14. Schnitt durch Plasmalemma und das Ektoplasma einer Amöbe, fixiert mit OsO₄ gepuffert. (Aufnahme und Präparat von E. MANNI.) Die Feinstruktur des Plasmalemmas und des endoplasmatischen Reticulums ist nicht optimal. Die mikrosomenartigen Strukturen fehlen meistens. Wohl sind Vacuolen (*Vak.*) mit osmierbaren Wänden nachzuweisen. Aber das Gerüst des endoplasmatischen Reticulums (*Ret.*) ist nur stellenweise fädig (vgl. etwa Abb. 12), meistens aber zerfasert und unscharf (*us.*) begrenzt; es zeigt die typische „Osmiumstruktur" [LEHMANN und BAIRATI (1954)]. (Vergr. 18000fach)

Membranen mit OsO_4. Die Mitochondrien von *Amoeba* zeigen dann im Methacrylat stellenweise eine doppelte Hülle und im Inneren neben größeren Hohlräumen zahlreiche vesiculäre und tubuläre Gebilde, wie

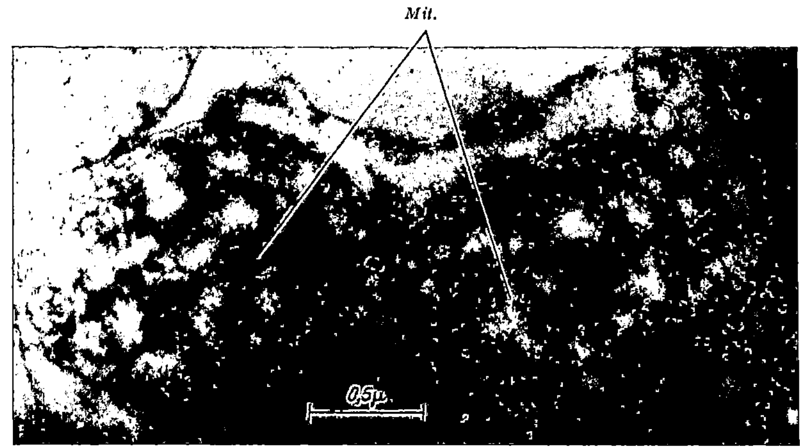

Abb. 15a—c. Mitochondrienstruktur (*Mit.*) nach verschiedener Fixierung. a) Nach Fixierung mit OsO_4 gepuffert (Schnitt und Photo von E. MANNI. Siemens-Elmiskop). Gut osmierte membranöse Begrenzung, zahlreiche kleine Bläschen, wenige Tubuli. Zentral einige größere Vacuolen (Vergr. 30000fach)

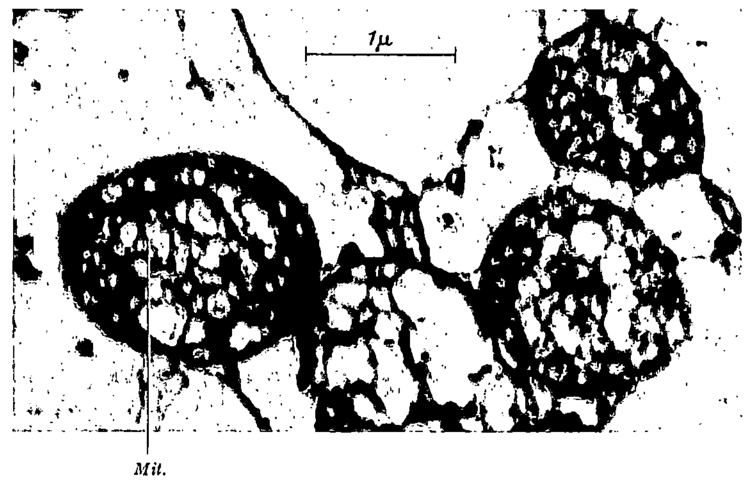

b) Mit derselben Technik wie bei a: Mitochondrien nach Ablösung des Methacrylates. Das Amylacetat produziert starke Schrumpfungen und Verzerrungen der feineren Strukturen (Photo E. MANNI mit Trüb-Täuber-Mikroskop). (Vergr. 20000fach)

sie auch schon von anderen Autoren abgebildet wurden [Abb. 15a, vgl. SEDAR u. RUDZINSKA (1956)]. Die Ablösung des Methacrylates schädigt diese Feinstruktur wesentlich (s. Abb. 15b).

Entgegen der herrschenden Meinung werden die Mitochondrien durch reine Bouin-Fixierung nicht vollständig zerstört. Ihre Form bleibt im großen ganzen erhalten, doch ihre Feinstruktur wird undeutlich (Abb. 10c). Dagegen ergibt Bouin-Fixierung mit nachfolgender Osmierung gut reproduzierbare differenzierte Bilder, die in verschiedener Hinsicht von den OsO_4-Bildern abweichen (Abb. 11). Die Mitochondrien sind viel weniger aufgequollen als die mit Os fixierten. Das entspricht den Befunden von Bahr et al. (1957) über die quellende Wirkung der Os-Fixierung. Die Form und Anordnung der großen Vacuolen im Innern

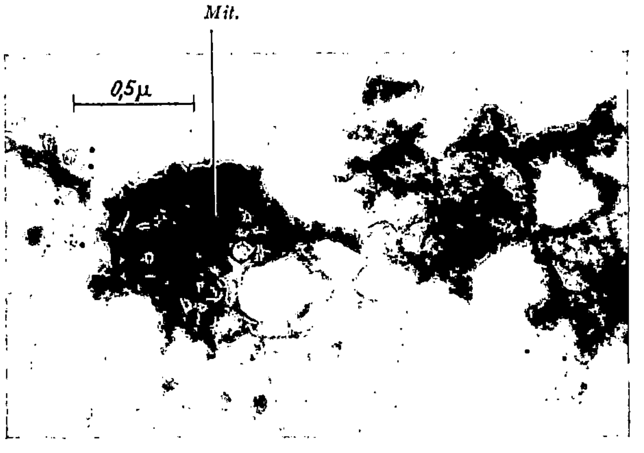

c) Tangentialschnitt durch Mitochondrion nach Fixierung mit Fixativ E (s. Abb. 13). Sehr dichte, nicht gequollene Strukturen, in denen sich zahlreiche kleine bläschenartige Gebilde befinden (Vergr. 30000fach)

der Mitochondrien zeigt keine wesentlichen Abweichungen. Dagegen finden sich nach Bouin-Fixierung dichte globuläre Strukturen verschiedener Größe und ein dazwischen gelegenes Stroma geringerer Dichte. Die kugeligen Gebilde entsprechen in ihrer Größe den Mikrosomen oder Chromidien. Auf den ersten Blick lassen sich nur wenige Beziehungen zwischen den durch Os- und Bouin-Fixierung erzielten Feinstrukturbildern herstellen. Nimmt man jedoch an, daß globuläre dichte Gebilde der lebenden Mitochondrien nach der Os-Fixierung nur ihre Membran behalten, den Inhalt aber verlieren und zugleich stark aufquellen, während die Bouin-fixierten Mitochondrien das nicht tun, so wäre es möglich, die beiden kontrastierenden Bilder auf einen Nenner zu bringen. Zugunsten unserer Annahme spricht ferner der mit Fixativ E (s. S. 95) erzielte Schnitt eines Mitochondrions, in dem sich ebenfalls in einem dichten Stroma kleine rundliche Körper mit Lumen befinden (Abb. 15c).

Eine Entscheidung ist heute nicht möglich. Eines aber machen unsere Beobachtungen klar. Die Osmiumstruktur der Mitochondrien darf nicht unbesehen als zuverlässiges Äquivalentbild akzeptiert werden.

4. Contractile Vacuole

[s. u. a. ANDRESEN (1956) und BAIRATI und LEHMANN (1956),
LEHMANN, BAIRATI und MANNI (1956)]

Die contractile Vacuole von *Amoeba proteus* nimmt aus dem Cytoplasma Flüssigkeit auf, sammelt sie eine Zeitlang und stößt sie dann

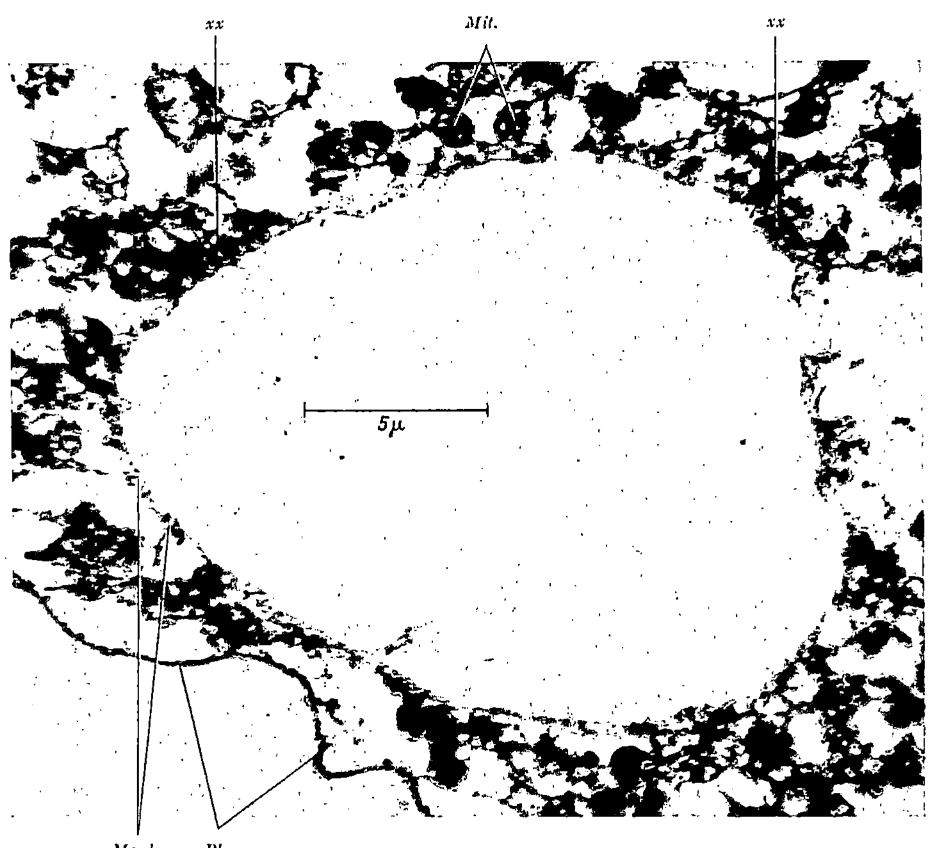

Abb. 16. Contractile Vacuole von *Amoeba proteus* in der Diastole begriffen. (Schnitt ohne Methacrylat. Vorbehandlung Versene, Fixierung BOUIN-Osmium. Präparat und Aufnahme von E. MANNI mit einem Trüb-Täuber-Mikroskop.) Die dehnbare Innenmembran (*Membr.*) ist zart fibrillär. Die gegen das Lumen liegende Schleimschicht fehlt. Hier verschiedene Stellen (*x, x*) mit Mikrosomenplasma. Außen Hof von Mitochondrien (*Mit.*), die einem Reticulum eingelagert sind. *Pl* Plasmalemma. (Vergr. 4800fach)

durch eine kurzfristig gebildete Öffnung im Plasmalemma ins Außenmedium aus [s. u. a. die neueren Untersuchungen KITCHINGs (1952)]. Die gegen das Vacuolenlumen gelegene Wandfläche einer mäßig gedehnten Vacuole (Abb. 16) läßt einen dem Plasmalemma ähnlichen Bau vermuten mit einer gegen das Lumen gerichteten Mucoidschicht, der eine fibrilläre Schicht eng anliegt. Daran schließt sich nach außen ein verdichtetes cytoplasmatisches Reticulum, dem zahlreiche Mitochondrien eingelagert sind.

Sehr dünne Schnitte, die entweder mit gepuffertem OsO$_4$ oder mit BOUINs Gemisch fixiert wurden, erlauben noch einige feinbauliche

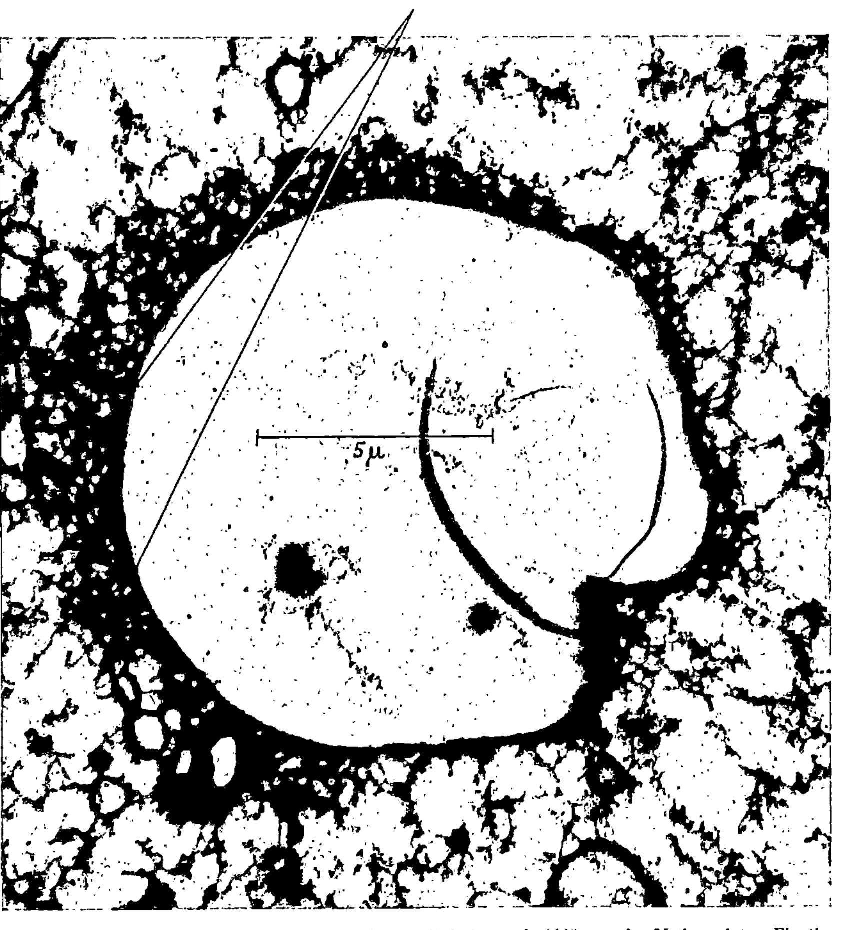

Abb. 17. Contractile Vacuole zu Beginn der Diastole (Schnitt nach Ablösung des Methacrylates. Fixativ OsO$_4$ gepuffert. Aufnahme von E. MANNI mit einem Trüb-Täuber-Mikroskop). Innenmembran (*I. M.*) stark geschwärzt. Mikrosomenplasma, Reticulum und Mitochondrien bilden eine hier kaum unterscheidbare dichte Masse. (Vergr. 6000 fach)

Ergänzungen. Die mit Os fixierte Vacuolenwand (Abb. 17 und 18) zeigt eine dünne, stark geschwärzte Membran gegen das Lumen. Auf der vom Lumen abgewandten Membranfläche befinden sich in einer Cytoplasmaverdichtung zahlreiche osmiophile Bläschen. Die Häufigkeit dieser mikrosomenartigen Gebilde deutet auf eine metabolisch aktive Region, die möglicherweise die Flüssigkeitsausscheidung besorgt. Dann folgt nach außen eine Schicht mit zahlreichen Mitochondrien, denen die Energielieferung obliegen könnte.

Die BOUIN-Fixierung erhält die osmierbare Grenzschicht weniger gut (Abb. 19). Dagegen sind die osmiophilen Vacuolen weniger gequollen, und das sie zusammenhaltende Stroma ist differenzierter erhalten,

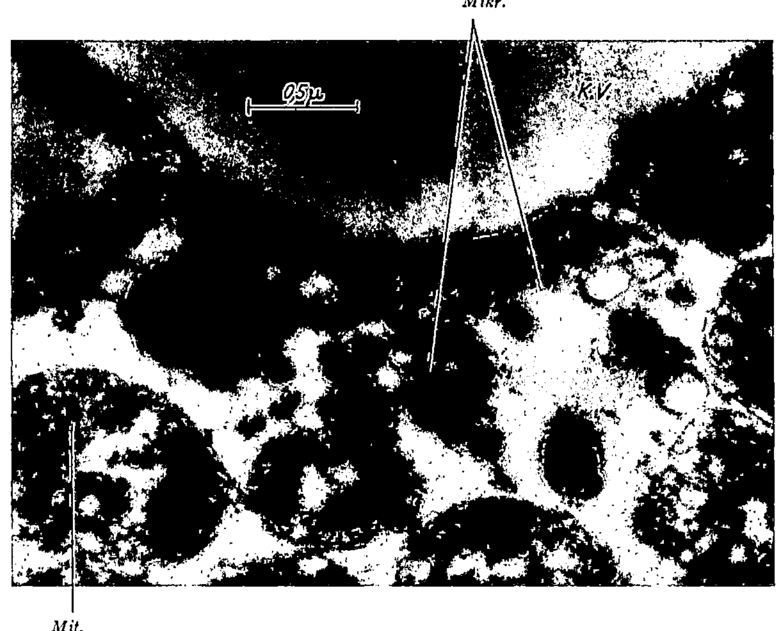

Abb. 18. Mikrosomenplasma der contractilen Vacuole (*k. V.*) nach Fixierung mit OsO₄ gepuffert. (Präparat und Aufnahme von E. MANNI mit dem Siemens-Elmiskop.) Stark gequollene osmiophile Blasen (Mikrosomen = *Mikr.*) und einige Mitochondrien (*Mit.*) mit typischem „Osmium"-Feinbau. (Vergr. 28000fach)

ebenso die fibrillären Elemente der Vacuolenwand. Die Mitochondrien besitzen, wie alle, die mit BOUIN fixiert wurden, zahlreiche dunkle Sphären von Mikrosomengröße, die in einem blasseren Stroma liegen. Dieses enthält z. T. große Vacuolen, ähnlich den mit Os fixierten Mitochondrien. Ferner fällt auf, daß die mit BOUIN fixierten Mitochondrien ein sehr dichtes „Exkret" teilweise entleert haben, dessen Bedeutung nicht klar ist.

Die mit den beiden Fixierungsmitteln erzielten Strukturbilder der contractilen Vacuole stimmen nur in groben Zügen miteinander überein. In den feineren Details ergänzen sie sich eher, als daß sie sich widersprechen. So wird die Grenzmembran erhalten durch Os (Abb. 18), während die Schicht der mikrosomenartigen Bläschen durch BOUIN differenzierter erhalten wird (Abb. 19). Die Strukturdifferenzen der Mitochondrien, die mit den beiden Fixiermitteln erzielt wurden, sind dieselben, die auch bei allen anderen Mitochondrien von *Amoeba* gefunden wurden. Hier bleibt also die Frage der komplementären Ergänzung der Bilder ebenfalls noch offen.

Das Beispiel der contractilen Vacuole macht deutlich, daß bei einem so komplexen Organoid nur mit verschiedenartigen Fixiermitteln, die zugleich als cytochemische Reagentien dienen können, umfassende Informationen zu erhalten sind. Dieser Forschungsweg, der bisher nur

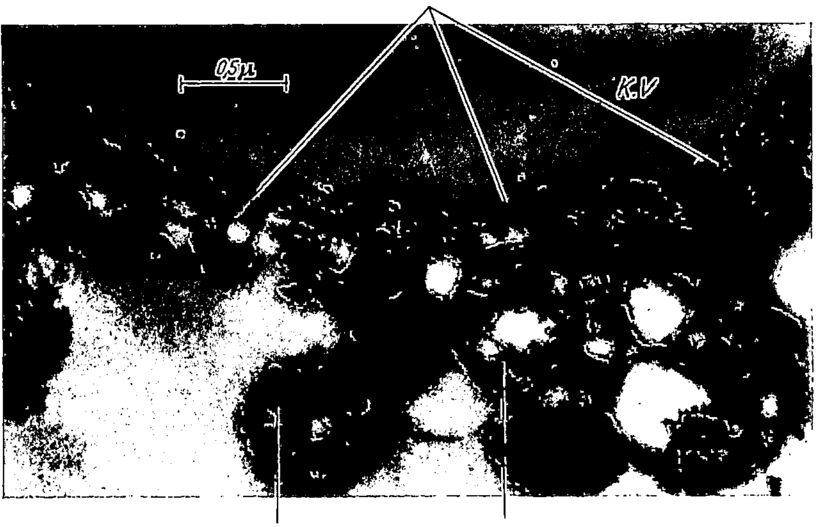

Abb. 19. Mikrosomenplasma der contractilen Vacuole (*k. V.*) von *Amoeba* nach Fixierung mit Bouin-Osmium. (Präparat und Aufnahme von E. Manni, Siemens-Elmiskop.) Zahlreiche kleine Bläschen im Mikrosomenplasma (*M. Pl.*), Mitochondrien mit der charakteristischen „Bouin"-Struktur. (Vergr. 28 000fach)

von wenigen begangen worden ist [z. B. Haguenau u. Bernhard (1952), Bairati u. Lehmann (1956)], verspricht bei systematischer Bearbeitung noch wertvolle Aufschlüsse.

4. Resultate und Ziele der Feinstrukturforschung an Amöbenzellen

4.1. Äquivalenz und Kriterien feinstruktureller Organisation

Die Amöbenzelle bietet deshalb ein gutes Modell einer tierischen Zelle, da bei ihr fast alle Strukturen direkt an der Aufrechterhaltung der Lebensfunktionen teilnehmen. Zudem ist die ganze Zelle mit ihren Organoiden der Lebenduntersuchung zugänglich. Trotzdem bietet die feinbauliche Erforschung auch einer so gut beobachtbaren Zelle, wie wir gesehen haben, sehr erhebliche Schwierigkeiten. Das gilt im übrigen auch für jede andere tierische Zelle.

Die Hauptschwierigkeit bietet die *chemische Fixierung des lebenden Protoplasmas und die Unsicherheit über die Äquivalenz* der gewonnenen Fixierungsbilder mit dem lebenden Zustand. Unsere Erfahrungen über die Wirkung verschiedener Fixiermittel auf den Feinbau der Organoide haben zwar in den letzten zehn Jahren einige Fortschritte gemacht, sie sind aber noch immer klein im Verhältnis zu den komplizierten und instabilen chemischen Gebilden, die wir untersuchen. Parallel mit der Gewinnung solider empirischer Grundlagen müssen ungenügend fundierte Hilfsvorstellungen und Analogieschlüsse ersetzt werden durch Vorstellungen, die den zutage getretenen Tatsachen besser angepaßt sind. So ist die Annahme, das *Cytoplasma* der relativ großen tierischen Zellen sei ähnlich wie das der winzig kleinen Bakterien eine mehr oder weniger homogene Gallerte, unter dem Drucke der neuen Befunde von vielen Autoren langsam aufgegeben worden. Sie wird ersetzt durch die Vorstellung, daß das *Cytoplasma der tierischen Zelle ein Grundgefüge, das Hyaloplasma* enthält, das sich zusammensetzt aus einem fibrillären dreidimensionalen *endoplasmatischen Reticulum* mit einer flüssigen Phase, dem *Enchylema*, wobei das Mengenverhältnis zwischen gelierter und solierter Phase innerhalb derselben Zelle stark wechseln kann. Dem Hyaloplasma gehören ferner die *Chromidien oder Mikrosomen* an. Im Gefüge des Hyaloplasmas finden sich ferner die *Mitochondrien*, und die Zelle besitzt meist ein kompliziert gebautes *Plasmalemma*. Auf ein so hoch organisiertes Gefüge des tierischen Cytoplasmas können die Gesetze der Kolloidchemie, d. h. des Verhaltens homogener makromolekularer Lösungen oder Gele nicht oder nur mit sehr großen Modifikationen angewandt werden. In erster Linie ist das Cytoplasma ein *Gefüge diskreter Gebilde*, die z. B. in der *Zentrifuge* sehr gut und ohne bleibende Schäden entsprechend ihrem verschiedenen spezifischen Gewicht *geschichtet* werden können. Da zudem die Genetik auch für die Leistungen des Zellkernes DNS-Fäden von großer Stabilität und RNS-Partikel von charakteristischer Spezifität annimmt, ist auch für den Zellkern das Vorkommen zahlreicher diskreter Gebilde von bestimmter Größe zu postulieren. Zu der entsprechenden Forderung vom Vorhandensein zahlreicher gegliederter Reaktionsräume und -flächen führt auch die Biochemie der enzymatischen Zellfunktionen.

So darf heute mit guten Gründen für die tierische Zelle ein *sehr hoher Grad feinstruktureller Organisation* angenommen werden, der auch im Bereich des Elektronenmikroskopes deutlich werden muß. Das sollte sich u. a. im *Auftreten sehr differenzierter Anordnungen von Makromolekülen in regelmäßigen Mustern* äußern. Im Bereich von 10—1000 mμ lassen sich folgende *Kriterien feinstruktureller Organisation* heute schon nachweisen: Perioden in den Bindegewebsfibrillen [F. O. SCHMITT (1956)], in den Muskelfibrillen [SJÖSTRAND (1957)], gestreckte oder schraubige Fibrillen mit konstantem Durchmesser im Kern: Chromonemata [Ris (1956), Marquardt et al. und diese Zusammenfassung], Cytonemata im Cytoplasma von Pflanzen [Strugger (1956)], contractile Fibrillen des Plasmalemmas und des endoplasmatischen Reticulums (*Amoeba*), Fibrillen der Teilungsspindel [Lehmann u. Mancuso (1957)] und Feinbau der Mitochondrien [Sjöstrand (1956)] und des Ergastoplasmas [Bernhard (1957)]. Für solche Ordnungen ist es höchst unwahrscheinlich, daß sie erst im Moment der Fixierung entstehen oder daß sie leicht und so konstant als Artefakte reproduziert werden können. Ausnahmen, wie rhythmische Fällungserscheinungen in Gallerten nach Liesegang oder Myelinfiguren, sind auf ihr Vorkommen im sublichtmikroskopischen Bereich noch kaum untersucht worden.

Wer diese Kriterien feinstruktureller Organisation als Leitlinie bei der Beurteilung fixierter Plasmastrukturen anerkennt, wird vor allem auch den Grad feinstruktureller Musterbildung in Verbindung mit polarisationsoptischen Daten auswerten. Dieser Gesichtspunkt der feinstrukturellen Ordnung ist vor allem für die cytochemische Beurteilung der Fixierung wesentlich. Im folgenden seien zunächst hierhergehörige Tatsachen erörtert, die mithelfen können, die Fixiermittel in besser gezielter Weise anzuwenden. Daran schließt sich eine kurze Erörterung der feinstrukturellen Befunde an, die der strukturellen Funktionsanalyse der Amöbenorganoide dienen können.

4.2. Verschiedenartige Fixierungsmittel als verschiedene cytochemische Reagentien

Vergleichende Studien über die verschiedene Wirkung verschiedener Fixierungsmittel sind seit den Anfängen elektronenmikroskopischer Forschung mehrfach publiziert worden: eine Untersuchung an *Amoeba* [Bairati u. Lehmann (1951)], eine ausgezeichnet illustrierte Arbeit von Haguenau u. Bernhard (1952) und eine über das Casein der Milch [Lehmann u. Wahli (1955)].

Die Fixierungsversuche mit OsO_4 ergaben an tierischen Zellen eine minimale Erhaltung fibrillärer Strukturen, während Chromatgemische und Bouins Gemisch fibrilläre Gebilde sehr deutlich heraushoben. Die Untersuchung der Caseinfixierung zeigte u. a., daß Fixierstoff*gemische*, zum mindesten für Casein, keine Verbesserung des Fixierungseffektes herbeiführten im Vergleich zur Wirkung von Einzelstoffen wie Formalin usw. Eine wesentliche Weiterentwicklung unserer Vorstellungen über das Fixierungsgeschehen hat die schon erwähnte Untersuchung von Wigglesworth gebracht (1957). Es darf nun als sehr wahrscheinlich gelten, daß OsO_4 durch Polymerisierung ungesättigter Fettsäuren, die in Phosphatiden vorkommen, vor allem lipoidhaltige Membranen sehr gut erhält. Nucleoproteidreiche und proteinreiche

Organoide, die keine oder nur unvollständige Lipoidmembranen enthalten, haben keine große Chance, durch OsO_4-Fixierung gut erhalten zu werden.

Das nicht ausreichend durch Os fixierte Baumaterial der Zelle, wie Proteine und Nucleoproteide, scheint sich während und nach der Fixierung im Enchylema entweder teilweise in sichtbarer Form zu dispergieren oder gar ganz zu lösen. So kommt es vermutlich zu dem Auftreten einer trüben und z. T. faserigen Masse, die alle Räume der Os-fixierten Zellen erfüllt (s. Abb. 14). Im Gegensatz dazu treten nach Fixierung mit dem chromathaltigen Gemisch E von LEHMANN u. MANCUSO (s. S. 95) zahlreiche Räume auf, die für den Elektronenstrahl nahezu „leer" sind (s. Abb. 13). Eine große Zahl von Lücken sollte an sich auch im lebenden Cytoplasma erwartet werden, das der Beweglichkeit gröberer Partikel viel Raum läßt und das einen sehr hohen Flüssigkeitsgehalt besitzt.

Mit den Feststellungen von WIGGLESWORTH (s. S. 94) lassen sich die hier referierten Befunde an Amöbenorganoiden gut in Einklang bringen. Die Osmiophilie des Zellkerns und der Mitochondrien erlaubt sehr differenzierte Strukturbilder bei Osmierung. Demgegenüber ist das endoplasmatische Reticulum in erster Linie durch saure eiweißfällende Gemische fixierbar. Heute kann kein Zweifel mehr bestehen, daß eine Universalfixierung für alle Cytoplasmabestandteile keine sehr großen Chancen hat, dagegen können organoid-spezifische Fixiermittel noch recht wesentlich verbessert werden. Das liegt im sehr verschiedenen Chemismus der einzelnen Organoide begründet.

Weiterer Präzisierungen bedürfen auch noch zahlreiche andere Fragen. Die optimale Einwirkungsdauer des OsO_4 ist nicht bekannt. Es ist unbekannt, wie die Wirkung des Äthanols ist, in das die fixierten Objekte nach dem Aufenthalt in der Fixierungsflüssigkeit gelangen. Dabei erfolgt im Alkohol eine starke Denaturierung der Proteine und eine Lösung verschiedener Lipoide. Auch die Rolle lipophiler Zusätze zu hydrophilen Fixiermitteln ist noch wenig untersucht worden. — Wenn es auch scheint, daß eine Fixierung bei 0° gute Strukturbilder liefert, so sind uns doch keine systematischen Untersuchungen über die Bedeutung der Fixierungstemperatur bekannt geworden.

4.3. Der Feinbau der Organoide von Amoeba in seiner funktionellen Bedeutung

Freilich liefern die bis heute bekannten Befunde nur ein beschränktes strukturelles Inventar für die funktionelle Beurteilung der Organoide, aber sie präzisieren die Situation doch in mancher Hinsicht.

1. **Plasmalemma.** Das Plasmalemma von *Amoeba* hat sich eindeutig als zweischichtig erwiesen, wie es die polarisationsoptische Analyse hat

erwarten lassen [Bairati u. Lehmann (1953)]. Entgegen unserer ursprünglichen Annahme ist die nach außen liegende Mucoidschicht kein gesintertes Gefüge von globulären Partikeln, sondern ein Sammet von Schleimfilamenten, die senkrecht auf der sie bildenden fibrillären Schicht des Plasmalemmas stehen. Die fibrilläre Schicht besteht ihrerseits aus einem zweidimensionalen Geflecht von Fibrillen, die tangential zur Oberfläche verlaufen. *Beide Blätter* des Plasmalemmas besitzen also *orientierte Feinstrukturen* (Abb. 20), die in ihrem Längsverlauf senkrecht aufeinander stehen [s. Frey-Wyssling (1955), S. 81].

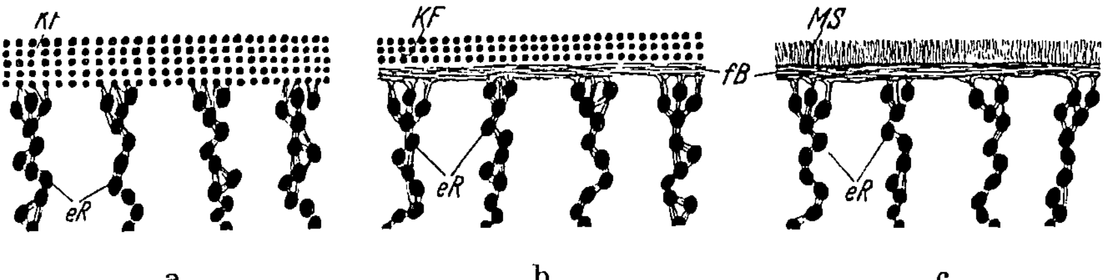

Abb. 20 a—c. Schemata der postulierten Plasmalemmastruktur zur Erklärung der Formdoppelbrechung der Amöbe (s. S. 110). a) Erste Hypothese: gesinterte Kugelfolie ohne fibrilläre Basallamelle und mit anschließenden Fibrillen des endoplasmatischen Reticulums (*e. R.*). b) Zweite Hypothese: Gesinterte Kugelfolie (*K. F.*) mit fibrillärer Basallamelle (*f. B.*) und anschließenden Fibrillen des endoplasmatischen Reticulums. c) Schema der mit Feinschnitten Mannis gefundenen Struktur des Plasmalemmas. Die äußere Mucoidschicht (*M. S.*) besteht aus parallel und senkrecht zur Unterlage geordneten feinsten Fäden. Die basale Schicht enthält zahlreiche, tangential laufende Fibrillen. Diese beiden Schichten kommen als sehr regelmäßig geordnete Feinstrukturen für die Erzeugung der gefundenen Doppelbrechung in Frage, nicht aber das darunterliegende endoplasmatische Reticulum. [a und b nach Bairati und Lehmann (1953).]

Eine der dringendsten Fragen ist nun, ob das Plasmalemma im vorstoßenden Vorderende stets neu gebildet wird, wie Andresen (s. S. 91) es annimmt, und im Hinderende dauernd eingeschmolzen wird. Eine elektronenmikroskopische Studie darüber, ausgeführt mit den geeigneten Fixiermitteln, scheint aussichtsvoll.

2. Endoplasmatisches Reticulum. Die Gesamtheit der bis jetzt vorliegenden Beobachtungen erlaubt die Annahme, daß das Enchylema der Amöbe, das sich ohne gröbere Einschlüsse unmittelbar unter dem Plasmalemma als klare Zone befindet, zwei Komponenten enthält: einzelne oder gruppenweise verklebte Mikrosomen und im Enchylema dispergierte fädige Proteine, die möglicherweise mit myosinartigen Proteinen verwandt sind. Dieses Enchylema dürfte die gesamten Räume des endoplasmatischen Reticulums durchspülen. Wie vor allem schon Mast (1926) gefunden hat, befindet sich das Endoplasma z. T. im Zustand des contractilen Plasmagels und dort wo es strömt, im Zustand des Plasmasols. Wo Plasmagel vorliegt, wird die ganze Masse von Vacuolen und Fibrillen durch vernetzte Komponenten des Enchylemas zusammengehalten, das hier im Bereich des Supramicellaren Haftpunkte bildet. Bei dieser Vernetzung sind vermutlich die Mikrosomen und desaggregierte Proteine beteiligt, die im Gelzustand die verbindenden Stränge bilden. Im fließenden Plasmasol sind die Komponenten des Enchylemas desaggregiert zu kurzen fädigen Proteinen und isolierten Mikrosomen. Die Mikrosomen kommen hierbei neben den fibrillären Fermentträgern als Aktionszentren enzymatischer Vernetzung und Lösung des Reticulums in Frage.

Das vorhandene feinstrukturelle Inventar gestattet es nun, der Frage der Fibrillen- und Gelbildung nachzugehen und auch die strukturellen Grundlagen der Contractilität des Cytoplasmas näher zu untersuchen.

3. Zellkern. Wenn die These von der cytochemischen Reaktionsweise des OsO_4 mit ungesättigten Lipoiden richtig ist, muß der Zellkern von *Amoeba* sehr reich an ungesättigten Fettsäuren sein, die sich auf Grund der Schwärzung in den Porenverschlüssen der Kernmembran und in ihren Porenkanälen finden, ebenso reichlich in den Nucleolen und schließlich eventuell auch in den Chromonemata. Die Wirkung des Gemisches von Bouin ließe sich im gleichen Sinne deuten, denn Bouin ruft eben an diesen Strukturen sehr starke tropfige Entmischungen hervor. Die feineren topographischen Beziehungen zwischen den Bläschenketten der Nucleolen, den Bläschen in den Poren und schließlich außerhalb der Kernmembran deuten alle darauf hin, daß sich auch bei der Amöbe ein intensiver Materialtransport von den Nucleolen durch die Membran ins Cytoplasma vollzieht zu den Mikrosomen und zu den ergastoplasmatischen Strukturen. Dieses Bild scheint ganz dem zu entsprechen, wie es von H. Gay (1956) an der *Drosophila*larve gesehen worden ist. Vergleichende Studien an hungernden, stark wachsenden oder chemisch gehemmten Amöben könnten hier nun mit Aussicht auf Erfolg begonnen werden. Auch für die Cytologie entspiralisierter Chromonemata dürfte der hoch polyploide Amöbenkern ein günstiges Material liefern. Es finden sich stets an einigen Stellen des Zellkerns Knäuel von vermutlichen Elementarfibrillen, die alle Grade der Spiralisierung erkennen lassen, und zwar in größerer Mannigfaltigkeit als das aus den von Ris (1956) und Marquardt et al. (1956) für andere Objekte publizierten Bildern ersichtlich ist. Hier wären weitere Studien über den Spiralisierungszustand vielversprechend, wenn verschiedene funktionelle Zustände des Kernes untersucht würden.

4. Contractile Vacuole. Die contractile Vacuole als sehr komplexes Organoid erfordert vergleichende Anwendung verschiedener Fixiermittel. Nach den bis jetzt vorliegenden Tatsachen besitzt sie eine zarte dehnbare Membran, die vermutlich gegen das Lumen hin mit Mucoidsubstanz belegt ist, nach außen eine Fibrillärschicht besitzt und stellenweise ein auffallend mikrosomenreiches Plasma trägt. Zudem besitzt sie den schon lange bekannten Hof von Mitochondrien, der durch ein submikroskopisches Faserreticulum zusammengehalten wird. Hier drängen sich Untersuchungen über die Bedeutung des Mikrosomenplasmas und der Mitochondrien für die Flüssigkeitsausscheidung auf.

Zum Abschluß sei hervorgehoben, daß elektronenmikroskopische Feinbauforschung als solche keinen großen heuristischen Wert beanspruchen darf. Die letzten Jahre haben deutlich erwiesen, daß eine autarke Feinbauforschung, die auf organisch-chemische und biochemische Gesichtspunkte und Grundlagen verzichtet, in die Gefahr kommt, an Standardobjekten mit Standardmethoden zu arbeiten und sich auf Standarddogmen festzulegen und damit in einer Sackgasse zu endigen. Feinbauforschung ist *eine* (recht wertvolle) *Methode* zellbiologischer Forschung, aber sie wird nur in der Hand derjenigen auf die Dauer erfolgreich sein, die gleichzeitig das Erfahrungsgut der organischen Chemie, der Biochemie und der physikalischen Chemie heranziehen. Dann allerdings wird sie den strukturell- funktionellen Fragestellungen der Zellbiologen wesentliche Dienste leisten können.

Literatur

ANDERSON, E., and H. W. BEAMS: Evidence from electron micrographs for the passage of material through pores of the nuclear membrane. J. biophys. biochem. Cytol. 2, Suppl., 439—444 (1956).

ANDRESEN, N.: Cytoplasmic components in the amoeba Chaos chaos Linné. C. R. Lab. Carlsberg, Sér. chim. 24, 140—184 (1942).

— Cytological investigations on the giant amoeba Chaos chaos L. C. R. Lab. Carlsberg, Sér. chim. 29, 436—555 (1956).

BAHR, G. F.: Osmium tetroxide and ruthenium tetroxide and their reactions with biologically important substances. Electron stains III. Exp. Cell Res. 7, 457—479 (1954).

— G. BLOOM and U. FRIBERG: Volume changes of tissues in physiological fluids during fixation in osmium tetroxide or formaldehyde and during subsequent treatment. Exp. Cell Res. 12, 342—355 (1957).

BAIRATI, A.: Alcuni dati di microscopia elettronica sul protoplasma dell' Amoeba proteus. Boll. Soc. ital. Biol. sper. 25, 256 (1949).

— u. F. E. LEHMANN: Über die Feinstruktur des Hyaloplasmas von Amoeba proteus. Rev. Suisse Zool. 54, 443—449 (1951).

— — Diversi costituenti della Amoeba proteus (plasmalemma, ialoplasma, vacuoli) esaminati al microscopio elettronico. Pubbl. Staz. Zool. Napoli 23, 193—207 (1951).

— — Über die submikroskopische Struktur der Kernmembran bei Amoeba proteus. Experientia (Basel) 8, 60 (1952).

— — Structural and chemical properties of the plasmalemma of Amoeba proteus. Exp. Cell Res. 5, 220—233 (1953).

— — Partial disintegration of cytoplasmic structures of Amoeba proteus after fixation with osmium tetroxide. Experientia (Basel) 10, 173 (1954).

— — Structural and chemical properties of the contractile vacuole of Amoeba proteus. Protoplasma (Wien) 45, 523—539 (1956).

BARER, R., and S. JOSEPH: Phase-contrast and interference microscopy in the study of cell structure. In: „Mitochondria and other cytoplasmic inclusions''. Symposia Soc. exp. Biol. 10, 160 (1957).

BENNETT, St. H.: A suggestion as to the nature of the lysosome granules. J. biophys. biochem. Cytol. 2, Suppl., 185—186 (1956).

BENNETT, St. H: The concepts of membrane flow and membrane vesiculation as mechanisms for active transport and ion pumping. J. biophys. biochem. Cytol. 2, Suppl., 99—104 (1956).

BERNHARD, W.: Die Anwendung des Elektronenmikroskopes zum Studium cellularpathologischer Vorgänge. Klin. Wschr. 1957, 251—261.

BORYSKO, E.: Recent developments in methacrylate embedding. I. A study of the polymerization damage phenomenon by phase contrast microscopy. J. biophys. biochem. Cytol. 2, Suppl., 3—14 (1956).

— Recent developments in methacrylate embedding. II. Methods for the sectioning of optically selected single cells, the orientation of the plane of sectioning, and the identification of the region of the specimen included in the sections. J. biophys. biochem. Cytol. 2, Suppl., 15—20 (1956).

BRACHET, J.: La composition enzymatique de fragments nuclées et anuclées d'amibes. Biochim. biophys. Acta 14, 449—450 (1954).

— E. BALTUS, A. FICQ, Y. SKREB et Y. THOMAS: L'action de la ribonucléasc et de l'acide ribonucléique sur des amibes vivantes. Arch. Physiol. et Biochim. 63, 253 (1955).

BRUYN, H. DE: Theories of amoeboid movement. Quart. Rev. Biol. 22, 1—24 (1947).

DANIELLI, J. F.: The transfer of nuclei from cell to cell as a method of studying differentiation. Exp. Cell Res. 3, 98—101 (1955).

DEMPSEY, E. W.: Variations in the structure of mitochondria. J. biophys. biochem. Cytol. 2, Suppl., 305—312 (1956).

DURYEE, W. R., and J. K. DOHERTY: Nuclear and cytoplasmic organoids in the living cell. Ann. N. Y. Acad. Sci. 58, 1210 (1954).

EAKIN, R. M., and F. E. LEHMANN: An electron microscopic study of developing amphibian ectoderm. Wilhelm Roux' Arch. Entwickl.-Mech. Org. 150, 177—198 (1957).

FREY-WYSSLING, A.: Die submikroskopische Struktur des Cytoplasmas. Aus: Protoplasmatologia. Band II A. 2. Wien: Springer 1955.

GALL, J. G.: Small granules in the amphibian oocyte nucleus and their relationship to RNA. J. biophys. biochem. Cytol. 2, Suppl., 393—396 (1956).

GAY, H.: Nucleocytoplasmic relations in Drosophila. Cold Spr. Harb. Symp. quant. Biol. 21, 257—269 (1956).

— Chromosome- nuclear membrane- cytoplasmic interrelations in Drosophila. J. biophys. biochem. Cytol. 2, Suppl., 407—414 (1956).

GLAUERT, A. M., G. E. ROGERS and R. H. GLAUERT: A new embedding medium for electron microscopy. Nature (Lond.) 178, 803 (1956).

GREIDER, M. H., J. KOSTIR and J. FRAJOLA: Electron microscopy of the nuclear membrane of Amoeba proteus. J. biophys. biochem. Cytol. 2, Suppl., 445—448 (1956).

GROSS, J.: The behavior of collagen units as a model in morphogenesis. J. biophys. biochem. Cytol. 2, Suppl., 261—274 (1956).

HAGUENAU, F., et W. BERNHARD: Le problème de l'ultrastructure du cytoplasme et des artéfacts de fixation. Exp. Cell. Res. 3, 629—648 (1952).

HARRIS, P., and T. W. JAMES: Electron microscope study of the nuclear membrane of Amoeba proteus in thin section. Experientia (Basel) 8, 384—385 (1952).

HOFFMANN-BERLING, H.: Das kontraktile Eiweiß undifferenzierter Zellen. Biochim. biophys. Acta 19, 453—463 (1956).

HOLTER, H.: The function of cell inclusions in the metabolism of Chaos chaos. Ann. N. Y. Acad. Sci. 50, 6, 1000—1009 (1950).

Holter, H.: Distribution of some enzymes in the cytoplasm of Amoeba. Proc. roy. Soc. B142, 140—146 (1954).
— and J. M. Marshall: Studies on pinocytosis in the amoeba Chaos chaos. C. R. Lab. Carlsberg, Sér. chim. 29, 7—26 (1954).
Kitching, J. A.: Contractile vacuoles. Symp. Soc. Exp. Biol. 6, 146—165 (1952).
Kriszat, G.: Die Wirkung von Adenosintriphosphat auf Amöben (Chaos chaos). Ark. f. Zool. 1, 81—86 (1949).
Lehmann, F. E.: Mikroskopische und submikroskopische Bauelemente der Zelle. 2. Colloquium dtsch. Ges. physiol. Chem. 6./7. April 1951 Mosbach-Baden. S. 1—16. Berlin-Göttingen-Heidelberg: Springer 1952.
— Die submikroskopische Organisation der Zelle. Klin. Wschr. 1955, 294—300.
— Der Feinbau von Kern und Zytoplasma in seiner Beziehung zu generellen Zellfunktionen. Ergebn. med. Grundlagenforsch. 1, 111—137 (1956).
— and V. Mancuso: Improved fixative for astral rays and nuclear membrane of Tubifex embryos. Exp. Cell. Res. 13, 161—164 (1957).
— E. Manni u. A. Bairati: Der Feinbau von Plasmalemma und kontraktiler Vakuole bei Amoeba proteus in Schnitt- und Fragmentpräparaten. Rev. Suisse Zool. 63, 246—255 (1956).
— u. H. R. Wahli: Modellversuche an Kaseinaten über die äquivalente Fixation submikroskopischer Strukturen. Exp. Cell Res. Suppl. 3, 230—240 (1955).
Lorch, I. J., and J. F. Danielli: Nuclear transplantation in Amoeba. I. Some species characters of Amoeba proteus and Amoeba discoides. Quart. J. Microsc. Sci. 94, 445—460 (1953).
Manni, E.: Ricerche sulla struttura submicroscopica dell' Amoeba proteus. I. Plasmalemma, Nucleo. II. Vacuoli, Mitocondri, Ialoplasma. Boll. Soc. ital. Biol. sper. 22, 113—117 (1956).
Marquardt, H., W. Liese u. G. Hassenkamp: Die elektronenoptische Feinstruktur pflanzlicher Zellkerne. Naturwissenschaften 43, 540 (1956).
Mast, S. O.: Structure, movement, locomotion and stimulation in Amoeba. J. Morph. Physiol. 41, 347—425 (1926).
— and W. L. Doyle: Structure, origin and function of cytoplasmic constituents in Amoeba proteus. I. Structure. Arch. Protist.kde. 86, 155—180 (1935).
— — Structure, origin and function of cytoplasmic constituents in Amoeba proteus with special reference to mitochondria and Golgi substance. II. Origin and function based on experimental evidence; effect of centrifuging on Amoeba proteus. Arch. Protist.kde. 86, 278—306 (1935).
Møller, K., and D. M. Prescott: Observations on the cytochromes of Amoeba proteus, Chaos chaos and Tetrahymena geleii. Exp. Cell Res. 9, 375—377 (1955).
Monne, L.: Functioning of the cytoplasm. Advanc. Enzymol. 8, 1—69 (1948).
Moses, M. J.: Studies on nuclei using correlated cytochemical, light, and electron microscope techniques. J. biophys. biochem. Cytol. 2, Suppl., 397—406 (1956).
Pappas, G. D.: The fine structure of the nuclear envelope of Amoeba proteus. J. biophys. biochem. Cytol. 2, Suppl., 431—434 (1956).
Palade, E. G.: The endoplasmic reticulum. J. biophys. biochem. Cytol. 2, Suppl., 85—98 (1956).
Pease, D. C.: Infolded basal plasma membranes found in epithelia noted for their water transport. J. biophys. biochem. Cytol. 2, Suppl., 203—208 (1956).
Porter, K. R.: The submicroscopic morphology of protoplasm. Harvey Lect. (1955—1956), Ser. 51, 1957
Ris, H.: A study of chromosomes with the electron microscope. J. biophys. biochem. Cytol. 2, Suppl., 385—392 (1956).

SCHAEFFER, A. A.: Morphology, behavior, and reproduction in type A and type B
    of Chaos chaos Linnaeus, the giant multi-nucleate amoeba of Roesel. Biol. Bull.
    73, 355 (1937).
SCHMITT, F. O.: Macromolecular interaction patterns in biological systems. Proc.
    Amer. philos. Soc. 100, 476—486 (1956).
SEDAR, A. W., and M. A. RUDZINSKA: Mitochondria of protozoa. J. biophys.
    biochem. Cytol. 2, Suppl., 331—336 (1956).
SJÖSTRAND, F. S.: Die funktionelle Bedeutung des Ultrafeinbaues von Gewebe-
    zellen. Klin. Wschr. 1957, 237—250.
— The ultrastructure of mitochondria. In: Fine structure of cells. Groningen:
    Noordhoff 1955.
STRUGGER, S.: Die Uranylacetat-Kontrastierung für die elektronenmikroskopische
    Untersuchung von Pflanzenzellen. Naturwissenschaften 43, 356—358 (1956).
SWIFT, H.: The fine structure of annulate lamellae. J. biophys. biochem. Cytol. 2,
    Suppl., 415—418 (1956).
Ts'o, P. O. P., J. BONNER, L. EGGMAN and J. VINOGRAD: Observations on an
    ATP-sensitive protein system from the plasmodia of a myomycete. J. gen.
    Physiol. 39, 325—347 (1956).
WAHLI, H. R.: Über die submikroskopische Struktur von Kaseinaten sowie des
    Cytoplasmas von Tubifex-Keimen nach verschiedenartiger Fixierung. Diss.
    Bern 1953.
WEBER, H. H.: Fibrous proteins and their biological significance. Sympos. Soc.
    exp. Biol. 9 (1955). Cambridge Univ. Press.
WIGGLESWORTH, V. B.: The use of osmium in the fixation and staining of tissues.
    Proc. roy. Soc. B (London) 147, 185—199 (1957).
WYCKOFF, R. W. G.: Introduction to symposium on submicroscopic organization
    of cytoplasm. Fine structure of cells. Symposium held at the 8th congress of
    cell biology. Leyden 1954. Groningen: Noordhoff.
WOHLFARTH-BOTTERMANN, K. E.: Cytologische Studien. IV. Die Entstehung,
    Vermehrung und Sekretabgabe der Mitochondrien von Paramaecium. Z.
    Naturforsch. 12 b, 164—167 (1957).
WEBER, R.: Zur Verteilung der Mitochondrien in frühen Entwicklungsstadien von
    Tubifex. Rev. Suisse Zool. 63, 277—286 (1956).
WILBUR, K. M., N. WOLFSON, B. C. KENASTON, A. OTTOLENGHI, M. E. GAULDEN
    and F. BERNHEIM: Inhibition of cell division by ultraviolet irradiated
    unsaturated fatty acid. Exp. Cell Res. 13, 503—509 (1957).

The Ultrastructure of the Retinal Receptors of the Vertebrate Eye

FRITIOF S. SJÖSTRAND

Laboratory for Biological Ultrastructure Research,
Department of Anatomy, Karolinska Institutet, Stockholm

With 15 Figures

Contents

The development of refined techniques for preparing ultrathin sections (100—200 Å thick or even less) has made it possible to make use of almost the whole maximum resolving power of modern electron microscopes (6—8 Å) for the analysis of the structure of tissue cells. These technical advances have drastically widened the field of ultrastructure research by allowing a study of the elementary components of living matter by direct observation. These components are within the range of dimensions of macromolecules. They consist, however, mostly of a number of molecules organized into a supramolecular unit. Careful measurements of the dimensions of these units and the indirect indications of molecular orientation obtained by polarization optical and X-ray diffraction studies make it possible to propose interpretations of the observed structural patterns in terms of the molecular architectonic of the units.

This means a rather detailed unveiling of the structure of living matter. We are, unfortunately, lacking equally detailed information regarding the chemical composition of the elementary units and especially the detailed topographic distribution of those substances which we know are associated with a particular component. Therefore, the step to an understanding of the processes involved in the most fundamental activities of living matter has still to be taken. There is, however, no doubt that the detailed study of the ultrastructure of cells will profoundly affect and catalyze the analysis of basic functions of cells. It is no doubt a prerequisite for any such analysis.

This review will clearly demonstrate our awkwardness when facing the problem of correlating structure and function and will make it obvious that the solving of any basic problem of this kind depends on the pooling of contributions from several fields of research. No particular science, whether morphology, physiology or biochemistry, can by itself present the solution. Unfortunately, physiology has not revealed a resolving power corresponding to that of modern morphology, and biochemistry has not learnt to master the chemistry of supramolecular elements.

The retinal receptors, the rods and cones, are highly differentiated cells with an elongated cell body which is distinctly divided into a series of structurally very different segments. We distinguish between the outer and inner segments, the rod or the cone fiber, and the rod or cone synaptic bodies. The outer segment is located most sclerally in contact with the pigment epithelium. The localization of rhodopsin to this segment indicates that this segment is involved in the primary photo-chemical reactions which start the process of excitation. The outer segment is connected to the inner segment which extends to the outer limiting membrane. From this level the third segment, the rod or cone fiber with a widened region containing the cell nucleus, reaches through the outer granular layer to the outer plexiform layer, where it widens to form the synaptic body. Each segment will be described separately and the possible functional significance of the segments will be discussed on the bases of their morphological characteristics.

The Structural Patterns of the Outer Segments of Rods and Cones

Rods. The presence of rhodopsin in the outer segments and the demonstration of its bleaching under physiological conditions make it obvious that photochemical reactions are involved in excitation and that the outer segments represent the part of the receptors that are involved in the primary processes of excitation. The remarkable efficiency of this process, for instance, in dark adapted rods where only one or two light quanta are needed for excitation, raises a problem where structural factors appear to play a decisive role.

Light microscopic studies have revealed a high refractive index of the outer segments, which furthermore show a tendency to disintegrate into platelets when subjected to maceration [Schultze (1867, 1869a, b)]. This latter observation indicates the existence of transversally oriented cleavage planes.

Before the development of electron microscopy, polarized light studies had contributed with important information indicating the existence of oriented anisodiametrical components which are small as compared to the wave lenght of light. In the outer segments a positive uniaxial birefringence was observed [VALENTIN (1861, 1862), SCHULTZE (1867, 1869a, b), VON EBNER (1902), HOWARD (1903)]. This birefringence was interpreted as produced by oriented rod-shaped lipid molecules because it disappears after treating the outer segments with lipid solvents [DIMMER (1894), SCHMIDT (1928), FRANZ (1933, 1934)]. SCHMIDT (1935a, b) discussed in detail the polarization optical data and interpreted the positive birefringence as due to double layers of oriented lipid molecules with the axis of orientation within the layers oriented parallel to the long axis of the outer segments.

After treatment of the outer segments with lipid solvents, there was still some birefringence remaining but now with a negative sign [DIMMER (1894), FRANZ (1933, 1934)]. This birefringence was analyzed by SCHMIDT (1935a, b) who established that it was due to form birefringence. He considered protein components responsible for this effect and interpreted it as due to transversally oriented layers of proteins.

The dichroism that SCHMIDT (1934a, b, 1937) observed in fresh outer segments he attributed to the rhodopsin molecules. These molecules would be rod-shaped and located to the protein layers with their long axis oriented parallel to the long axis of the segment.

The first electron microscopic analysis of the outer segments was performed at a time when the only useful technique for preparing specimens involved fragmentation of the tissue and a study of rather minute fragments. After fragmentation of carefully isolated outer segments, it was possible to obtain a dispersion of thin discs with almost circular outlines [SJÖSTRAND (1949a, b)]. The thinnest discs were considered the elementary component of the outer segment which consisted of a pile of such discs. They measured only about 30 Å in thickness except for a 70—80 Å thick narrow zone at their rim, the edge-cord.

The material obtained by fragmentation contained discs of different thickness. In most preparations, the thinnest discs measured 140 Å in thickness. The thickness of a great number of discs was measured and when making a distribution curve it was found that the curve had several peaks, one at about 70 Å, a second at about 140 Å, a third at about 280 Å, and a fourth at about 420 Å. This means that the thickness of the discs represented multiples of the thickness of the unit disc and, for thicker discs, the thickness was multiples of 140 Å, that is, of a disc pair. This result was interpreted as indicating that the discs had a definite tendency to associate in pairs. A larger unit was proposed in which two unit discs were connected through a double layer of lipid molecules. The 30 Å thick unit disc was interpreted as consisting of a protein membrane because this would explain that it was mechanically sufficient stable to stand the rather drastic sonic treatment involved in the fragmentation procedure.

Further information regarding the ultrastructural organization of the outer segments was obtained when studying ultrathin sections [SJöSTRAND (1953a, b)]. The basic observations made on fragmented material were confirmed, and the organization of the thin discs in pairs could be more clearly analyzed.

In a longitudinal section through the outer segment of a retinal rod from the guinea pig eye, this segment appears as a pile of double membrane discs. The two membranes of a disc consist of an about 30 Å thick osmiophilic layer. These layers are fused along the edge of the double membrane disc and bound a narrow, about 70—80 Å wide, closed and less osmiophilic interspace. The diameter of the double membrane discs is identical to that of the outer segment. The form of the discs is complicated by the occurrence of a more or less deep incision which reaches from the edge towards the center of the disc. In the guinea pig rods, in general only one such incision exists, but in the frog outer segments several such incisions are present. Fig. 1 shows a longitudinal section through parts of the outer and inner segments in the cat eye.

At their edge the osmiophilic layers are sometimes more heavily stained by the osmium. Due to improper preservation, the double membrane discs may swell resulting in more or less extensive separation of the osmiophilic layers. In such discs, the edge region may be little affected and the more opaque edge zone may appear as U-shaped in cross-sections. This obvious resistance to the deformation may be interpreted as due to a pronounced mechanical stability. The observations made on fragmented material as well as on sections point to the edge of the discs being structurally especially differentiated.

The double membrane discs seem to be mutually interconnected through tubule-like structures extending between the inner ends of the incisions described above (Figs. 2—3).

The spacing of the double membrane discs along the outer segment is very constant in such outer segments where no obvious deformation due to swelling has taken place. This spacing for guinea pig retinal rods was found to vary in different specimens with values of 240 and 340 Å estimated in two different groups of material. The difference in spacing was due to a difference in the distance between the adjacent double membrane discs which varies from 100 to 200 Å, the variation presumably depending on the swelling or shrinkage produced by the fixation and embedding. A more uniform spacing is observed in the perch and the frog retinas.

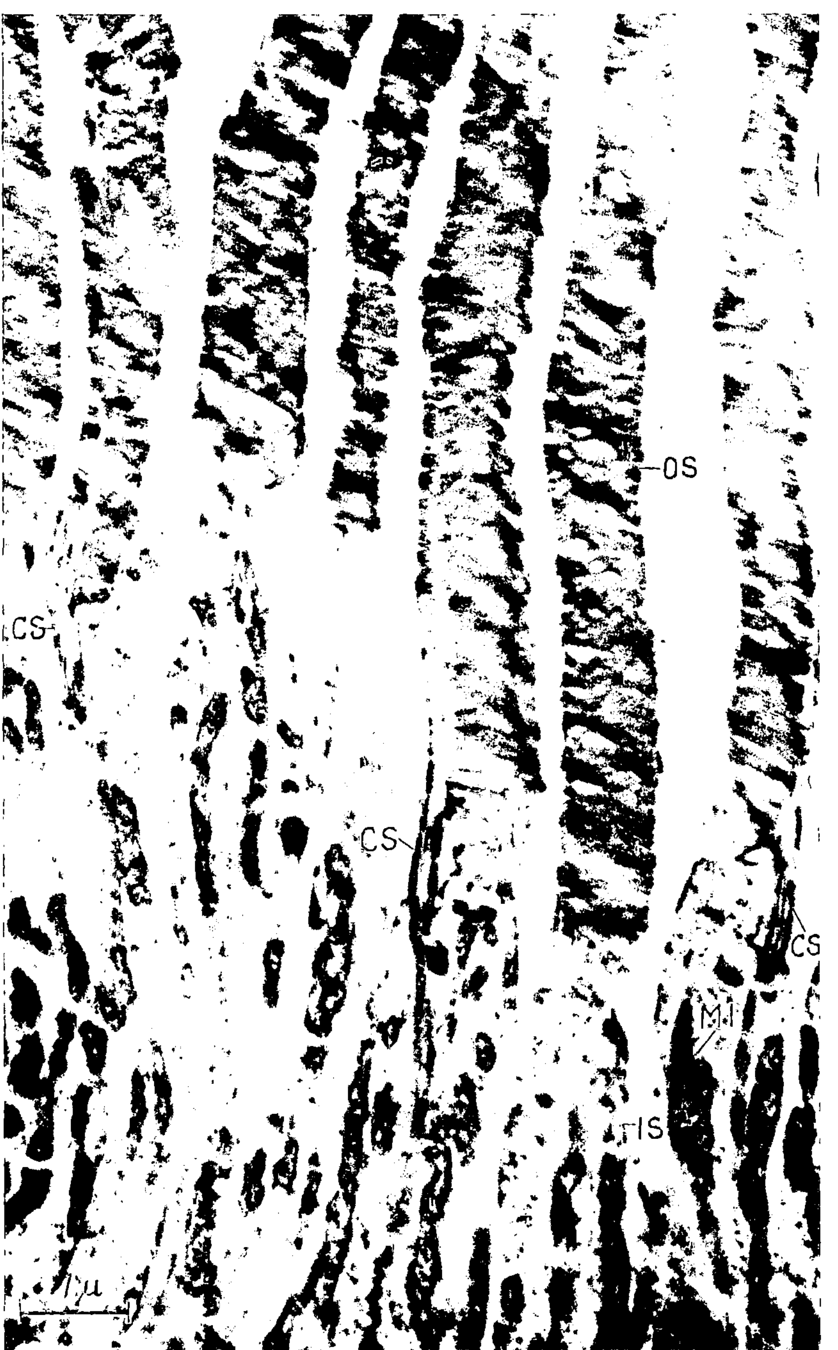

Fig. 1. Survey picture of longitudinal section through parts of the outer (*OS*) and inner (*IS*) segments of the cat retinal rods. The outer and inner segments are connected through the connecting structure (*CS*). *MI* = mitochondria. Magnification 14000

In the guinea pig rods, there will be about 700 double membrane discs in each outer segment. The 1400 membranes of this pile of double membrane discs will represent a total surface area of about 4500 μ^2 per rod. The total volume of the dehydrated membranes would then be about 13 μ^3, and the volume of the closed compartments bounded by the membranes of the discs would be about 15 μ^3.

The outer segments of perch rods show an identical structural pattern with the exception that the dimensions of the double membrane discs and the spacing of the discs are different (Figs. 2—3). Each single membrane is 30—40 Å thick and the less opaque interspace bounded by the two membranes of a double membrane disc measures about 40 Å. The total thickness of these discs therefore is 110 Å and the mean spacing of the double membrane discs along the whole outer segment ist 190 Å. These values deviate appreciably from those obtained in an earlier analysis [Sjöstrand (1953b)]. The reason might be the improved technique for preserving retinal tissue that has been applied in the present material.

The outer segments of the perch rods are longer and narrower than those of the guinea pig rods and will contain 1400 double membrane discs. All the single membranes of these 1400 discs represent a total surface area of 4600 μ^2 per rod.

The outer segments of the rods in the toad (*Bufo bufo*) retina [Sjöstrand and Elfvin (1956)] consist of large double membrane discs measuring 5—6 μ at the base of the segment. They are, however, only 110 Å thick, and the two about 40 Å thick osmiophilic layers are separated by an about 30 Å wide interspace. The average spacing is 190 Å. The discs show numerous incisions around their whole circumference.

The spacings of the guinea pig and perch rod outer segments were compared with those obtained from low angle X-ray diffraction analysis of osmium fixed, isolated outer segments which were suspended in an aqueous medium [Finean et al. (1953)]. The repeating unit for guinea pig rods was about 370 Å and that for perch rods 320 Å. The former value is close to that found for guinea pig outer segments where the interdisc distance was larger. The value found for the perch rods coincided exactly with that found in the earlier electron microscope measurements.

The whole pile of double membrane discs is enveloped in a membrane which represents part of the plasma membrane of the rod cell.

Cones. The ultrastructural organization of the outer segments of the cones was originally reported as different from that of the rods [Sjöstrand (1953a, b)]. In the perch cones, the outer segments were observed as consisting of a pile of 170 Å thick, single-layered discs with a very regular spacing of about 300 Å. Later studies have revealed that

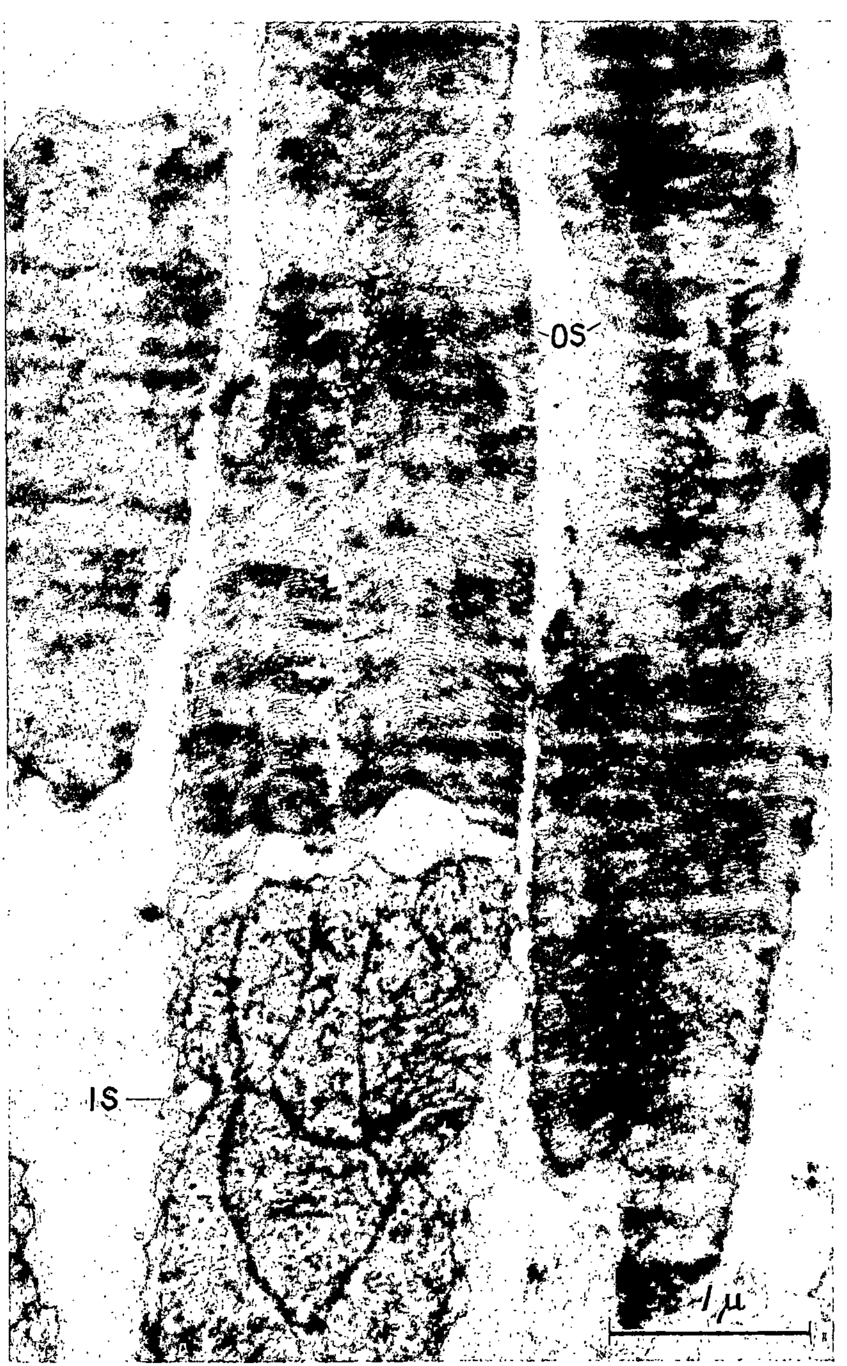

Fig. 2. Outer (*OS*) and inner (*IS*) segment of retinal rods of the perch eye. Magnification 26000

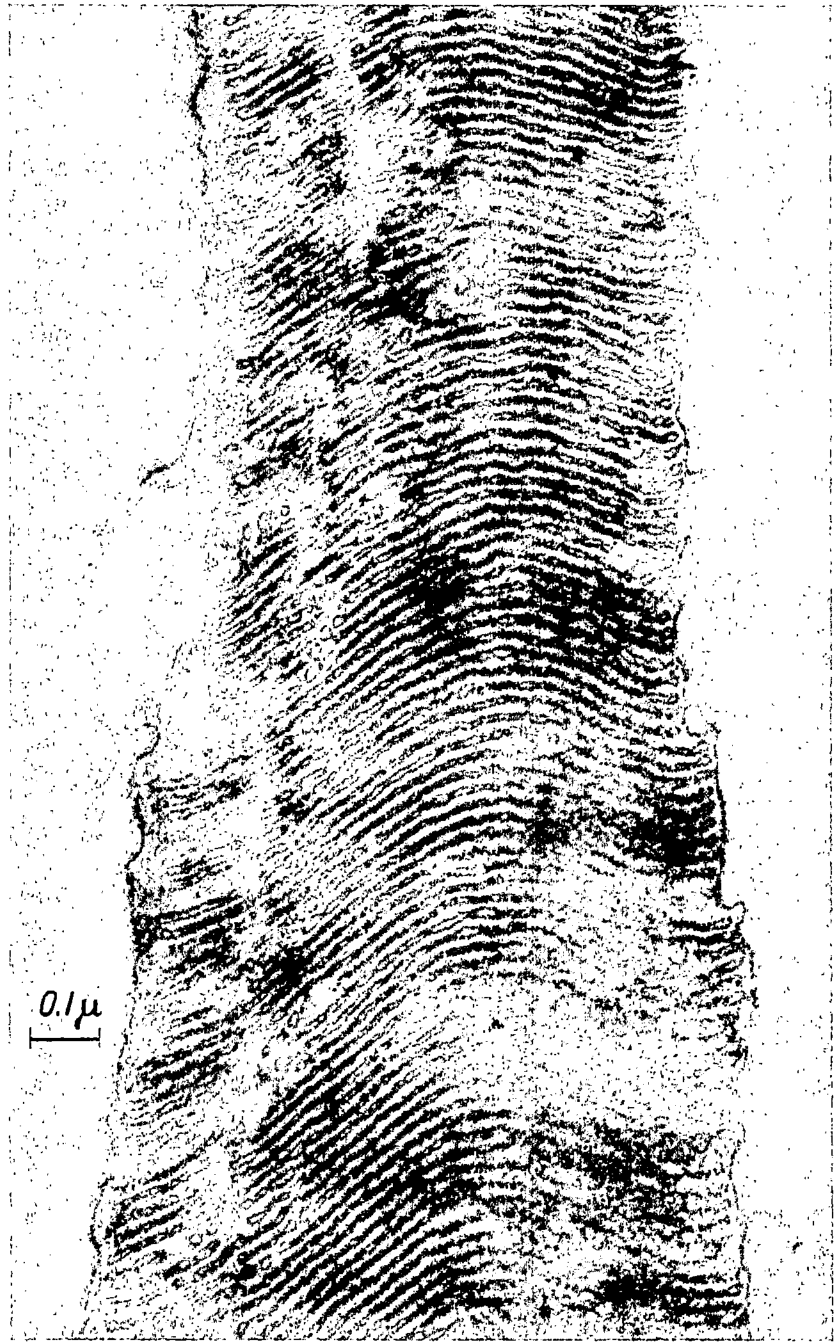

Fig. 3. Longitudinal section through an outer segment of a rod of a perch retina. Magnification 90000

the cone discs are triple-layered like the rod discs (Fig. 4), but it is much more difficult to preserve the layered structure of the cones than that of the rods [SJÖSTRAND (1956)]. According to preliminary measurements on a new, well preserved material, the thickness of the cone discs varies considerably between 100 and 170 Å. It has so far not been excluded that this variation is due to technical errors.

In the toad retina [SJÖSTRAND and ELFVIN (1956)], we can distinguish between single and double cones. The latter consist of two receptor cells, the outer segments of which are located at slightly different levels. The one outer segment reaches further vitreally than the other.

The total thickness of the double membrane discs of the single cones is 230 Å and their diameter at the base of the segment is 2—3 μ. The osmiophilic layers are 70 Å thick and the interposed, less osmiophilic layer 95 Å wide. The average spacing is 490 Å.

The double membrane discs of the vitreal cell of the double cones show different dimensions. The total thickness of the discs is only 130 Å and the average spacing is 220 Å.

The double membrane discs have been interpreted as flattened sacs by DE ROBERTIS (1956). Judging from the published pictures, DEROBERTIS has studied material that was improperly preserved with pronounced swelling of the discs.

Interpretation of the Molecular Architectonics
of the Outer Segments

For an interpretation of the structural pattern observed in rod and cone outer segments, it is useful to combine the electron microscope data collected from fragmentation experiments and from ultrathin tissue sections with those obtained from polarized light studies. The fragmentation experiments had revealed the existence in the outer segment of about 30 Å thick membranes characterized by their mechanical stability. The mechanical strength of these membranes is clearly documented by the fact that they resist the drastic treatment when fragmenting with high intensity sonic treatment. These membranes are osmiophilic and are associated in pairs.

In the sections osmiophilic membranous components of the same thickness are observed and arranged in pairs as double membrane discs. It seems obvious that these osmiophilic layers of the double membrane discs are identical with those observed in fragmented material and that, therefore, these layers are likely to contain the protein components of the outer segment. The great tensile strength of these layers is further demonstrated in sections of improperly preserved material where the space bounded by the double membrane discs may have swollen extremely without any indications of a rupture of the osmiophilic layers.

Fig. 4. Longitudinal section through an outer segment of a cone of a perch retina. Magnification 95000

This conclusion is in full agreement with what would be expected from polarized light data. The change of the birefringence of the outer segments from positive to negative, when treated with osmium tetroxide, may be explained as at least partly due to an increase of the refractive index of the protein layers as a consequence of the incorporation of osmium [Sjöstrand (1953b)]. This would represent a rather satisfactory explanation for the fact that this change can be reversible as has been observed in the myelin sheath of nerve, which indicates that it is not associated with any radical change of the orientation of the lipid components. That the effect is reversible was shown in the myelin sheath by removing the osmium through hydrogen peroxide treatment [Schmidt (1936)].

Assuming that the osmiophilic layers represent the protein components of the outer segments, we may turn to discuss the localization of the oriented lipids. We may assume that the lipid molecules are arranged as oriented single or multi-layers. The less osmiophilic space bounded by the osmiophilic layers has frequently the right width to accommodate for a double layer of lipid molecules. The dimensions of this space are particularly constant, and the fragmentation experiments have shown that it is easy to separate the double membrane discs but rather difficult to break up the discs to obtain the individual osmiophilic membranes of the double membrane discs. Both these observations point to the existence of particularly strong forces keeping the two osmiophilic layers of a disc together as a unit and at a well defined distance. The interposition of a double layer of lipid molecules would account for this firm association. Scattered osmiophilic bridges may be seen connecting the two osmiophilic layers and may correspond to lipids that have reduced osmium tetroxide. In the outer segment of the perch cones, the two osmiophilic layers of the discs are connected by opaque material which frequently fills the whole interspace in such a way that the discs appear as consisting of only one thick opaque layer. These bridges may indicate the existence in the double membrane discs of structural components oriented perpendicularly to the osmiophilic layers.

The interstices between the double membrane discs, on the other hand, do not always show the same striking constancy of dimensions as the enclosed space of the individual discs (Figs. 6—7). Furthermore, the fragmentation experiments, in which piles of discs of varying sizes were dried onto the supporting film, showed that these piles were multiples of the thickness of the individual double membrane discs. This fact may be interpreted as indicating that there is a high concentration of water between the discs so that, when drying, these interstices contribute very little to the total height of the piles. It seems then unlikely that lipids

are present in this interstice at a sufficient high concentration to allow
a high degree of orientation.

The concentration of lipids in the outer segments of guinea pig and
cow rods is about 40 per cent of the dry weight as seen in Table 1 from
the analysis made by SJöSTRAND and GIERER (unpublished). Assuming
that the osmiophilic layers of the double membrane discs represent the

Table 1. *Concentration of total lipids in the outer segments of the retina*

Species	Per cent of dry weight	Reference
Guinea pig . . .	37.8[1]	SJöSTRAND and GIERER, unpublished data
Cow	38.0	
	39.4	
	39.0	
Cat	31.9	COLLINS et al. (1951)

[1] This value was obtained from the purest fraction. Values ranging from
35.7 to 45.9 were obtained by applying different techniques for isolating the outer
segments. The deviation from the value 37.8 could be correlated to an admixture
of impurities from different sources. The high values could be correlated to an
admixture of lipid (vitamin A-containing) granules from the pigment epithelium.

Only one value lower than 37.8% was found. This fraction contained cell nuclei.
The cow retina allowed the preparing of much purer fractions. The control of the
composition of the preparations was performed by means of phase contrast and
fluorescence microscopy.

protein components, we may calculate the volume of these layers relative
to that of the interspaces. This relation will be about 1 : 3 as compared
to the relation non-lipid to lipids of 3 : 2.

It is obvious that, if the lipid molecules were distributed evenly in
all these interspaces, the concentration would be rather low. The high
degree of orientation, on the other hand, points to layers of high concentration. If we restrict the space occupied by lipids to the double

Table 2. *The composition of the lipid fraction extracted from outer segments isolated
from the cow retina as compared to that of brain tissue*

	Retinal rod outer segments (SJöSTRAND and GIERER, unpublished data)		Brain tissue according to BRANTE (1949)			
			white substance		grey substance	
	% dry weight	% ot total lipids	% dry weight	% of total lipids	% dry weight	% of total lipids
Total lipids . .	38.8		64.4		34.2	
Phospholipids .	31.5	81.2	28.0	43.4	22.1	64.6
Cholesterol . .	0.9	2.3	13.5	20.9	5.3	15.5
Unidentified . .	6.4	16.4	—	—	—	—
Lecithin . . .	9.8	25.2	4.4	6.8	5.9	17.2
Cephalin A . .	16.1	41.4	15.2	23.6	11.5	33.6
Cephalin B . .	3.8	9.5	2.5	3.8	0.7	2.0
Sphingomyelin	2.0	5.1	5.9	9.1	4.1	11.6

membrane discs, on the other hand, we reach a relation of about 1 : 1 which is in fair agreement with that found in the chemical analysis.

The composition of the lipid mixture that may be extracted from pure dispersions of rod outer segments is shown in Table 2. More than

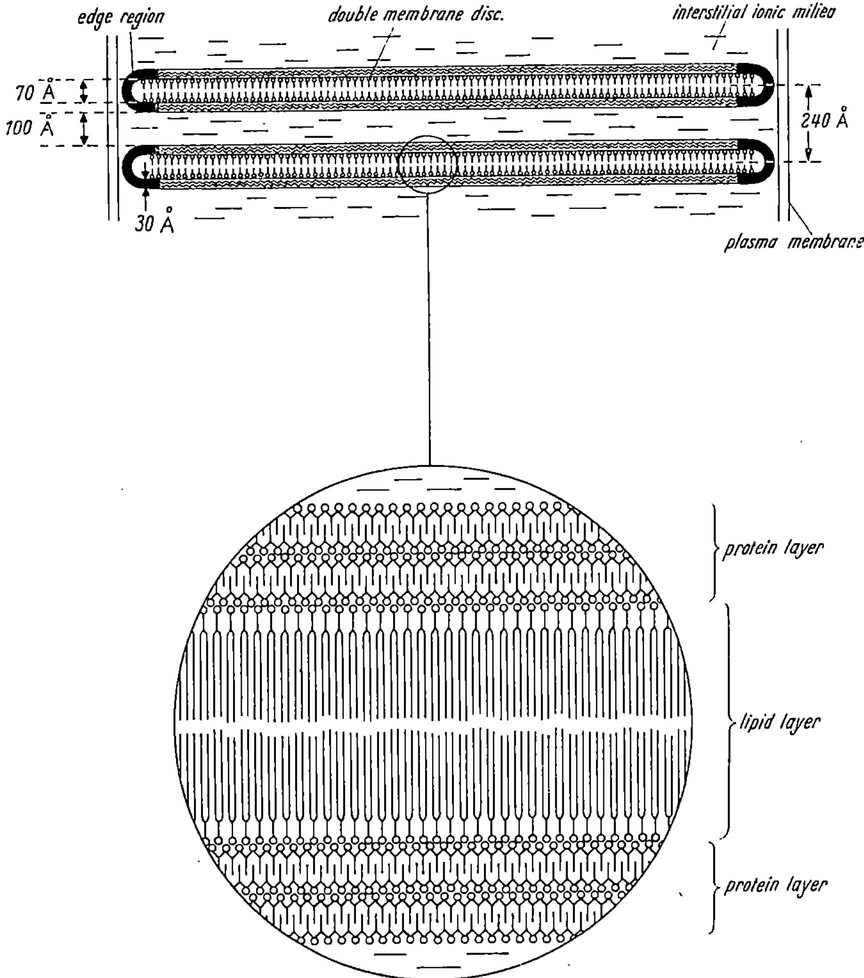

Fig. 5. Schematic presentation of the proposed interpretation of the molecular morphology of the double membrane discs of the outer segments of retinal receptors

80 per cent of the lipids are phospholipids and only about 2 per cent cholesterol. Among the phospholipids the cephalin A was estimated to constitute about 50 per cent. As is seen from the comparison with brain tissue (Table 2), the main difference between rod outer segments and

the white tissue of the brain is the low concentration of cholesterol in the outer segments. The lower total concentration of lipids in the outer segments as compared to the white matter is easily understood if we assume that, in the former case, only every second interspace between the protein layers is filled with lipids. In the myelin sheaths, on the other hand, every interspace appears identical and presumably contains lipids.

Regarding the localization of the rhodopsin molecules, we have no direct evidence to refer to. However, from the concentration of rhodopsin in the outer segments we may indirectly assume that a great part of the protein membranes may consist of the protein component, the opsin, of the rhodopsin molecules. Rods from different animals contain a varying concentration of rhodopsin. In the frog rods, HUBBARD (1953/54) has estimated the rhodopsin to account for about 35 per cent of the dry weight. In the cattle retina, it would account for about 14 per cent of the dry weight or about 22 per cent of the non-lipid dry weight. No such figures are available for the guinea pig and perch retinas. These figures indicate that a considerable part of the protein membranes of the outer segments may consist of rhodopsin.

Fig. 5 shows in a schematic way the main points in our interpretation of the molecular morphology of the outer segment.

DE ROBERTIS (1956) interprets the layered structure of the outer segment as representing a pile of flattened sacs. This would mean that proteins as well as lipids would be localized to the osmiophilic layers. This alternative must be accepted as quite plausible as long as direct evidences regarding the localization of the lipid molecules are lacking.

The Structural Patterns and the Function of the Outer Segments

Interpretations of the functional significance of the structural organization of the rod and cone outer segments can only be presented as crude speculations. The triple-layered discs were considered the smallest structural and functional unit of the outer segments by SJÖSTRAND (1953a, b). As only about one or two quanta of light seem to be sufficient to excite a rod when fully dark adapted, it was assumed that the effect of light responsible for stimulation might be localized to only one or two discs.

WALD (1954) has also considered the discs or some hypothetical "compartments" as the functional units of the rods, and has referred to these units when trying to explain the discrepancy between the change in visual threshold and the variation in rhodopsin concentration that has been found by GRANIT et al. (1939). In the latter study, the excitability was estimated from the size of the b-wave of the electroretinogram and the rhodopsin concentration by extraction. According to WALD'S speculation, the visual threshold would not depend directly on the number of rhodopsin molecules in the outer segment but on the number of dischargeable "compartments" or discs. These "compartments" would become refractory when only one single rhodopsin molecule has absorbed one light quantum. The absorption of quanta of the other rhodopsin molecules within the same compartment would only delay the eventual recovery of the compartment. The result would be that the bleaching of, for instance, 1200 rhodopsin molecules would be sufficient to discharge 1200 or 88 per cent of the compartments resulting in a raise in threshold of 8.5 times. By assuming different refractory periods for the compartments, it would be possible to produce almost any relationship wanted between threshold and rhodopsin concentration.

The results reported by RUSHTON et al. (1955, 1956) from direct estimations of the rhodopsin concentration in the human retina at various stages of adaptation have shown that there is in fact a certain complex correlation between rhodopsin concentration and visual threshold.

When accepting a purely photochemical mechanism as basis for the excitation, it still seems reasonable to assume that the double membrane discs are the functional units of the outer segments, and that absorption of light in the disc produces some change in the disc which can affect the receptor cell to discharge. There seem, however, to exist theoretically possibilities for treating the energy transformation in the outer segments from a physical point of view. Already ZENKER in 1867 proposed that the laminated structure of the outer segments would act as a selective interference filter. Recently INGELSTAM (1954) has discussed the ultrastructural organization of the outer segments on the basis of the electromagnetic theories of wave reception and assuming the retinal rods and cones to act as wave guides or wave receptor antennas.

If we assume that the periodic structure of the outer segments represents a periodic variation of the dielectric constant or refractive index, the conditions could be fulfilled for the appearance of standing waves in these structures. Due to the fact that the repeating period is so small, only 200—300 Å, the refractive index for one of the layers within each period has to be $n = 25$—45. According to INGELSTAM, such high refractive index is *per se* not theoretically impossible, and much higher values have in fact been estimated in certain crystals, the ferroelectric crystals. The structural component that could be suspected to form such layers in the retinal rods would be the oriented layers of lipid molecules.

INGELSTAM has made calculations for an outer segment consisting of two alternating layers according to the pictures presented earlier for the cone outer segments [SJÖSTRAND (1953b)] and has proposed that such a structure could act like a band-pass filter which would pass through all frequences (pass-bands) except certain wavelength bands which would be retained in the structure forming standing waves (stop-bands). The latter bands might be identified with the fundamental components of colour vision. This hypothesis would account for the colour discrimination without the contribution of photochemical reactions in a series of pigments with different light absorption properties.

The observation that the cone outer segments consist of similar triple-layered discs as the rod outer segments [SJÖSTRAND (1956)] makes it necessary to work out this hypothesis on more complex premises to accommodate to the actual structural organization. Even if the calculations will be far more complicated, the principle of a physical background for the energy transfer in the receptors is still a possible alternative.

As to the double membrane discs of the rod outer segments, INGELSTAM has discussed in a qualitative way the effect of a standing wave on the protein layers supposed to contain the rhodopsin. The standing wave would cause alternating electric currents to develop in these layers. These currents would have the function to produce the electron changes which transfer the rhodopsin into its bleached state. Such a mechanism would increase the efficiency of the photochemical apparatus tremendously.

It is interesting to realize that a construction based on the same principle as might apply to the outer segments of the retinal rods was used in the war as a non-reflecting coating of metal tubes for radar waves in order to camouflage against radar scanning.

The Inner Segments of Rods and Cones

The inner segments are characterized by a dense aggregation of mitochondria which are exclusively concentrated to this segment of the receptor cells. This accumulation of mitochondria forms the so-called ellipsoid that has been proposed by light microscopists to act as a light focussing device.

In the guinea pig retinal rods, the mitochondria are long, slender, and rod-shaped and extend almost through the whole length of the inner segment. They are, however, especially densely aggregated in the scleral part of the inner segment. The peripheral mitochondria are located close to the plasma membrane. They are embedded in a ground substance with some vesicles and groups of opaque particles.

In the perch rods and cones, a sharply outlined ellipsoid is observed, which consists of closely packed mitochondria (Figs. 6—7). The interspaces between the mitochondria are in the order of 100—200 Å. The mitochondria are of a slightly different type in rods and cones. In the latter, their ground substance or matrix is frequently denser and the spacings of the inner membranes less uniform than in the former mitochondria.

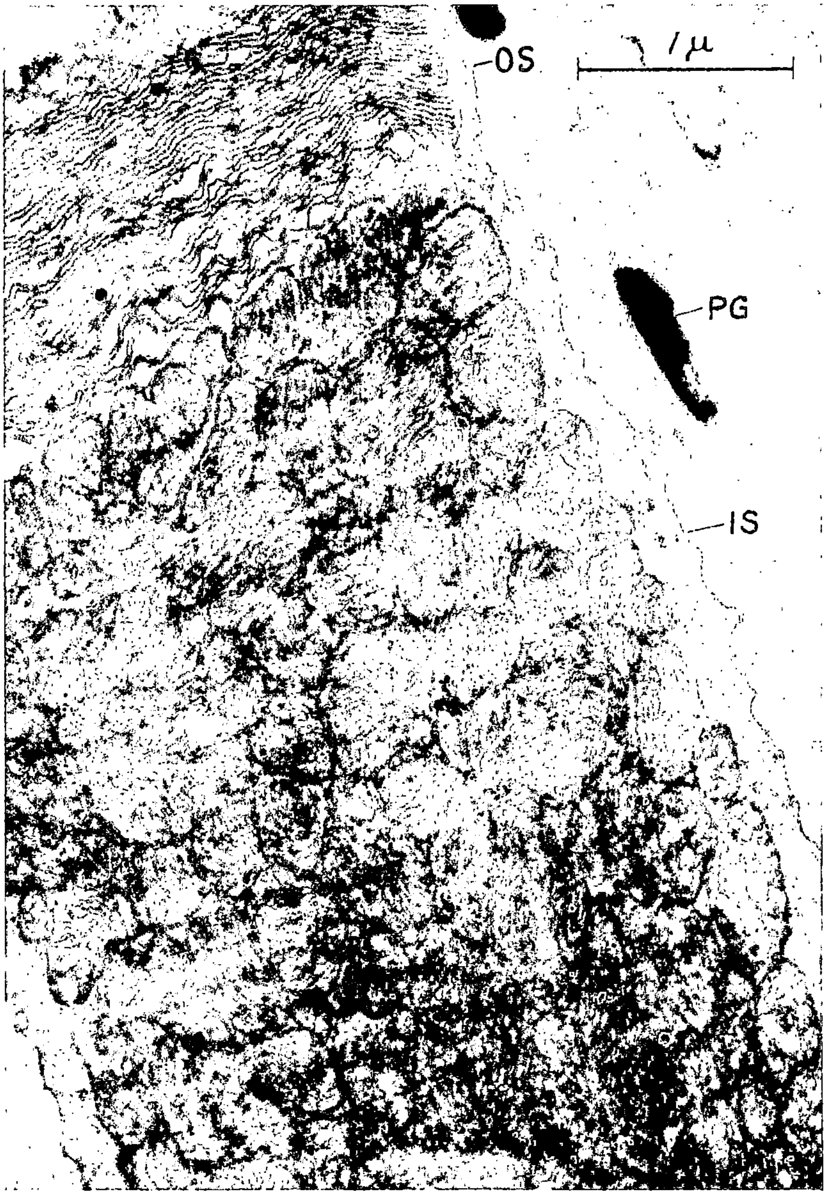

Fig. 6. Inner segment of a perch cone with the ellipsoid consisting of a dense aggregation of mitochondria. Magnification 28 000

Fig. 7. Mitochondria and double membrane discs of the outer segment of a perch cone. Notice that the spacing of the two osmiophilic layers of the double membrane disc is very constant in comparison to the width of the interspaces separating the double membrane discs. The irregularity of the latter species is due to improper preservation. Magnification 71000

However, the irregularity regarding the inner membrane spacing seems to be due to improper preservation. If so, it might demonstrate a difference in the stability of the structure to *post mortem* and fixation influences.

The inner segments of the toad rods and cones show the same, extremely dense aggregations of mitochondria in the distinctly outlined ellipsoids.

Vitreally to the ellipsoid, the inner segment of perch and toad receptors is filled with a ground substance containing vacuoles and opaque particles. In the vitreal cone of the double cones of the toad retina, a paraboloid is present located vitreally to the ellipsoid and consisting of small vesicles or granules. These components are different from the larger vesicles observed in the other receptors.

The inner segment is bounded by a plasma membrane which appears as a single opaque layer about 60 Å thick. Where two inner segments are in close contact a rather uniform, less opaque interspace separates the opaque layers of their plasma membranes.

The connection between outer and inner segments is maintained through one or several thin cilia-like stalks (Fig. 1, CS). In the guinea pig and cat retinas, only one such stalk is present in each receptor. In the rods of the toad retina, there are several stalks arranged in a ring at the junction of the outer and inner segments.

The connecting structure of the guinea pig receptors consists of nine filaments arranged in a circle and surrounded by a cylindrical continuation of the plasma membrane. Associated with this part of the plasma membrane there are another nine filaments running parallel to the inner free filaments. There are no central filaments present. At the place where this connecting structure emerges from the inner segment, the outer nine filaments end. The inner nine filaments penetrate into the inner segment and extend about 0.4 μ inside the segment. The terminal part of the filaments form a cylindrical structure. An opaque ring can occasionally be seen at this site. The relation between this ring and the filaments has not been analyzed in detail.

At the base of the outer segments, the peripheral filaments disappear and the free filaments continue for some distance along the incisions of the double membrane discs of the outer segments. In the toad rods, there are as many connecting stalks as there are incisions in these discs.

The connecting stalks show some similarities to the vibratile cilia of, for instance, ciliated epithelia [DE ROBERTIS (1956)]. However, they are lacking the central pair of filaments and they show two concentrically arranged sets of nine filaments with the peripheral set intimately related to the surface membrane. The part of the filaments that extends into the inner segment shows a great similarity to a basal body of a vibratile cilium.

This part is, as far as the guinea pig receptors are concerned, continuous with a cross-banded filament, which extends through a larger part of the inner segment in a vitreal direction. Both the "basal body" and this cross-banded filament show intimate relations to the mitochondria. When fragmenting isolated outer segments by sonic treatment, these cross-banded filaments were observed ending with a set of small filaments in a brush-like arrangement. The latter filaments correspond to those of the connecting stalk. These observations demonstrate that there is a mechanically firm contact between the filaments of the stalk and the cross-banded filament. This contact is so firm that the latter. filament is pulled out of the inner segment when the outer segments are mechanically separated from the rest of the retina.

The Rod and Cone Fibers and the MÜLLER's Cells

The transition between the inner segment and the rod and cone fibers is distinctly marked by a specialized region at the plasma membrane appearing as a transversally oriented circular condensation of the ground substance of the cytoplasm. From this level and further vitreally, the receptor cells are completely surrounded by MÜLLER's cells which show the same relations to the receptor cells as the glia cells of the central nervous system to the nerve cells and the SCHWANN's cells of the peripheral nerves to the axons.

The specialized regions at the plasma membrane of the receptor cells correspond to an identical structural differentiation of the adjacent part of the MÜLLER's cells. The opaque layer of the plasma membrane is split into three layers within this region. The arrangement is identical to that of the terminal bars of the glandular cells [SJÖSTRAND and HANZON (1954), ZETTERQVIST (1956)], and this structural differentiation might therefore be referred to as the terminal bar of the retina. These differentiations seem to have been interpreted as a membrane, "the outer limiting membrane", in light microscopy due to its special staining properties. The plasma membranes covering the free scleral surfaces of the MÜLLER's cells represent the outer limiting membrane.

From the free surface of the MÜLLER's cells, a number of cylindrical protoplasmic processes extend sclerally between the inner segments. These villiform extensions represent the fiber basket as described in light microscopy. They are similar to the brush border extensions of the proximal tubular epithelium of the kidney and increase the free surface area of the MÜLLER's cells facing the interreceptor space. This space extends between the outer and inner segments from the free surface of the MÜLLER's cells to the pigment containing processes of the pigment epithelium. Presumably the villiform extensions are of importance for an exchange of certain components with the medium filling this space.

10*

The characteristic feature of the rod and cone fibers is their great similarity to unmyelinated nerve fibers. The cytoplasm contains filamentous structures similar to those of the axoplasmic filaments of the axons. Furthermore, the relations between the plasma membranes of the rod and cone fibers and that of the Müller's cells are identical to those of the unmyelinated axon and its Schwann's cell. The thickness of the opaque layers is 60 Å and the width of the less opaque interspace 100 Å.

The rod fibers contain the nucleus of the receptor cell. The receptor cell nuclei of the guinea pig retina are very opaque due to a dense aggregation of chromatin. They are bounded by a nuclear membrane consisting of two opaque layers separated by a less opaque interspace. In the guinea pig eye, which is considered a pure rod eye, there are two different types of rods, the α- and β-cells [Sjöstrand (1953c)]. The β-cells are characterized by the location of their nuclei, by the shape of their synaptic bodies, and by the length of their inner segment. The nuclei of the β-cells are found immediately vitreally below the "outer limiting membrane", they are larger than the other nuclei and frequently they show a complex form with a strand of cytoplasm penetrating through the nucleus in a direction corresponding to the long axis of the receptor cell.

The cytoplasm of the Müller's cells contains some mitochondria located close to the scleral surface of the cells, occasionally some α-cytomembranes and vesicles. The ground substance of the cytoplasm contains small opaque particles which are so characteristic in appearance and distribution that it is possible to distinguish between Müller's cell cytoplasm and the cytoplasm of the receptor cells and of the nerve cells including their dendritic extensions. The reliability of this criterion has been tested on serial sections where the very complicated form of the Müller's cells at the synaptic layers has been analyzed.

The Synaptic Bodies

The synaptic bodies of the receptors show a rather characteristic structural organization [Sjöstrand (1953d, 1954a, b)]. The same structural components have been observed in all species of animals studied so far. The ground substance of the cytoplasm contains randomly distributed small rounded granules or vesicles. In the synapsis of the perch retina, these granules can be extensively blackened by osmium and appear then as osmiophilic particles or granules (Figs. 8—10). These synaptic granules were first observed in the retina [Sjöstrand (1953d, 1954a, b)] and have then been found to occur in all kinds of synaptic structures examined so far. In a paper by De Robertis and Franchi (1956), some preliminary results are reported on the variations in mean diameter of the synaptic granules (or vesicles) in connection with

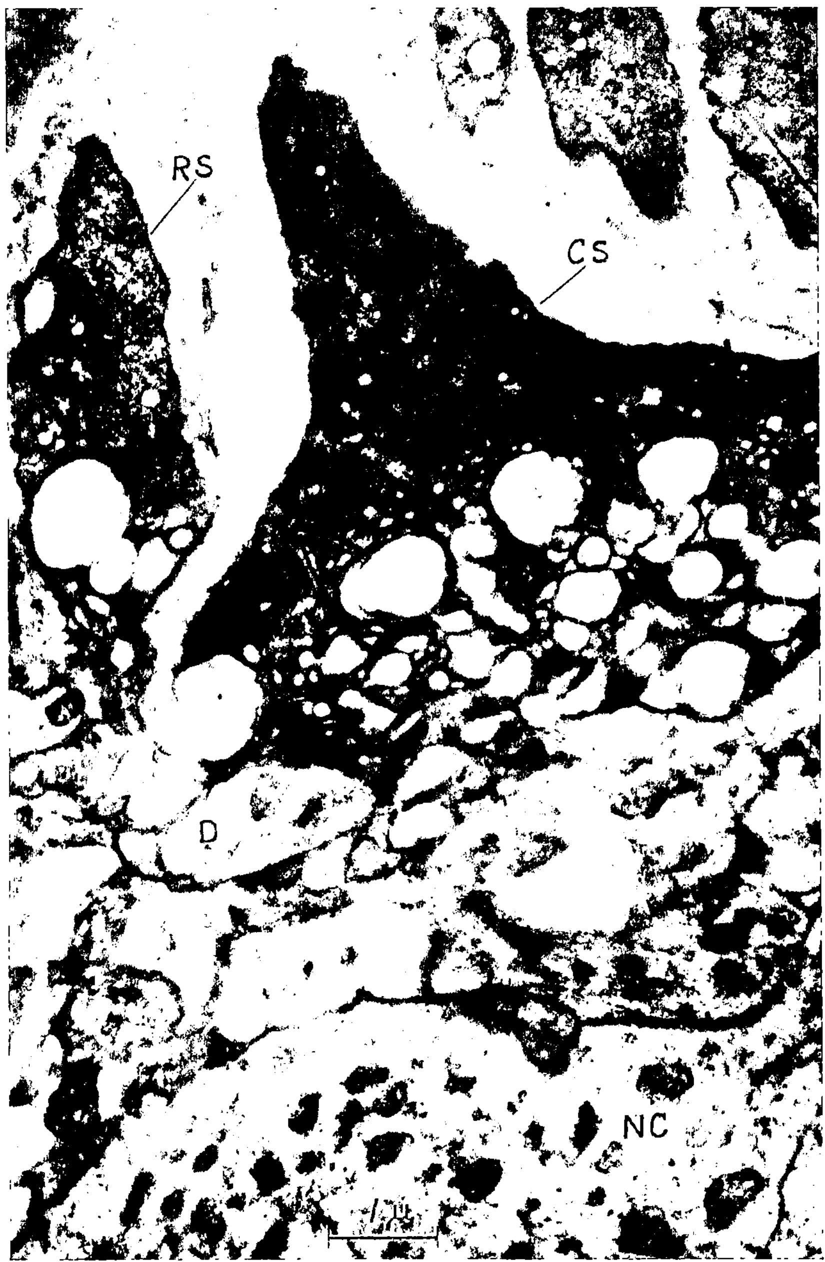

Fig. 8. Synaptic bodies of a rod (*RS*) and a cone (*CS*) in the perch retina.
NC = nerve cell body of horizontal cell. Magnification 14000

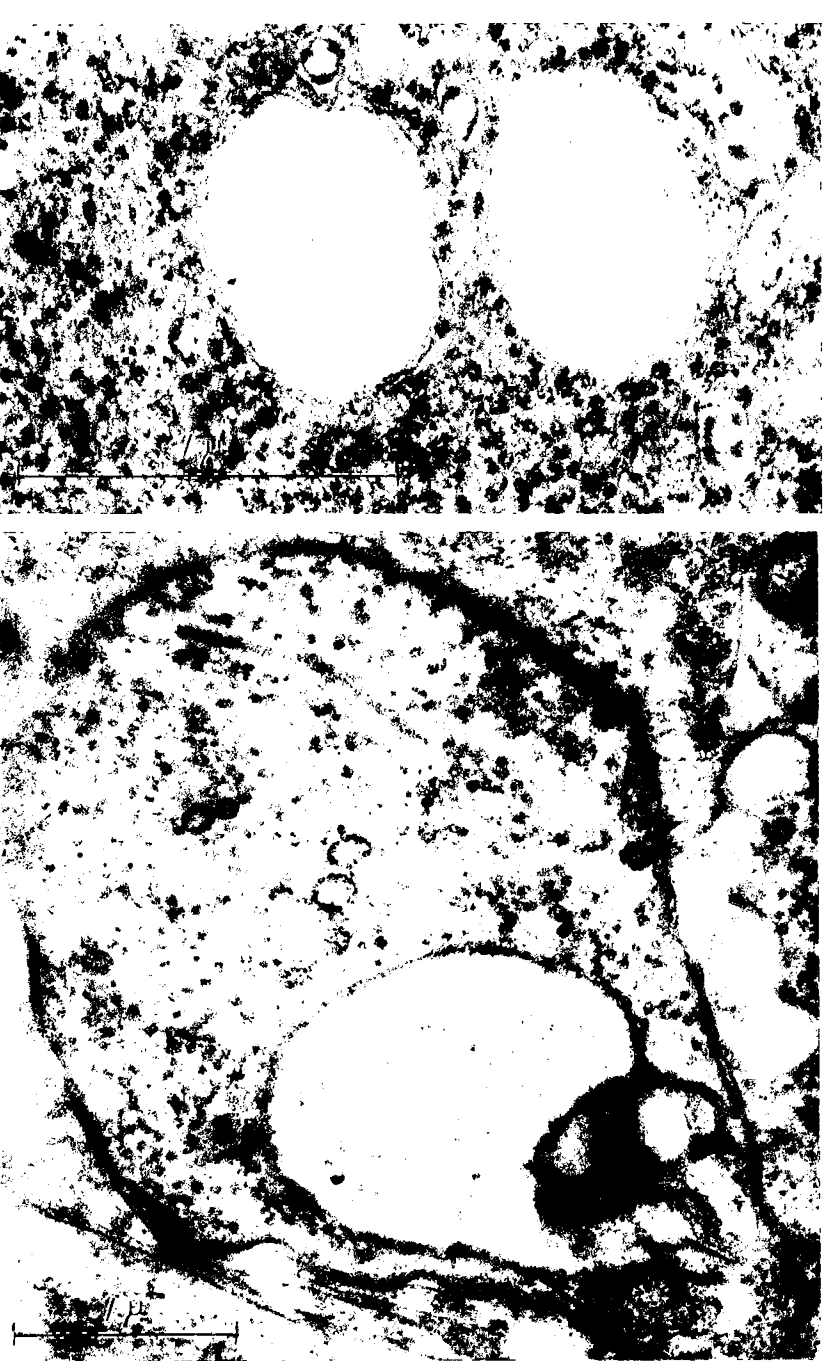

Fig. 9 (oben). Synaptic cytoplasm of cone cell from perch retina. Magnification 49000
Fig. 10. Synaptic cytoplasm of rod cell from perch retina. Magnification 29000

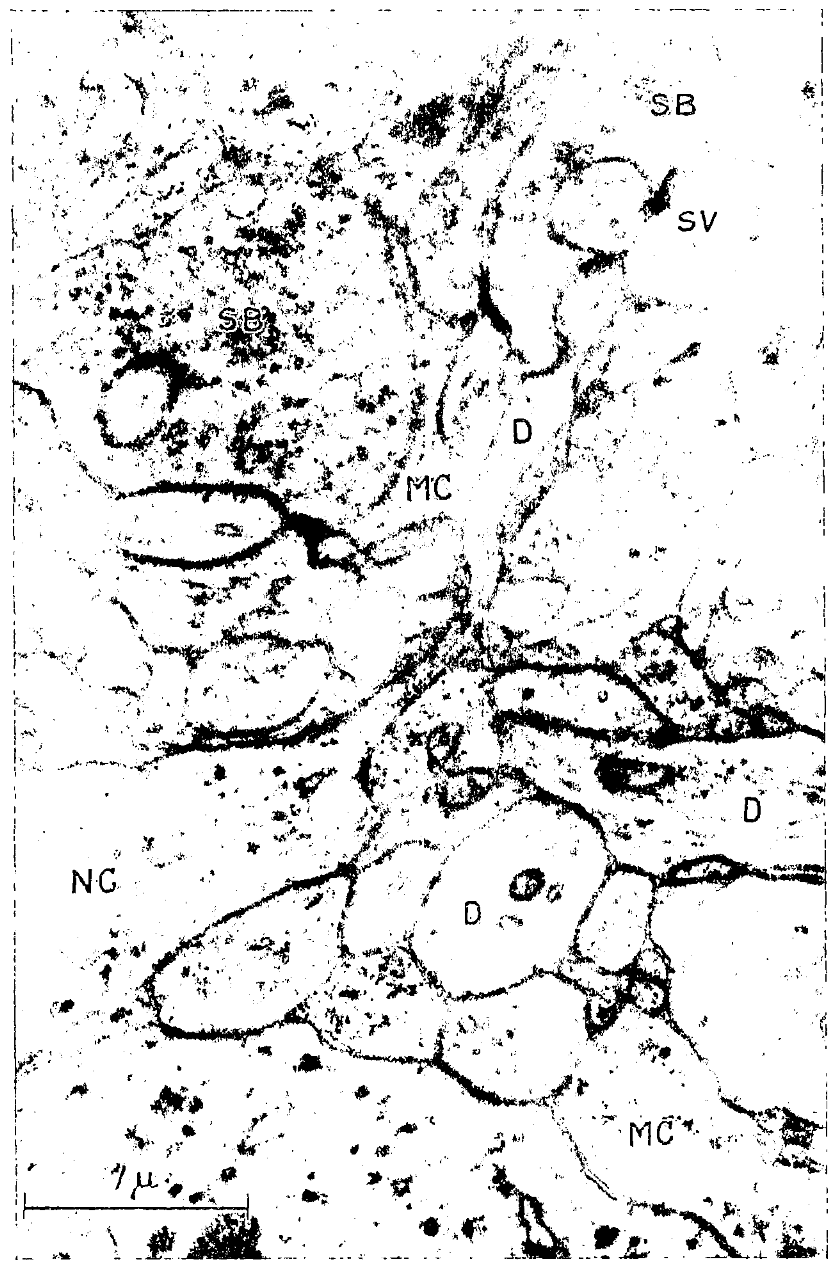

Fig. 11. Synaptic contact between bipolar nerve cell dendrite (D) and rod cell synaptic body (SB). SV = synaptic vesicle; MC = MÜLLER's cell cytoplasm. — Section belonging to an uninterrupted series of 41 ultrathin sections. Magnification 29000

extensive light stimulus (sunlight for 4 hours) and long periods of dark adaptation (9 days). The diameter decreased in the former case. These observations were based on single experimental animals without analyzing the normal variations in control animals. Similar granules have been observed by Robertson (1956, 1957) in the nerve endings at the myoneural junction. Del Castillo and Katz (1956) have proposed that these latter granules contain acetylcholine.

Another characteristic structural component consists of three large vesicles of rather complex form (Figs. 11—13). Two of them are partially in direct mutual contact. In the small synaptic bodies, only one such triad is observed, but in the large synapsis three or even more triads contribute to a rather complex organization.

In connection with these vesicles, a very strongly osmiophilic, ribbon-shaped, distinctly outlined component is found extending close to the surfaces of the two paired vesicles at the area where they are in mutual contact. Frequently synaptic granules are concentrated at and lined up along this ribbon-shaped component.

The contact between the dendrites (D) of the nerve cells and the receptor synaptic bodies (SB) is established through branches of the dendrites extending through the vitreal pole of the synaptic body into its interior to end in contact with the large vesicles inside the synaptic body (Fig. 11). No direct continuity has been observed to exist between the terminal extensions of the dendrites and the large vesicles of the synaptic bodies. A three-dimensional presentation of the organization of the synaptic bodies is shown in Fig. 12. A true tree-dimensional reconstruction made recently from serial sections has confirmed the basic features of this model [Sjöstrand (1958)].

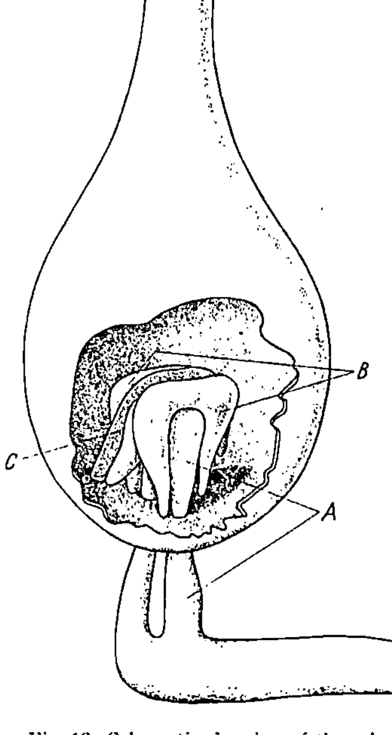

Fig. 12. Schematic drawing of the relations between the dendritic extensions penetrating through the pole of the synaptic body and the synaptic vesicles and the synaptic ribbon. A = dendritic extension from bipolar nerve cell; B = synaptic vesicles; C = synaptic ribbon-shaped component

In order to make these relations clear, it has been necessary to analyze a large number of sections cut at different angles to the axis of the receptors and to make reconstructions from serial sections belonging to uninterrupted series of up to forty sections, all of which have to be sufficient thin to allow a detailed study of the various bounding membranes. From this analysis it appears obvious that the plasma membrane

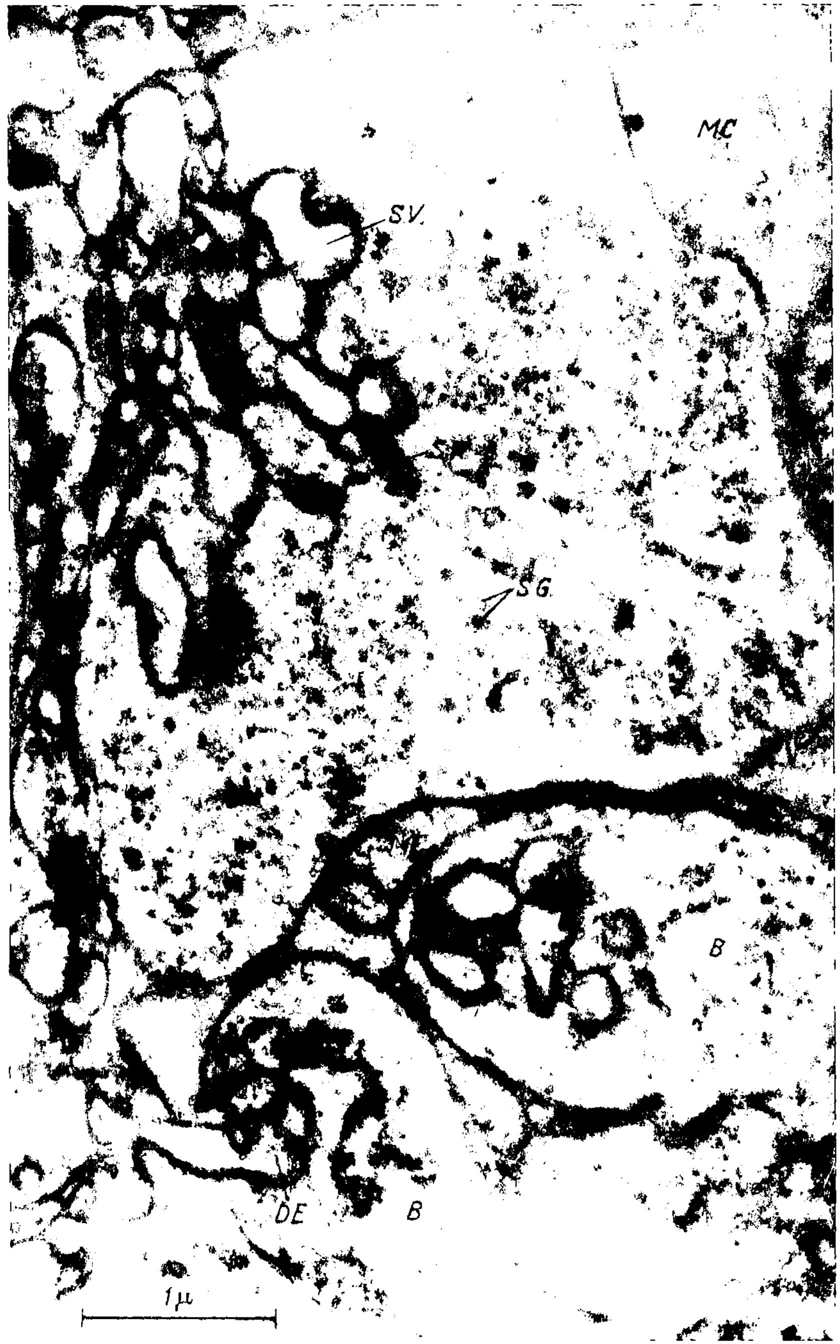

Fig. 13. Synaptic bodies of α- and β-cells of the guinea pig retina. A = β-cell synaptic body; B = α-cell synaptic body; SV = synaptic vesicles; SR = synaptic ribbon; SG = synaptic granules; DE = dendritic extension; MC = MÜLLER cell cytoplasm. Magnification 25000

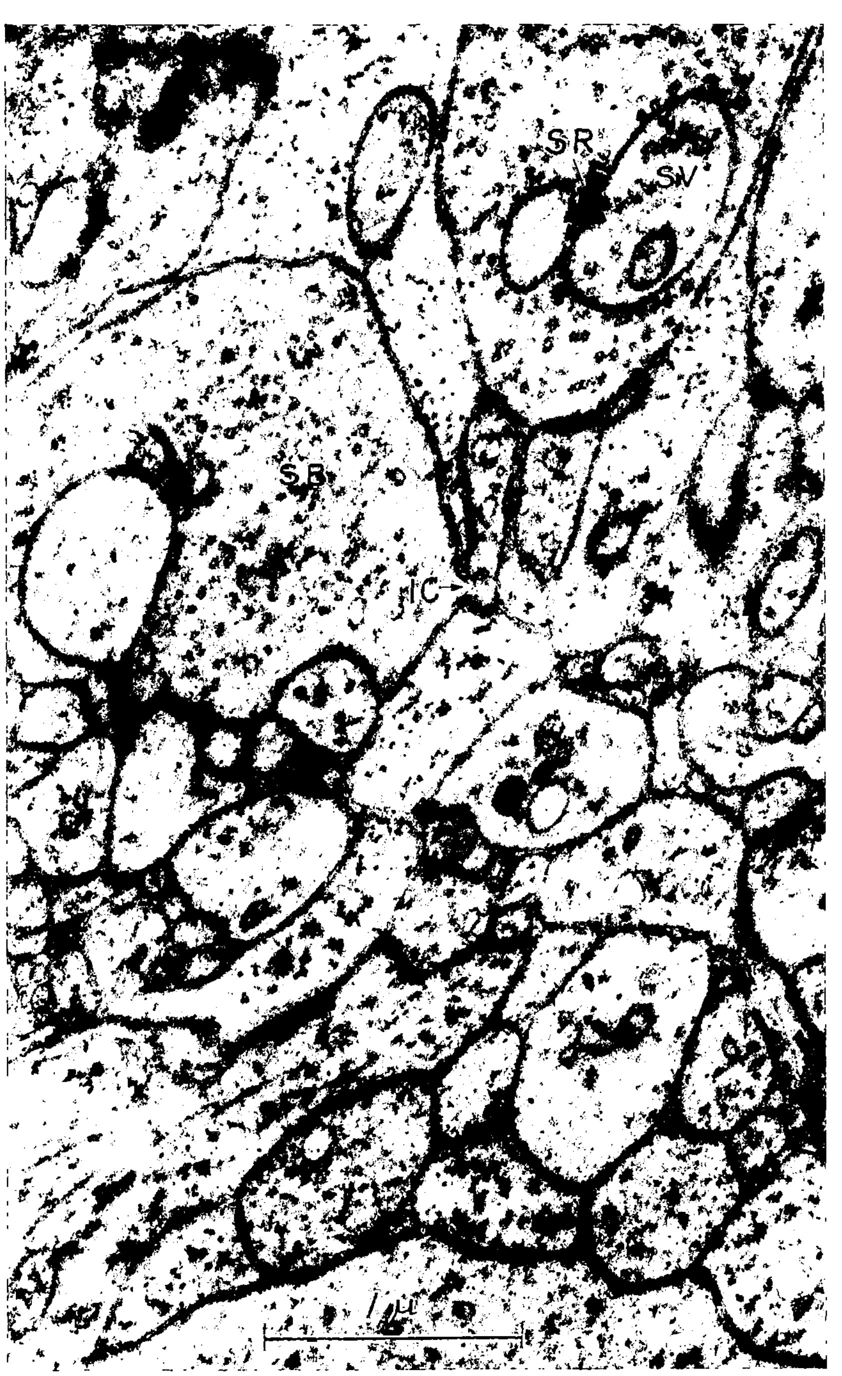

Fig. 14. Interreceptor contact (*IC*) between two synaptic bodies (*SB*). *SV* = synaptic vesicle; *SR* = synaptic ribbon. Section belonging to the same series of serial sections as Fig. 11. Magnification 33000

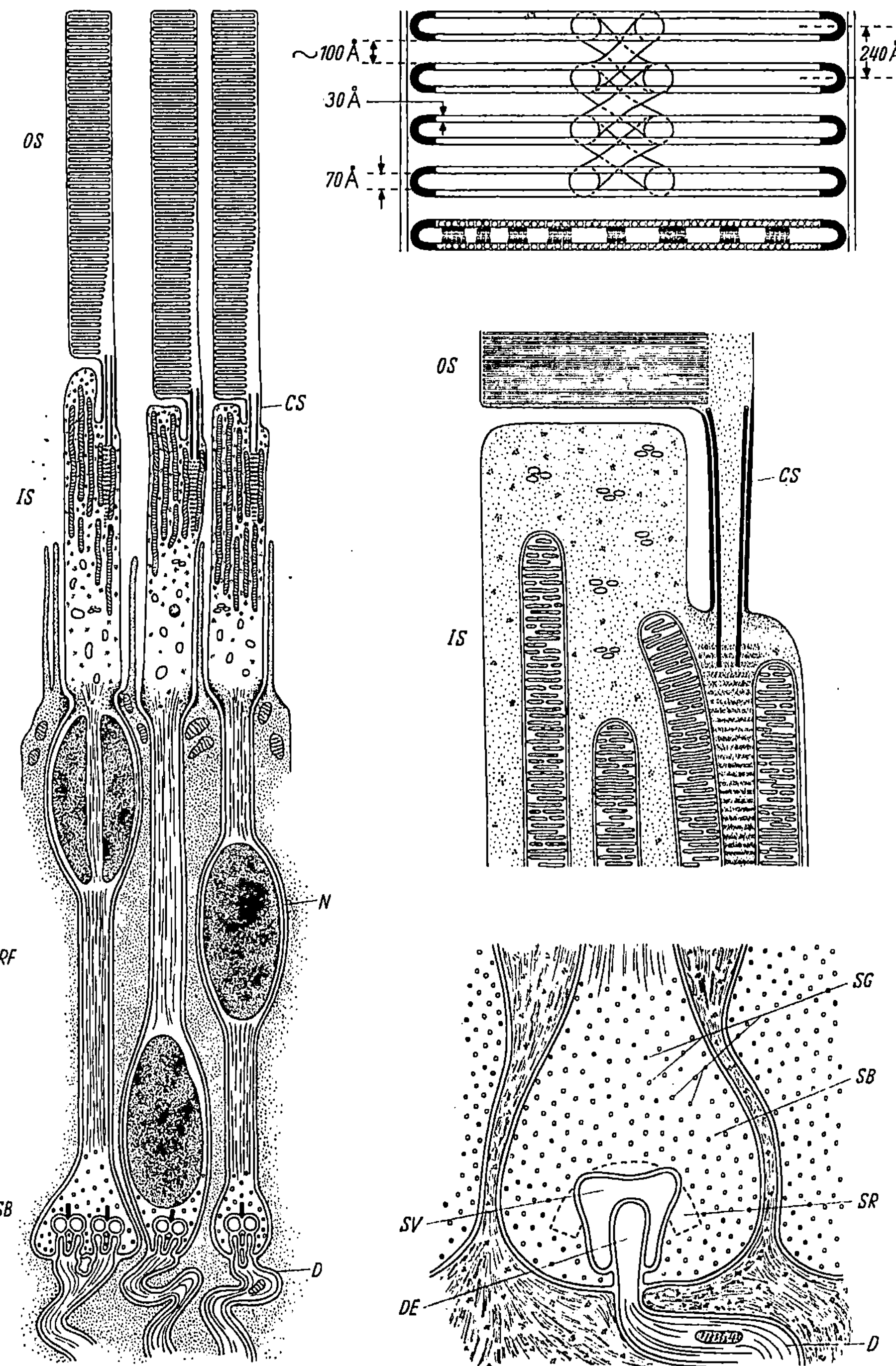

Fig. 15. Schematic presentation of the main observations made on the retinal rods of the guinea pig eye. OS = outer segment; IS = inner segment; RF = rod fiber; SB = synaptic body; CS = connecting structure; N = nucleus; D = dendrite from bipolar nerve cell; SR = synaptic ribbon; SG = synaptic granules; SV = synaptic vesicles; DE = dendritic extension into synaptic body. [SJÖSTRAND (1956)]

of the receptor cell is invaginated at the site where the dendritic terminal branches extend into the synaptic body. Furthermore, the plasma membrane covers the large synaptic vesicles leaving only an area of contact between them and the dendritic terminal branches free. The vesicles therefore are enclosed in a mesenterium-like invagination of the plasma membrane, and it could be discussed whether they are to be considered inter- or extracellular components (Fig. 15).

In the guinea pig retina, there are two kinds of synaptic bodies: the ovoid small bodies (α-cells) and the conically shaped, large bodies (β-cells) (Fig. 13). The broad base of the latter faces vitreally. The inner structure of these two types is principally identical, but the large synaptic bodies contain several triads or pairs of synaptic vesicles, and the number of terminal branches of the dendrites, which penetrate into the body, is larger.

The large synaptic bodies correspond in shape and internal organization to those of the cones of the mixed retinas. They belong to the so-called β-cells which show several characteristics of cone cells. According to the electrophysiological investigations of GRANIT (1947), a distinction can be made between rod-like rod responses and cone-like rod responses from the guinea pig retina. It seems justifiable to propose that the α- and β-cells represent the morphological counterpart to these observations.

The analysis of long uninterrupted series of serial sections has made it possible to observe intimate contact relations between adjacent synaptic bodies. At the vitreal side of the synaptic bodies, processes from adjacent synaptic bodies run parallel to the terminal branches of the dendrites and end in contact with the surface of the synaptic body close to the place where these terminal branches penetrate through this surface (Fig. 14). These contacts are morphologically identical to what has been observed at various kinds of synaptic contacts. At the contact areas, the osmiophilic layers of the two plasma membranes of the two synaptic bodies are separated by a less opaque interspace of identical width as at the areas of contact between receptor cells and dendrites. Direct contacts between extensions from synaptic bodies and horizontally oriented dendrites have also been observed.

The relations at the receptor synapses appear rather complex, but there are clear cut indications that there is a definite fundamental pattern for interreceptor and receptor-neuron contacts.

Fig. 15 presents in a schematic way the main observations made on the retinal rods of the guinea pig retina.

The Function of the Different Segments

The functional significance of the structural organization of the retinal receptors can as yet only be the subject for speculations. It has been proposed [SJÖSTRAND (1953c)] that the elaborate mitochondria apparatus of the inner segments would furnish the energy necessary for the transfer of the receptors into an excited state. There are no mitochondria in any other part of the receptor cell. It might be that the energy made available by the mitochondria makes it possible to keep the receptor cell in a highly excitable condition, and that the minute amount of energy that is necessary to stimulate, for example, a fully dark adapted rod cell, initiates a trigger mechanism discharging the inner segment. The outer segment would then act as an antenna and the inner segment like an amplifier.

The structure of the rod and cone fibers obviously makes it justifiable to propose that their role in connection with a firing of the receptor is to conduct the excitatory state down to the synaptic bodies in a way similar to the conduction in a myelin free nerve fiber, that is, through the development of a spike potential.

The problem of excitation would then involve the development of a depolarized state of the surface membrane of the rod fiber, the rest of the processes being more or less similar to those involved in the conduction through an unmyelinated nerve fiber and an interneuronal synaptic transmission. The depolarization of the rod fiber membrane must be preceded by a photochemical reaction somewhere along the rather extended outer segment and a transfer of the excitatory state all the way down a varying distance along the outer segment and through the inner segment. A simple mechanism would involve a depolarization of the surface membrane of the outer segment at the level where the photochemical reaction takes place followed by a propagated depolarization along the plasma membrane bounding the outer and inner segments. A prerequisite for such a mechanism would be that the energy made available through the photochemical reaction would be sufficient to produce a sufficient degree of depolarization of this surface membrane.

Another possibility would be that the photochemical reaction in the outer segment affects the inner segment through some kind of chemical transmittor. Electrophysiological studies by means of microelectrode technique have so far not demonstrated any recording of the electrical response of single receptor cells. Therefore, we do not know whether any spike potentials are generated in the receptors.

The complicated contact conditions at the synaptic bodies between receptor cells and nerve cell dendrites are difficult to interpret as to their functional significance. There is a distinct morphological difference between the receptor-neuron and the receptor-receptor contacts. The functional significance of the latter contacts can only be the object of guesses. They might well affect the contacted receptor in an inhibitory way and thus play an important role in enhancing contrast.

Localized stimuli have been demonstrated to exhibit an inhibitory effect on surrounding ommatides in the Limulus eye [Hartline et al. (1955/56, 1957)].

Conclusions

The electron microscopic studies of the ultrastructure of the retinal receptors of the vertebrate eye have revealed that the receptor cells consist of highly specialized segments which differ from each other through the occurrence of different elementary structural components. This must reflect a distinct differentiation of the various segments to different functional capacities. For the time being we can suggest that we are dealing with a photochemically active segment (the outer segment), an energy supplying segment (the inner segment), a conducting segment (the rod and cone fibers), and a transmitting segment (the synaptic body).

For a better understanding of the mechanism through which the receptor cell is activated, it should be important to know about the activity of the various segments as reflected by the electrical potential changes during activity. What is demanded for a further analysis is a refinement of the electrophysiological technique resulting in an increase in resolving power to make it possible to resolve the electric responses from different parts of a cell. At present single cell recordings from large nerve cells represent top performances.

In several respects, a more detailed knowledge of the chemical composition of the ultrastructural elementary units would be necessary for an understanding of the functional significance of these units. An analysis of the chemical composition of the synaptic granules would, for instance, make it possible to prove or disprove the hypothesis of del Castillo and Katz (1956). Methods to isolate the various elementary components have to be worked out to allow the application of advanced biochemical methods of analysis.

The careful analysis of serial sections will make it possible to analyze in a most detailed way the synaptic relations between receptors and neurons and between primary and secondary neurons. The experience gained so far points to surprisingly complicated synaptic patterns. This study seems to be of prime importance for the understanding of the integrative mechanism of the retina.

Preservation of the retinal tissue by means of freezing-drying for electron microscopic analysis has been made possible by a new technique for embedding frozen-dried material in methacrylate [Sjöstrand and Baker (1958)]. This technique opens new possibilities for the morphological analysis. Various electron stains and cytochemical methods can be applied to this material in contrast to what is possible on osmium fixed tissue. Mainly through improved and new techniques there might be expected additional information and certain corrections of the description given so far for the morphology of the retinal receptors.

References

BRANTE, G.: Studies on Lipids in the Nervous System. Uppsala: Thesis 1949.

CASTILLO, J. DEL, and B. KATZ: Progress in Biophysics and Biophysical Chemistry. J. A. V. BUTLER, ed. Vol. 6 p. 137. London and New York: Pergamon Press 1956.

COLLINS, F. D., R. M. LOVE and R. A. MORTON: Biochem. J. 48, XXXV (1951).

DIMMER, F.: Beiträge zur Anatomie und Physiologie der Macula Lutea des Menschen. Leipzig und Wien 1894.

EBNER, V. v.: In Handbuch der Gewebelehre. A. KOELLIKER, ed. Bd. 3, 820, 1902.

FINEAN, J. B., F. S. SJÖSTRAND and E. STEINMANN: Exp. Cell Res. 5, 557 (1953).

FRANZ, V.: Naturwissenschaften 21, 578 (1933).

— Biol. Zbl. 54, 76 (1934).

GRANIT, R.: Sensory Mechanismus of the Retina. p. 252. Oxford: University Press 1947.

—, A. MUNSTERHJELM and M. ZEWI: J. Physiol. 96, 31 (1939).

HARTLINE, H. K., and F. RATLIFF: J. gen. Physiol. 40, 357 (1957).

—, H. G. WAGNER and F. RATLIFF: J. gen. Physiol. 39, 651 (1955/56).

HOWARD, A. P.: Amer. Naturalist 37, 541 (1903). Cited from W. J. SCHMIDT, Abderhaldens Handbuch der biologischen Arbeitsmethoden, Abt. V, Teil 2/2, p. 1835, 1931.

HUBBARD, R.: J. gen. Physiol. 37, 381 (1953/54).

INGELSTAM, E.: Proc. Meeting Problems in Contemporary Optics. Florence 1954, p. 640. Florence: Istituto Nazionale di Ottica 1956.

ROBERTIS, E. DE: J. biophys. biochem. Cytol. 2, 319 (1956).

— and C. M. FRANCHI: J. biophys. biochem. Cytol. 2, 307 (1956).

ROBERTSON, J. D.: J. biophys. biochem. Cytol. 2, 381 (1956).

— J. Physiol. 137, 6 (1957).

RUSHTON, W. A. H.: J. Physiol. 134, 11 (1956).

— F. W. CAMPBELL, W. A. HAGINS and G. S. BRINDLEY: Optica Acta 1, 183 (1955).

SCHMIDT, W. J.: Arch. exp. Zellforsch. 6, 350 (1928).

— Naturwissenschaften 22, 206 (1934a).

— Abderhaldens Handbuch der biologischen Arbeitsmethoden, Abt. V. Teil 10, p. 435, 1934b.

— Z. Zellforsch. mikr. Anat. 23, 261 (1935a).

— Z. wiss. Mikr. u. mikr. Techn. 52, 8 (1935b).

— Z. Zellforsch. mikr. Anat. 23, 657 (1936).

— Die Doppelbrechung von Karyoplasma, Zytoplasma und Metaplasma, p. 329. Berlin: Borntraeger 1937.

SCHULTZE, M.: Arch. mikr. Anat. 3, 215 (1867); 5, 1 (1869a); 5, 379 (1869b).

SJÖSTRAND, F. S.: J. cell. comp. Physiol. 33, 383 (1949a).

— J. appl. Phys. 21, 68 (1949b); 24, 117 (1953a).

— J. cell. comp. Physiol. 42, 15 (1953b); 42, 45 (1953c).

— J. appl. Phys. 24, 1422 (1953d).

— Z. wiss. Mikr. u. mikr. Techn. 62, 65 (1954a).

— Proc. 3rd Internat. Conf. Electron Microscopy. London 1954b, p. 428. London: Royal Microscopical Society 1956.

Sjöstrand, F. S.: Internat. Rev. Cytology, Vol. V, p. 455. New York: Academic Press Inc., 1956.
— J. Ultrastructure Res. (in press).
— and R. F. Baker: J. Ultrastructure Res. 1, 239 (1958).
— and L. G. Elfvin: Proc. Stockholm Conf. Electron Microscopy, 1956, p. 194. Stockholm: Almqvist and Wiksell and New York: Academic Press Inc. 1957.
— and T. Gierer: Unpublished.
— and V. Hanzon: Exp. Cell Res. 7, 393 (1954).
Valentin, G.: Die Untersuchung der Pflanzen- und der Tiergewebe in polarisiertem Lichte. Leipzig 1861.
— Z. rat. Med. 14, 122 (1862).
Wald, G.: Science 119, 887 (1954).
Zenker, W.: Arch. mikr. Anat. 3, 248 (1867).
Zetterqvist, H.: The Ultrastructural Organization of the Columnar Epithelial Cells of the Mouse Intestine. Stockholm: Thesis 1956.

Die Lageorientierung mit Statolithenorganen und Augen

Von HERMANN SCHÖNE, Seewiesen

Aus dem Max-Planck-Institut für Verhaltensphysiologie
Seewiesen üb. Starnberg/Obb.

Mit 5 Abbildungen

Inhaltsübersicht

1. Einleitung

In diesem Bericht sollen nur Orientierungsmechanismen behandelt werden, die die Lage im Raum in bezug auf die Schwerkraftrichtung bzw. die Lichtrichtung registrieren; sie dienen der Orientierung bei Lageänderungen um „horizontal" verlaufende, d. h. senkrecht zur Schwerkraft- oder Lichtrichtung gerichtete Achsen. Es sind dies Statolithenapparate und optische Lageapparate. Orientierungsmechanismen, die ausschließlich auf Drehbewegungen oder Drehbeschleunigungen ansprechen, also dynamische Lageapparate, werden somit nicht erörtert.

Ebensowenig werden erfaßt die optischen Orientierungsvorgänge, bei denen Lageänderungen um die Hochachse registriert werden, und die sich meist in der Horizontalebene abspielen. Doch läßt sich der Bereich der letztgenannten Orientierungsvorgänge nicht scharf von unserem Bereich trennen, so z. B. bei der Transposition von Lichtorientierung in Schwerkraftorientierung, bei der eine Bewegungsrichtung, die in der Horizontalebene auf die Lichtrichtung bezogen war, an einer senkrechten Wand auf die Schwerkraftrichtung bezogen wird. Diese Grenzfälle werden kurz gestreift.

Definitionen:
  Hochachse : dorso-ventrale Achse, steht senkrecht auf Quer- und Längsachse,
  Querachse : von Körperseite zu Körperseite laufende Achse, steht senkrecht auf Hoch- und Längsachse,
  Längsachse : rostro-caudale Achse, steht senkrecht auf Hoch- und Querachse,
  Statocystenachse : senkrecht durch Sinnesepithel und Statolithen laufende Achse,
  mechanisches Feld oder mechanische Kraft: Resultierende aller auf das Tier einwirkenden mechanischen Kräfte,
  mechanisches Lot: Richtung der mechanischen Kraft,
  α: Winkel Statocystenachse—mechan. Lot,
  β: Winkel Hochachse — Lichtrichtung,
  γ: Winkel mechan. Lot — Lichtrichtung,
  F: $m \cdot g =$ mechan. Kraft, gemessen in Masse (m) mal Vielfachen der Erdbeschleunigung (g),
  L: Beleuchtungsstärke, gemessen in relativen Einheiten I,
  f: physiologische Bewertung von F (vgl. S. 188),
  l: physiologische Bewertung von L (vgl. S. 188).

2. Arbeitsweise der Receptoren und Sinnesorgane
a) Statolithenorgane
aa) Reiz und Erregung

α. *Statolith und Receptor.* Schweresinnesorgane haben die Aufgabe, die Richtung der Schwerkraft zu registrieren. Zu diesem Zweck enthalten sie einen in bezug auf das Medium spezifisch schwereren (oder leichteren) Körper, den Statolithen. Dieser ist mit dem Receptor gekoppelt. Der Statolith übt auf den Receptor den Reiz aus und verursacht die Erregung.

Die Wirkung des Statolithen auf den Receptor wird durch die am Statolithen angreifende Kraft bestimmt. Diese Kraft errechnet sich aus: Masse des Statolithen mal Beschleunigung. Die Beschleunigung ist im Normalfall die Erdbeschleunigung. Es können aber auch weitere Beschleunigungen hinzukommen, z. B. Zentrifugalbeschleunigung oder andere Linearbeschleunigungen. Die durch verschiedene Beschleunigungen erzeugten Kräfte addieren sich vektoriell (;Kräfte sind durch Vektoren darstellbar). Am Statolithen greift die Resultierende an, sie bestimmt die Wirkung, die der Statolith auf den Receptor ausübt.

Diese Resultierende soll kurz mechanische Kraft genannt werden; ihr entspricht, analog dem Begriff Schwerefeld, das mechanische Feld.

Eine mechanische Kraft ist als Vektor durch Richtung und Stärke bestimmt. Schweresinnesorgane können entweder nur auf die Richtung ansprechen, oder aber sie können Richtung *und* Stärke registrieren. Auch im letztgenannten Fall sind sie als Richtungsanzeiger geeignet, da die Stärke im Normalfall konstant bleibt (= Schwerefeld der Erde).

Ob es Schweresinnesorgane gibt, die nach dem ersten Prinzip funktionieren, die also nur die Richtung registrieren, wissen wir nicht genau. Vielleicht arbeiten die Statocysten mancher Mollusken und Anneliden so. Man könnte es sich z. B. von den Statocysten von *Pecten* und *Arenicola ecaudata* vorstellen. Sie bestehen aus einer runden Blase, in die von allen Seiten der Blasenwand Sinneshaare hineinragen, die den runden, im Lumen frei beweglichen Statolithen umgeben (v. BUDDENBROCK, FAUVEL). Über die Art der Erregungsauslösung ist nichts bekannt.

Die ihrer Funktion nach bekannten Statocysten der Wirbeltiere und Krebse arbeiten nach dem zweiten Prinzip: die erregungsauslösende Wirkung des Statolithen wird durch Richtung *und* Stärke der am Statolithen angreifenden Kraft bestimmt.

Da sich aus dem Bau der Statocyste Hinweise auf ihre Funktion ergeben, sei hier eine kurze Beschreibung von Bau und Mechanik der Wirbeltier- und Krebs-Statocyste eingeschoben:

Bei den Wirbeltieren sind die (sekundären) Sinneszellen in die Epithelschicht eingebettet. Jede Sinneszelle ist von einem Dendritenkorb fortleitender Neurone umgeben. Die Sinneszellen senden haarförmige Fortsätze aus, die sich bis in die Statolithenschicht hinein erstrecken. Das Sinnesepithel ist von Randfasern umgeben, die sich vom Epithel bis zur Statolithenschicht erstrecken und die den Raum zwischen Statolithenschicht und Sinneszellen nach außen abschließen. In diesem Raum befindet sich eine gallertartige Substanz, die die Haarfortsätze umschließt. Diese Gallertsubstanz scheint zu bewirken, daß die Statolithenmasse praktisch nur auf dem Epithel gleiten, sich aber nicht senkrecht zum Epithel bewegen kann: DE VRIES (1950) maß mit Hilfe von Röntgenaufnahmen diese Parallelverschiebung der Statolithen u. a. im Sacculus der Schleie (*Acerina cernua*); er konnte unter Einwirkung von 11 *g* nur eine Parallelverschiebung nachweisen, sie betrug 0,23 mm. Eine Bewegung senkrecht zum Epithel ließ sich nicht feststellen (Meßbarkeitsgrenze etwa 0,02 mm). DE VRIES fand ferner, daß auch Statolithen mit leicht gekrümmter Auflagefläche (Sacculus der Schleie) sich parallel der ebenso geformten Sinnesfläche verschieben, und zwar im Bereich von 0—1 *g* genau linear proportional der einwirkenden Kraft. Von etwa 1 *g* an war ein anfangs geringfügiges, dann immer stärkeres Zurückbleiben hinter der linearen Proportionalität festzustellen.

Bei Krebsen ragen die meist kranz- oder hufeisenförmig angeordneten Sinneshaare mit ihrem in sich steifen Schaft in die mehr oder weniger kompakte Statolithenmasse hinein. Das Haar besitzt an einer Seite seiner Basis ein Gelenk, über das es mit dem Statocystenboden verbunden ist (KINZIG). Nur eine Seitwärtsverschiebung der Statolithenmasse kann also das Sinneshaar im Gelenk bewegen. Dem Gelenk gegenüber ist im Haarinneren ein fadenartiger Fortsatz der (primären) Sinneszelle befestigt (KINZIG). Man kann sich vorstellen, daß bei einer Auslenkung

11*

des Haares über diesen Fortsatz eine Kraft auf die Sinneszelle übertragen und dadurch eine mechanische Veränderung des Zellfortsatzes und/oder des Zellkörpers verursacht wird.

Über die Art, wie der Statolith auf die Receptoren einwirkt und die Erregung verursacht, wurde eine Reihe von Theorien aufgestellt. Die wichtigsten sind die Scherungstheorie und die Zugtheorie.

Zug bzw. Druck und Scherung sind zwei Komponenten[1], in die sich die mechanische Kraft, die am Statolithen angreift, zerlegen läßt (Abb. 1). Druck und Zug wirken senkrecht, die Scherung wirkt parallel zur Unterlage. Die beiden Komponenten sind in folgender Weise von Richtung und Stärke der mechanischen Kraft abhängig: Die Druck-Zug-Komponente (Dr) ist linear proportional dem Cosinus des Winkels α zwischen Kraftrichtung und Statocystenachse und linear proportional der Feldstärke, $Dr = m \cdot g \cdot \cos \alpha^2$; die Scherung ($S$) ist linear proportional dem Sinus α und der Feldstärke, $S = m \cdot g \cdot \sin \alpha^2$.

MACH u. BREUER postulierten die *Scherung* als erregungsauslösende Statolithenwirkung. MAGNUS und seine Schüler glaubten demgegenüber, aus ihren Ergebnissen auf eine *Zug*wirkung schließen zu müssen: Bei Drehung um die Querachse war der Streckertonus eines decerebrierten Tieres (Katze oder Kaninchen) in der Rückenlage, also dann, wenn der Utriculus-Statolith am Sinnesepithel zog, maximal. Bei Drehung um die Längsachse wurde der maximale Streckertonus eines Beines in *der* Seitenlage erreicht, in der der gleichseitige Sacculus-Statolith am Sinnesepithel zog.

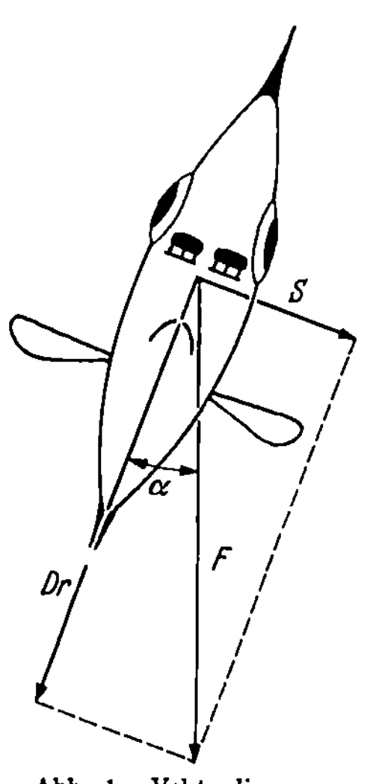

Abb. 1. Vektordiagramm des mechanischen Feldes und seiner Komponenten Druck-Zug (Dr) und Scherung (S), die an den Utriculi (in der Abbildung zwischen den Augen) eines schrägstehenden Fisches angreifen

Der Zugtheorie von MAGNUS widersprachen die Ergebnisse von ULRICH und von MAXWELL an Fischen. ULRICH verschob beim Hecht (*Esox*) den Utriculus-Statolithen im eröffneten Labyrinth einer Seite von lateral nach median und erzeugte dadurch die gleichen Augenreaktionen, die der Hecht zeigt, wenn er mit dieser Seite nach oben gekippt wird: das Auge der Gegenseite wird gehoben, das der gleichen Seite gesenkt. MAXWELL hatte aus ähnlichen Versuchen an Selachiern ebenfalls auf die Scherung als erregungswirksamen Reiz geschlossen.

Trotz dieser Ergebnisse hatten die Ansichten von MAGNUS lange Zeit die Oberhand. Erst seit etwa zehn Jahren können die Zug-Hypothese

---

[1] Druck und Zug werden, da sie sich nur im Vorzeichen ihrer Richtung unterscheiden, als *eine* Komponente angesehen.

[2] m ist die Masse des Statolithen.

sowie einige andere z. T. komplizierte Vorstellungen [Drucktheorie von QUIX, Bojentheorie von McNALLY u. TAIT (1934), hydrostatische Theorie von WERNER] als endgültig widerlegt betrachtet werden. Die Scherung wird als die erregungsauslösende Statolithenwirkung angesehen.

Einen wesentlichen Anteil an der Entscheidung zugunsten der Scherungstheorie hatten die Ergebnisse, die v. HOLST und seine Schüler (1950a) mit einer neuartigen Methodik aus Versuchen an Fischen erhielten. Die v. Holstsche Methode vermeidet, das Tier zu fesseln und ihm eine bestimmte Lage aufzuzwingen. Man läßt vielmehr den frei beweglichen Fisch sich in eine bestimmte Reizsituation selbst einstellen: Der in der Meßapparatur schwimmende Fisch kann aus verschiedenen Richtungen senkrecht zu seiner Längsachse beleuchtet werden. Er nimmt eine mittlere Stellung zwischen der Lichtrichtung und dem Lot ein. Der Winkel, den seine Hochachse mit dem Lot bildet, wird gemessen. Die vom Fisch eingestellte Lage ist eine Gleichgewichtslage, in der keine Drehtendenzen erkennbar sind, sie ist eine Ruhelage, die beibehalten wird, solange die Reizsituation konstant bleibt[1]. Um zu ermitteln, welche der Komponenten des mechanischen Feldes, Druck-Zug oder Scherung, den erregungsauslösenden Reiz darstellt, wurden die Fische bei konstant bleibendem Lichteinfluß mechanischen Feldern wechselnder Stärke ausgesetzt; die Feldstärke wurde mittels einer Zentrifuge geändert.

Versuche an zehn Fischarten ergaben: Die Fische stellen sich um Längs- bzw. Querachse so ein, daß der Sinus des Winkels α zwischen Statocystenachse des Utriculus[2] und Feldrichtung sich umgekehrt proportional der mechanischen Feldstärke ändert: $g \cdot \sin \alpha = \mathrm{const}^2$. Mit $g \cdot \sin \alpha^3$ ist aber — wie oben gezeigt — die Scherung bestimmt (Abb. 1). Damit ist bewiesen, daß der Fisch die Scherung konstant hält, während die Druck- und Zugkomponente sich gemäß dem Feldstärkenwechsel ändert. Die Scherung des Statolithen ist die erregungsauslösende Kraft, sie ist der „receptoradäquate" Reiz.

Vergleichbare Ergebnisse erhielt SCHÖNE (1954) aus Versuchen an dekapoden Krebsen (*Palaemonetes, Crangon, Astacus, Carcinus*[4]). Durch direkte Reizung der Sinneshaare in den Statocysten ließ sich nachweisen, daß die Abbiegung der erregungsauslösende Reiz ist: Bei

---

[1] Spontane, durch sog. „Stimmungsschwankungen" verursachte Stellungsänderungen (vgl. S. 197) sind erkennbar, ihr Einfluß läßt sich rechnerisch eliminieren (v. HOLST 50a).

[2] Bei den untersuchten Fischen läuft die Statocystenachse der Utriculi der Hochachse parallel (Abb. 1).

[3] Die Feldstärke wird durch $m \cdot g$ bestimmt; m, die Statolithenmasse, ist in diesen Versuchen konstant, sie kann daher gleich eins gesetzt werden.

[4] Die Statolithen in den Statocysten der Brachyuren *Carcinus* und *Maja* wurden erst vor kurzem von DIJKGRAAF (1956) entdeckt.

Abbiegen der Sinneshaare z. B. der linken Statocyste von innen nach außen zeigte *Astacus* eine an Augen und Beinbewegung erkennbare Tendenz, sich nach rechts um die Längsachse zu drehen; bei Abbiegen von außen nach innen zeigte er die entgegengesetzte Drehtendenz. In Versuchen an Garnelen wurde bei Drehung um die Längsachse eine proportionale Beziehung zwischen dem Sinus des Winkels α (Statocystenachse — mechanische Feldrichtung) und der Größe der Augenauslenkung festgestellt (vgl. S. 173). In Zentrifugen-Versuchen wurde der Winkel, den die Bahn abwärtsschwimmender Krebse (*Palaemonetes, Crangon*) mit dem Horizont bildet, unter Einwirkung verschiedener Stärken des mechanischen Feldes gemessen [SCHÖNE (1957)]: Bei der Erhöhung der Feldstärke wurde die Schwimmbahn flacher, und zwar genau um den Betrag, der notwendig ist, um die Scherung konstant zu erhalten. Daraus folgt: Bei Krebsen ist auch für die Lageorientierung um die Querachse die Scherung der Statolithen der erregungsauslösende Reiz.

In dieses Bild lassen sich die Ergebnisse älterer Autoren einfügen: MAGNUS u. DE KLEYN bestimmten die Augendeviation des Kaninchens bei Drehung des Tieres um die Längsachse. Die Abweichungen ihrer Kurven von der Sinusform sind nach FLEISCH wahrscheinlich darauf zurückzuführen, daß optische Einflüsse auf die Augenbewegung nicht ausgeschlossen waren. BENJAMINS untersuchte die Augenauslenkung bei Drehung um Längs- und Querachse an Karpfen und Barschen. Sowohl die Messungen an Kaninchen, als auch die an Fischen ergaben bei Drehung um die Querachse je ein Maximum der Augenauslenkung im Bereich der Kopf-oben- und Kopf-unten-Lage, bei Drehung um die Längsachse ein Maximum im Bereich der Seitenlagen. Bei Kaninchen (VERSTEEGH) und bei Fischen [LOWENSTEIN (1932), v. HOLST (1950a)] sind die Utriculi für die Lagereaktion verantwortlich. Da sie in den genannten Lagen (Kopf-oben, Kopf-unten, Seitenlagen) maximal scheren, so sprechen auch diese Ergebnisse für die Scherung als erregungsauslösenden Reiz.

JACOB maß an Schollen die Augenbewegung bei Drehung um Längs- und Querachse. Er erhielt das Maximum der Augenbewegung jeweils, wenn er die Tiere um etwa einen rechten Winkel aus der Normallage gedreht hatte. An Schollen und Flundern zeigte sich (SCHÖNE, unveröff.), daß an der Auslösung dieser Lagereaktionen der Sacculus beteiligt ist; er arbeitet nach dem Scherungsprinzip: Im allseits diffusen, gleichhellen Licht wurde die Augendeviation bei schrittweiser Drehung um die Längsachse bestimmt. Die Messungen ergaben noch saubere Sinuskurven, wenn nach operativer Entfernung aller übrigen Statolithen nur noch ein Sacculus-Stein vorhanden war. Maxima und Minima der Kurven liegen in dem Bereich, in dem die Dorsoventralebene der Scholle annähernd vertikal steht; in dieser Stellung schert der Sacculus-Statolith maximal.

Wir haben bisher nur verhaltensphysiologische Untersuchungen betrachtet mit dem Ergebnis: Die Scherung des Statolithen verursacht die Receptorenerregung.

Elektrophysiologische Messungen an Fischen und Krebsen, in denen die vom Statolithen ausgelöste Erregung direkt von den fortleitenden Fasern des Lagereceptors oder aus den Vestibulariskernen abgeleitet wurden, bestätigen dieses Ergebnis: LOWENSTEIN u. ROBERTS maßen die Impulsfrequenz einzelner Utriculusfasern des Rochens (*Raja clavata*) bei Drehung um Längs- und Querachse; L. SCHOEN (1957) bestimmte die Impulsfrequenz einzelner Neurone im Vestibulariskerngebiet von Hechten, Schleien und Zwergwelsen bei Drehung um die Längsachse. Wenn die Impulsfrequenz in Abhängigkeit von der Lage aufgetragen wurde, so ergab das mehr oder weniger sinusähnliche Kurven, deren Maxima und Minima den Stellungen entsprachen, in denen die Tiere auf einer Seite lagen bzw. mit der Nase nach oben oder nach unten standen, d.h. in denen sich das Sinnesepithel des Utriculus im Bereich seiner maximalen Scherung befand.

COHEN konnte an Hummern durch Bewegen der Sinneshaare in der leeren Statocyste nachweisen, daß sich die Impulsfrequenz ändert, wenn die Haare durch eine Scherungsbewegung von lateral nach median und umgekehrt abgebogen werden. Drehte er einen Hummer mit intakter Statocyste um die Querachse, so stieg mit Heben des Rostrums die Impulsfrequenz an, sie erreicht ihren Höchstwert, wenn das Rostrum lotrecht stand, d. h. wenn die Statolithen am stärksten nach hinten scherten.

Unsere Kenntnis der Reizvorgänge in den Statocysten anderer Tiergruppen als der bisher betrachteten Wirbeltiere und dekapoden Krebse ist noch recht lückenhaft. Den Medusen dienen die Randkörper als Schweresinnesorgane. Das sind klöppelartige, am Ende mit Kristallen gefüllte Körper, an deren Basis sich Sinneszellen befinden, die durch Lageänderungen des Klöppels gereizt werden (v. BUDDENBROCK). Die Rippenquallen (*Ctenophora*) besitzen an ihrem Sinnespol ein unpaares Schweresinnesorgan. Es besteht aus einem von vier Cilienbüscheln getragenen Statolithen. Die Cilien werden durch Lageänderungen gereizt (v. BUDDENBROCK).

In den Statocysten der schwimmenden Schnecke *Pterotrachea*, die wie alle Heteropoden auf dem Rücken schwimmt, befindet sich dorsal eine kleine Region mit Sinneshaaren. Von dem übrigen Teil der Statocystenwand ragen lange Cilien, die keine nervöse Funktion haben, in die Statocyste: Durch den Schlag dieser Cilien wird eine Wasserströmung erzeugt, die den Statolithen in der Schwebe hält (TSCHACHOTIN). Von Zeit zu Zeit hören die Cilien zu schlagen auf, strecken sich und drücken den Statolithen gegen die Sinneshaare. Nach TSCHACHOTIN sollen nur zu diesem Zeitpunkt Schwerereize ausgeübt werden. Es wäre jedoch möglich, daß die Sinneshaare auf andere Weise gereizt werden, z. B. durch die Wasserströmung: Eine Raumlageänderung würde eine Verlagerung des schwebenden

Statolithen verursachen, diese könnte eine Änderung der Strömungsverhältnisse und damit eine Reizänderung zur Folge haben.

Crozier u. Cole stellten Versuche mit der Schnecke *Limax*, Yagi mit der Stabheuschrecke *Dixippus* an einer senkrechten Wand unter gleichzeitigem Einfluß von Licht und Schwerkraft an. Die Tiere konnten ihre Laufrichtung frei einstellen: Die orientierende Wirkung der Schwerkraft war dem Sinus des Winkels zwischen Tierlängsachse und Schwerelot proportional (vgl. S. 189). Wie ein Vektordiagramm deutlich macht, entspricht dieser Wirkung die von Körperseite zu Körperseite (=senkrecht zur Medianebene) gerichtete Kraftkomponente; beim Utriculus der Fische bewirkt diese Komponente die Scherung (Abb. 1). Diese Kraft muß die Erregung der Schwerereceptoren verursachen. Bei *Limax* geschieht das wahrscheinlich durch die Statolithen in der Statocyste. Bei *Dixippus* ist ein Schweresinnesorgan noch nicht bekannt, wie überhaupt bei landlebenden Insekten bisher noch keine Schweresinnesorgane gefunden worden sind. Nach Versuchen von Crozier u. Stier am Käfer *Tetraopes* liegt es nahe, Stellungsreceptoren in den Beinen als für die Schwerkraftreception verantwortlich anzusehen. Aus den Versuchsergebnissen dieser Autoren kann man folgern, daß das ganze Abdomen als Statolith wirkt: Der Schwerpunkt des Tieres liegt hinter der Ansatzstelle der Beine, daher übt der Körper auf die Beingelenke ein Drehmoment aus, wie der Statolith auf das Sinneshaar der Krebsstatocyste. Die Käfer liefen auf einer gegen den Horizont geneigten Fläche schräg aufwärts. Der Winkel (Θ), den ihre Laufrichtung mit der Projektion des Lotes auf die Fläche bildet, hing von der Größe des Drehmomentes ab: Eine Vergrößerung des Drehmomentes durch Steilerstellen der Lauffläche oder durch Anhängen eines Gewichtes an das Abdomen führte zu einer Verkleinerung des Winkels Θ; eine Verkleinerung des Drehmomentes durch Flacherstellen der Lauffläche oder durch Befestigen eines Gewichtes am Kopf oder durch Abschneiden des Abdomens veranlaßte die Käfer, den Winkel Θ zu vergrößern.

Nach einem andersartigen Prinzip als bisher beschrieben arbeiten die Schweresinnesorgane der Wasserwanzen. Sie registrieren nicht die Schwere nach unten ziehender Statolithen, sondern den Auftrieb spezifisch leichter Stato„ballons". Die registrierenden Organe liegen dem Luftpolster an, das in Vertiefungen der Ventralseite vom Haarbesatz festgehalten wird. Bei einer Lageänderung verschiebt sich das Luftpolster und reizt dadurch die Receptoren. Bei *Nepa* dienen Sinneshaare, die die ventrale Atemrinne überdachen, als Schwerereceptoren [v. Buddenbrock (1952)]. Bei den Schwimmwanzen *Notonecta* und *Naucoris* haben die Antennen, die dem zwischen Kopf und Prothorax hervorquellenden Luftpolster anhaften, die Funktion von Schweresinnesorganen (Raabe); im „Kreidl"-Versuch mit kleinen, an die Antennen geklebten Eisenspänchen orientierten sich die Tiere nach einem Magnetfeld. Die Johnstonschen Organe der sehr beweglich eingelenkten Pedicelli der Antennen sollen die Reize registrieren (Raabe).

β. Die Umsetzung von Reiz in Erregung. Elektrophysiologische Messungen an einzelnen Maculafasern des Rochens (Lowenstein u. Roberts), in den Vestibulariskernen der Katze (Adrian), im Vestibulariskerngebiet von Hecht, Schleie und Zwergwels [L. Schoen (1957)] und an den Statocystenfasern des Hummers (Cohen) ergaben: Die Lagereceptoren liefern im Ruhezustand, d. h. ohne Statolithenreiz, eine mittlere Impulsfrequenz, die Ruheentladung (= resting discharge), bei Scherung in der einen Richtung steigt die Impulsfrequenz an, bei Scherung in der anderen sinkt sie ab[1].

Diese Art der Erregungserzeugung gilt allgemein für die Receptoren des Labyrinths und verwandter Organe (Cochlea, Statolithenmaculae, Bogengangscupulae und Seitenliniencupulae) [BEKESY, zit. nach DE VRIES (1956), DIJKGRAAF (1952), GROEN]. Daher können wir die an diesen Organen erhobenen Befunde zur Untersuchung der Vorgänge, die im Statolithenapparat vom mechanischen Reiz zur fortgeleiteten Nervenerregung führen, mit heranziehen.

Wenn die Statolithenmembran oder die Cupula eines Bogengangs durch einen Ton bestimmter Frequenz in Schwingungen versetzt werden, so können in der Nähe der Receptoren Änderungen eines elektrischen Potentials gemessen werden, die der Reizfrequenz entsprechen. Dieses Phänomen wurde von WEVER u. BRAY an der Cochlea entdeckt und von ADRIAN Mikrophon-Effekt genannt.

Der Mikrophon-Effekt entsteht wahrscheinlich in der Sinneszelle des Receptors, denn er läßt sich noch nachweisen, wenn die fortleitenden Neurone degeneriert sind; er bleibt dagegen aus, wenn die Sinneszellen durch Pharmaka zerstört wurden, die Nerven aber intakt geblieben sind (NEFF, JUUL u. VRAA-JENSEN u. a., zit. nach KUIPER). Sekundär überlagern sich ihm die Aktionspotentiale der fortleitenden Neurone.

DE VRIES [zit. nach DE VRIES (1956)] und KUIPER untersuchten den Mikrophon-Effekt im Seitenlinienorgan von Fischen. Sie fanden — abweichend von den bis dahin vorliegenden Ergebnissen —, daß die Mikrophon-Frequenz doppelt so hoch war wie die Reizfrequenz. DE VRIES (1956) schließt daraus auf folgenden Entstehungsvorgang des Mikrophoneffektes im Seitenlinienorgan: Er nimmt an, daß der Haarfortsatz der Sinneszelle sich genau senkrecht in die Cupula erstreckt. Der in die Cupula eingebettete Teil des Haares wird daher, während die Cupula eine volle Schwingung ausführt, zweimal aus seiner senkrechten Position zur Seite geführt, dabei wird an ihm gezogen: wenn die Cupula nach links schwingt, wird das Haar nach links mitgeführt, wenn die Cupula nach rechts schwingt, wird es nach rechts mitgeführt. Das bedingt zwei gleichartige Antworten der Sinneszelle auf den einmaligen mechanischen Reiz hin. Diese Deutung wird gestützt durch den Befund, daß die Bogengangscristae, deren Haare in der Mehrzahl schrägt zur Ansatzfläche sitzen, im Mikrophon-Effekt nur die einfache Frequenz des Reizes wiedergeben [DE VRIES (1956)].

---

[1] Außer Receptoren dieser Eigenschaft wurden bei Wirbeltieren noch andere Typen entdeckt (vgl. S. 178).

Da auch die Statolithenorgane mit einfacher Frequenz antworten, kann angenommen werden, daß auch bei ihnen die Sinneshaare schräg stehen. Während einer vollen Schwingung werden die Sinneshaare ebenfalls zweimal aus ihrer (schrägen) Ausgangsstellung gebracht. Dabei wird bei Bewegung in der einen Richtung die Schrägstellung verstärkt, bei Bewegung in der anderen Richtung wird sie aber vermindert. Demzufolge steigt das Mikrophonpotential einmal an und fällt einmal ab, statt zweimal die gleiche Antwort zu geben wie beim senkrecht stehenden Haar.

Die Amplitude der Mikrophonantwort hängt von der Amplitude der Cupula- oder Statolithenbewegung und damit von der Scherung ab [DE VRIES (1956); KUIPER]. Dieses Ergebnis gilt nicht nur für den durch periodische mechanische Reizung erzeugten Mikrophon-Effekt, sondern auch für eine durch Dauerauslenkung der Cupula erzeugte Potentialänderung, wie TRINCKER an den Bogengängen von Meerschweinchen nachweisen konnte. Bei künstlicher Auslenkung der Cupula in utriculopetaler Richtung konnte er an der Cupulabasis einen Potentialabfall messen, bei Auslenkung in utriculofugaler Richtung einen Potentialanstieg. In einem Auslenkungsbereich von etwa 30°, also weit über den bei natürlicher Reizung betroffenen Bereich hinaus, ändert sich das Potential linear proportional dem Auslenkungsgrad.

DE VRIES (1956) und KUIPER entwerfen folgendes Bild von der Entstehung der Erregung: Durch die Scherbewegung der Cupula wird über die Haarfortsätze eine mechanische Wirkung auf die Sinneszelle ausgeübt, dadurch wird die Membran der Sinneszelle an der Ansatzstelle des Haares deformiert. Das verursacht eine Depolarisation der Sinneszelle, eine Änderung des Membranpotentials. Auch von den Sinneszellen der Froschmuskelspindeln und der Streckreceptoren der Krebse ist bekannt, daß die mechanische Dehnung der Zelle zu einer Depolarisation der Zellmembran führt (KATZ, KUFFLER u. Mitarb., zit. nach BURKHARDT). Derartige Änderungen des Membranpotentials kennt man allgemein von Sinneszellen, sie wirken als Generatorpotentiale, d. h. sie verursachen die Entladung, die dann im Neuron fortgeleitet wird (GRANIT 1955, KATZ).

Die Frage, ob die Entladungen schon in der Sinneszelle entstehen oder ob sie erst im Sekundär-Neuron ausgelöst werden, kann noch nicht entschieden werden. DE VRIES (1956) und KUIPER vermuten, daß infolge der Depolarisation der Sinneszelle die umgebenden Dendriten der Sekundärneurone erregt und zur Impulserzeugung veranlaßt werden.

Auf eine Beeinflussung der Generatorpotentiale ist vielleicht die Wirkung zurückzuführen, die LOWENSTEIN (1955) mittels polarisierender Ströme am Rochenlabyrinth erzielen konnte: Die Entladungsfrequenz von Utriculus- und Bogengangsfasern veränderte sich, und zwar je nach Vorzeichen der angelegten Spannung stieg sie oder sank sie; adäquate Reizung durch Drehbeschleunigung und zusätzliche Depolarisation addierten sich in ihrem Einfluß auf die Entladungsfrequenz der Bogengangsfasern.

bb) Registrierung der Lage

Im vorangehenden Teil wurden die Vorgänge betrachtet, die von der Schwerkraftwirkung zur Receptorenerregung führen. Im folgenden soll über die Wirkungsweise der Statolithenorgane[1] als Lageanzeiger bei Drehung um die Längsachse bzw. Querachse berichtet werden.

α. Registrierung der Lage bei Lageänderungen um die Längsachse. Einen Einblick in die Funktion gewähren Untersuchungen über die Zusammenarbeit der rechten und linken Statocyste.

Nach einseitiger Ausschaltung des Labyrinthes bzw. der Statocyste lassen Wirbeltiere und Krebse eine heftige Tendenz erkennen, sich mit der verletzten Seite voran um die Längsachse zu drehen: Bei Wirbeltieren wird nach Entfernen des Labyrinths oder (bei Fischen) auch nur des Utriculus[2] der Körper zur Defektseite gedreht, bei Tetrapoden unterstützen die Extremitäten die Bewegung, die Augen weichen in derselben Richtung ab, es kann zu Rollbewegungen des ganzen Tieres um die Längsachse kommen. Schwimmende Tiere rotieren um die Längsachse; ein rechts entstatetes Tier dreht sich dabei, von hinten betrachtet, im Uhrzeigersinn.

Eine einleuchtende Deutung ergab sich aus Versuchen, in denen die S. 165 erwähnte Methode angewandt wurde, Fische unter gleichzeitiger Einwirkung von Licht und Schwerkraft sich frei einstellen zu lassen [v. HOLST (1950a)]: In diesen Versuchen veranlaßte man den Fisch, sich mit seiner Längsachse senkrecht zu stellen: man ließ ihn gegen einen Wasserstrom anschwimmen und stellte diesen Wasserstrom dann senkrecht. In dieser Vertikalstellung ist der Schwerkrafteinfluß auf Drehungen um die Längsachse aufgehoben. Ein intakter Fisch wendet folglich seinen Rücken stets einem (quer zur Längsachse einfallenden) Licht zu. Der einseitig entstatete dagegen zeigte auch in der Vertikalposition eine Drehtendenz, er drehte sich um einen bestimmten Betrag zur entstateten Seite von der Lichtrichtung fort. Da der Schwerkrafteinfluß und damit

---

[1] MAXWELL schließt aus seinen Beobachtungen, daß bei Selachiern auch die Bogengangsapparate statische Funktionen ausüben; er erhielt von Haien, denen die Statolithen ausgewaschen waren, stellungsabhängige Kompensationsbewegungen der Augen und Flossen. Bei anderen Wirbeltieren ließ sich derartiges bisher nicht nachweisen; Säuger zeigen nach Abschleudern der Statolithen keine statischen Reaktionen mehr, obwohl die Bogengänge noch funktionierten (MAGNUS).

[2] Bei der Entfernung des Utriculus-Steines bei Knochenfischen wird das Sinnesepithel mehr oder weniger beschädigt; auch werden die Bogengänge in Mitleidenschaft gezogen (vgl. v. HOLST 1954a).

eine Scherung quer zur Längsachse nicht vorhanden sind, so muß diese Drehtendenz ihre Ursache in einer auch ohne Scherung vorhandenen Tätigkeit, einer Daueraktivität des Sinnesepithels, haben.

Schon Experimente von Magnus an Meerschweinchen wiesen darauf hin, daß sich die Sinnesendstellen des Labyrinths auch ohne Statolitheneinfluß in einem Zustand der Dauererregung befinden, der nach einseitiger Ausschaltung eine Drehtendenz zur Defektseite verursacht: Den Versuchstieren wurden durch Zentrifugieren alle Statolithen abgeschleudert, so daß Lagereflexe sich nicht mehr auslösen ließen. Durch Cocain-Injektion wurde nun ein Labyrinth völlig außer Tätigkeit gesetzt. Die Folge war ein heftiges Drehverhalten zur betäubten Seite, wie es Tiere nach Labyrinthexstirpation der gleichen Seite zu zeigen pflegen[1].

Vergleichbare Befunde wurden an Krebsen erhoben [Schöne (1954)]: Die Tiere besaßen keine Statolithen. Nach Betäubung mit Novocain oder Entfernung einer der beiden (leeren) Statocysten zeigten *Astacus*, *Palaemonetes* und *Crangon* eine heftige Drehtendenz zur Defektseite. Die Garnelen rotierten beim Schwimmen ununterbrochen um die Längsachse zur Defektseite.

Nach Raabe rotieren auch Schwimmwanzen nach einseitiger „Entstatung" durch Antennenamputation mit der operierten Seite voran um die Längsachse (vgl. S. 168).

Der einseitige Ausfall des Sinnesepithels der Statocyste ist somit als verantwortlich anzusehen für die lageunabhängige Dauerdrehtendenz. Diese Drehtendenz dürfte nicht auftreten, wenn es gelänge, die Tiere einseitig zu entstaten, ohne das Sinnesepithel zu verletzen. Bei Wirbeltieren ist das bisher an Haien (*Mustelus californicus*, Maxwell) und an Meerschweinchen [de Kleyn u. Versteegh, zit. nach v. Holst (50a)] gelungen: Tiere, denen einseitig die Statolithen ausgespült (Haie) bzw. abgeschleudert (Meerschweinchen) worden waren, verhielten sich ähnlich wie normale Tiere. Leichte Drehtendenzen, die bei Haien manchmal auftreten, führt Maxwell auf Beschädigungen durch das Ausspülen zurück. Bei den Krebsen mit offenen Statocysten kann man die Statolithen mit einer feinen Pipette vorsichtig absaugen, ohne das Sinnesepithel zu schädigen. Die auf diese Weise einseitig entstateten Tiere zeigen ebenfalls keine lageunabhängige Drehtendenz [Schöne (1954)].

Die Daueraktivitäten beider Seiten bewirken somit einander entgegengesetzte und gleichgroße Drehtendenzen, sie treten daher beim intakten Tier nicht in Erscheinung.

---

[1] Die Beobachtungen von Magnus, daß in Betäubungsversuchen die typischen Erscheinungen des Bogengangs-Ausfalles später auftreten als die Drehtendenzen, sprechen dafür, daß das Statolithen-Sinnesepithel die Drehtendenz verursacht oder mitverursacht.

Über die lageanzeigende Tätigkeit *eines* Statolithenorganes läßt sich erst ein Bild gewinnen, wenn die einseitig drehende Wirkung der Daueraktivität eliminiert wird. Das geschieht im Laufe einiger Wochen in einem Kompensation genannten zentralnervösen Prozeß (vgl. Abschn. 5). Aus den Meßwerten vom *frisch* einseitig entstateten Fisch konnte die Wirkung der Daueraktivität rechnerisch eliminiert werden (v. HOLST 50a). Es wurde die Schräglage des Fisches bei Beleuchtung von der intakten Seite und die Schräglage bei Beleuchtung von der operierten Seite gemessen. Wenn man das Mittel aus diesen beiden Einstellungen des Fisches nimmt, so fällt der von der Daueraktivität verursachte Dreh-Effekt fort. Die Versuche ergaben: Die mittleren Schräglagen von Fischen mit *einem* Utriculus-Statolithen stimmen genau mit den Schräglagen überein, die sich aus den am intakten Tier (mit zwei Statolithen) gewonnenen Werten errechnen lassen, wenn man die Scherungswirkung halbiert. Entsprechend ließ sich zeigen, daß die mittlere Schräglage eines einseitig entstateten Fisches, die er bei Verdoppelung der Feldstärke (= 2 g) einnimmt, genau mit der Schräglage eines intakten Fisches bei 1 g übereinstimmt. Die beiden Statolithenorgane arbeiten somit im Sinne einer einfachen Addition zusammen [v. HOLST (1950)].

Bei Krebsen (*Palaemonetes, Crangon, Carcinus*) ist die Art der Zusammenarbeit einfacher zu ermitteln [SCHÖNE (1954)], da man sie leicht entstaten kann, ohne das Sinnesepithel zu schädigen (vgl. S. 172). Diese Tiere reagieren auf Drehung um die Längsachse mit kleineren Augenausschlägen als Tiere mit zwei intakten Statocysten (vgl. S. 165). Wenn man die Augenauslenkung in Abhängigkeit vom Winkel Hochachse-Lot aufträgt, so ergeben sich Sinus-Kurven (vgl. S. 165) mit einem Maximum bei 60° und einem Minimum bei 240° (Drehsinn zur Seite der gefüllten Statocyste). Diese Phasenlage der Kurven ist dadurch zu erklären, daß die Sinneshaarflächen, auf denen die Scherbewegung vonstatten geht, um etwa 30° nach ventro-lateral gegen eine durch die Querachse gelegte Ebene geneigt sind; bei 60° bzw. 240° werden die Stellungen maximaler Scherung erreicht. Die Kurven von Tieren mit funktionierender linker Statocyste sind also um 60° phasenverschoben gegenüber denen von Tieren mit funktionierender rechter Statocyste. Werden für jede Stellung die Werte für die rechte und linke Statocyste addiert, so ergeben sich Kurven, die denen normaler Tiere mit zwei gefüllten Statocysten genau gleichen; sie haben ihr Maximum bei einem Winkel von 90° zwischen Hochachse und Lot. Es liegt somit die gleiche Verrechnungsart wie bei den Fischen vor, eine einfache Addition der Wirkungen der beiden Statocysten.

Auch beim Kaninchen addieren sich die Wirkungen des rechten und linken Labyrinths auf die Augendeviation, wie sich aus den Kurven von MAGNUS u. DE KLEYN ablesen läßt.

Es läßt sich nach den Ergebnissen von elektrophysiologischen und Verhaltensversuchen jetzt folgendes Bild von der Wirkungsweise der Statocysten (von Wirbeltieren und Krebsen) entwerfen (Abb. 2): Das Sinnesepithel jeder Seite liefert im ungereizten Zustand (Sinnesepithel horizontal) eine Ruheentladung. Die Ruheentladung einer Seite, z. B. der rechten, verursacht eine Drehtendenz links herum, also entgegen dem Uhrzeigersinn, um die Längsachse (Tier von hinten betrachtet). Die Ruheentladung wird durch die Scherungswirkung der Statolithen modifiziert, durch Scherung in der einen Richtung verstärkt, durch Scherung in der anderen abgeschwächt. Dadurch wird auch die Stärke der Drehtendenz geändert (Abb. 2c). Die (einander entgegengesetzt gerichteten) Drehtendenzen der beiden Statocysten überlagern sich im Sinne einer einfachen Addition, es ergeben sich die Drehtendenzen eines intakten Tieres (vgl. Abb. 2c mit 2a). Wird nur der Statolith entfernt, so fällt nur die Scherung aus, es zeigt sich dann die additive Zusammenarbeit der beiden Seiten besonders deutlich (vgl. Abb. 2b mit 2a).

Für die Krebse würde die bildliche Darstellung insofern etwas komplizierter, als die beiden Statocysten gegeneinander geneigt sind, also in keiner Raumlage beide zugleich scherungsfrei sind. Das bedingt, wie bereits erwähnt, eine Phasenverschiebung der beiden Kurven gegeneinander. Doch lassen sich die Werte natürlich genau so addieren, wie die von Tieren, deren Sinnesepithelien beide in einer Ebene liegen.

Wir können sagen: Bei Drehung um die Längsachse entspricht die Lagemeldung dem Unterschied der Erregungswerte der rechten und linken Statocyste.

β. Registrierung der Lage bei Lageänderungen um die Querachse. Die Utriculi von Selachiern (MAXWELL) und von Knochenfischen [v. HOLST (1950a)] und die Statocysten der Krebse [SCHÖNE (1954, 1957)] funktionieren als Lageanzeiger bei Drehungen um die Längs- *und* Querachse. Die Receptoren arbeiten bei Längs- und Querachsendrehung nach dem Scherungsprinzip (s. S. 165). Bei der Längsachsendrehung ist die Erregungsdifferenz zwischen rechts und links für die Lageanzeige maßgebend. Wie aber kommt die Lageanzeige bei Drehungen um die Querachse zustande?

Es gibt mehrere Möglichkeiten, zwischen denen noch nicht entschieden werden kann: Es könnte nur ein Receptortyp vorhanden sein, dessen Erregung bei Scherung in der einen Richtung, z. B. nach vorn, ansteigt, bei Scherung nach hinten sinkt. Die Höhe der Erregung zeigt die Raumlage an. Oder aber, es existieren zwei Receptorentypen, die in entsprechender Weise antagonistisch arbeiten, wie die rechts- und linksseitigen Statocysten bei Drehen um die Längsachse.

Es könnte bei diesem Funktionsprinzip bei Scherung in der einen Richtung, z. B. nach hinten, die Impulsfrequenz des einen Typs zu-, die des anderen ab-

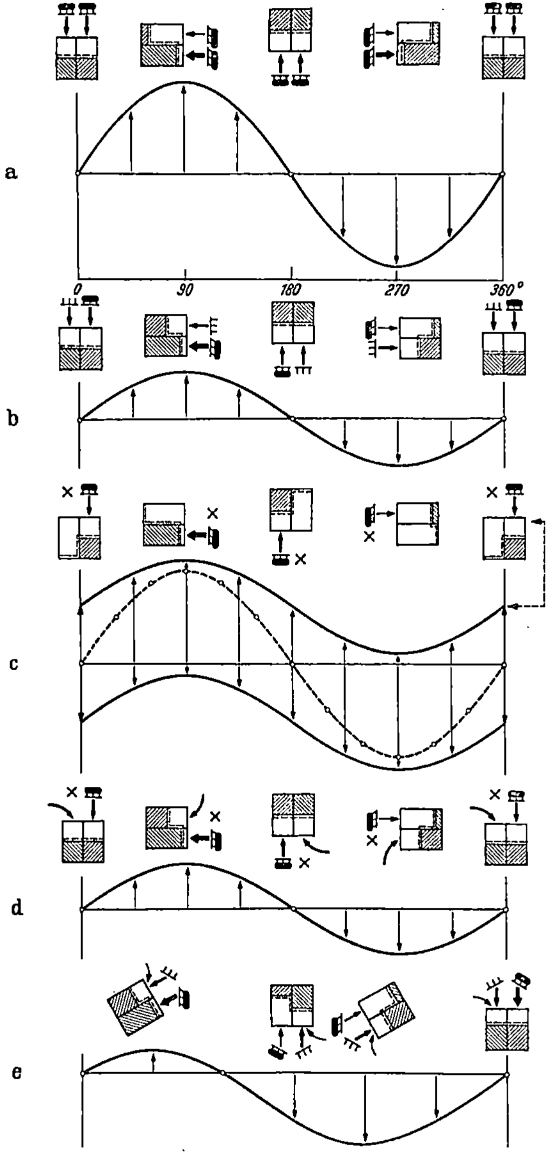

Abb. 2. Schema der Drehtendenzen in Abhängigkeit vom Winkel Statocystenachsem — mechan. Feldrichtung bei Drehung um die Längsachse. Die Amplituden der Kurven entsprechen den Stärken der Drehtendenzen; die nach oben gerichteten Kurventeile entsprechen einer Linksdrehtendenz, die nach unten gerichteten einer Rechtsdrehtendenz. Die Drehtendenzen ändern sich linear proportional den Differenzen zwischen rechter und linker Statocysten- (und Kompensations-)Erregung. Die kleinen Bildchen sollen anschaulich machen, wie diese Differenzen entstehen. *a* Tiere mit intakten Statocysten; *b* linksseitig Statolithen entfernt, Sinnesepithel unbeschädigt, Ruheerregung vorhanden; *c* linksseitig (= obere Kurve) bzw. rechtsseitig (= untere Kurve), ganze Statocyste entfernt, Ruheerregung fällt aus; kleine Kreise = Ergebnis der Addition der oberen und unteren Kurve, entspricht *a*; *d* wie *c* obere Kurve, jedoch Ausfall der Ruheerregung durch zentralen Erregungszustrom (= gekrümmte Pfeile) kompensiert; *a—d* betrifft Tiere mit parallel zur Querachse liegendem Sinnesepithel der Statocyste; *e* Krebs mit schrägstehendem Sinnesepithel links, Statolithen entfernt, der Ausfall der Scherungserregung der Normallage ist kompensiert; vgl. S. 174 u. 202/203

nehmen; bei Scherung nach vorn geschähe das Umgekehrte. Es könnte aber auch der eine der beiden Typen nicht auf Scherung ansprechen, sondern nur einen konstanten Erregungsstrom liefern, das entspräche der Lageanzeige bei Längsachsendrehung, wenn einseitig nur der Statolith entfernt wird (Abb. 2b). Schließlich könnte auch diese periphere Dauererregung nicht existieren und statt ihrer eine zentrale, konstante Erregung mit der scherungsmodifizierenden Erregung verrechnet werden, wie es für die Längsachsendrehung die Abb. 2b für den Fall der Kompensation einer ausgefallenen peripheren Dauererregung darstellt.

Für das Funktionsprinzip der Zusammenarbeit zweier Antagonisten sprechen Ergebnisse von HESS [zit. nach v. HOLST (1958)] an der Katze: Nach Ausschalten bestimmter Punkte im Zwischenhirn traten genau entgegengesetzt gerichtete Drehtendenzen um die Querachse auf, wie bei der vorangegangenen (elektrischen) Reizung derselben Punkte (vgl. S. 198).

Es erhebt sich die Frage, ob die Lageänderungen bei Längsachsendrehung von anderen Receptoren registriert werden, als die bei Querachsendrehung, mit anderen Worten, ob für Lateralscherung und Rostrocaudalscherung verschiedene Receptoren zuständig sind, oder ob beide Scherungsrichtungen durch nur einen Receptor registriert werden. Ein solcher Receptor könnte z. B. auf Scherung in diagonaler Richtung zwischen Längs- und Querachse maximal ansprechen. Es könnten vier Gruppen dieses Receptors so angeordnet sein, daß sich aus ihnen ein vorderes und ein hinteres oder ein rechtes und ein linkes Paar bilden ließe. Die Paare müßten zentralnervös so geschaltet sein, daß bei Lateralscherung der Erregungsunterschied zwischen rechts und links, bei Rostrocaudalscherung der Erregungsunterschied zwischen vorn und hinten die Lagemeldung ergäbe.

Die Frage nach dem Receptorentyp könnte durch elektrophysiologische Untersuchungen entschieden werden. Doch muß dazu die morphologische Stellung der Sinnesfläche genau bekannt sein. Sollte die Sinnesfläche beispielsweise gegen die Längsachse geneigt sein, so würde ein Receptor, der auf Rostrocaudalscherung maximal anspricht, dennoch auf Drehbewegungen sowohl um die Längsachse, als auch um die Querachse antworten.

LOWENSTEIN u. ROBERTS erhielten von einer Faser Antworten sowohl auf Drehung um die Längs-, als auch um die Querachse: Sie fanden, daß Einzelfasern vom Utriculus und auch vom Sacculus auf Drehung sowohl um die Längsachse, als auch um die Querachse antworteten, und zwar zeigten bei Drehung um die Querachse die meisten Sacculus-Präparate ein Ansteigen der Frequenz, wenn die Nase gesenkt wurde, die meisten Utriculus-Präparate, wenn sie gehoben wurde; bei Drehung um die Längsachse feuerten Sacculus- und Utriculus-Präparate mit verstärkter Frequenz, wenn die Statocystenseite gehoben wurde. Angenommen, die Sinnesflächen seien in diesen Versuchen den jeweiligen Drehachsen parallel gewesen, so würde das Ergebnis für einen in der

Diagonalen zwischen Längs- und Querachse maximal wirksamen Receptor sprechen. ADRIAN stellte demgegenüber an Katzen fest, daß Neurone in den Vestibulariskernen, die auf Drehung um die Längsachse antworten, bei Drehung um die Querachse nicht ansprechen und umgekehrt. Entsprechendes berichtet COHEN für den Hummer.

Für die Untersuchung der Längs- und Querachsendrehung in Verhaltensversuchen ist die Kenntnis der morphologischen Anordnung des Sinnesepithels der Statocyten ebenfalls wichtig, wie folgende Ergebnisse zeigen: Krebse (*Palaemonetes*) wurden um die horizontal liegende Körperlängsachse gedreht [SCHÖNE (1954)]. Da die Statocysten-Sinnesfläche nicht parallel zur Drehachse liegt, sondern etwas von vorn oben nach hinten unten geneigt ist, so erfolgt bei Drehen um die Längsachse außer der Lateral-Scherung gleichzeitig auch eine Scherbewegung in rostrocaudaler Richtung: Im Bereich der Bauchlage scheren die Statolithen nach hinten, im Bereich der Rückenlage nach vorn.

Diese Scherung hat seitensymmetrische Bewegungen der Augen zur Folge: bei Scherung von vorn nach hinten werden beide Augenstiele gesenkt, bei Scherung von hinten nach vorn werden sie gehoben.

Im Versuch überlagern sich folglich die Reaktionen auf Lateral- und Rostrocaudalscherung: Der gleichsinnigen Augenauslenkung, bei der z. B. in rechter Seitenlage das rechte Auge gehoben, das linke gesenkt wird, überlagert sich die seitensymmetrische Bewegung: im Bereich der Bauchlage stehen beide Augen steiler als im Bereich der Rückenlage. Daher sind die Kurven, in denen die Augenauslenkung in Abhängigkeit von der Lage dargestellt ist, im Bereich der Bauchlage gehoben, im Bereich der Rückenlage gesenkt. Das bringt eine Verschiebung der Maxima der Kurven für das rechte und linke Auge mit sich.

Eine derartige Änderung der Phasenverschiebung zwischen den Reaktionskurven rechts- und linksseitiger Effektoren weist somit darauf hin, daß sowohl Receptoren beteiligt sind, die auf rostrocaudale Scherung ansprechen und Drehbewegungen um die Querachse auslösen, als auch Receptoren, die auf laterale Scherung ansprechen und Drehbewegungen um die Längsachse auslösen.

In diesem Sinne lassen sich die Ergebnisse von KOELLA interpretieren: Er bestimmte den Streckertonus decerebrierter Katzen in Abhängigkeit vom Winkel zwischen Hochachse und Lot bei Drehen um die Längsachse. Die (sinusähnlichen) Kurven des rechten und linken Beines sind um 90° gegeneinander phasenverschoben: Bei Linksdrehung zeigt das linke Bein seinen maximalen Streckertonus bei 45°, das rechte seinen minimalen Streckertonus bei 135°. Die Kurven zeigen, daß in Bauchlage beide Beine um etwa 35% stärker gestreckt sind als in Rückenlage (maximale Streckung = 100%).

cc) Receptorentypen

Elektrophysiologisch wurde eine Reihe von Receptorentypen gefunden, die sich in ihrer Ansprechbarkeit und ihrem Adaptationsvermögen unterscheiden.

Ein Typ liefert für jede Raumlage eine bestimmte Impulsfrequenz, gleichgültig von welcher Richtung her diese Lage erreicht wurde. Die Impulsfrequenz ändert sich auch bei längerem Verweilen in der Lage nicht oder nur wenig [ADRIAN, COHEN, LOWENSTEIN u. ROBERTS, L. SCHOEN (1957)]. Diesen Typ müssen wir als Lagereceptor ansehen.

Bei anderen Receptorentypen ist die Frequenz von der Drehbeschleunigung abhängig, sie fällt bei längerem Aufenthalt in einer Stellung meist wieder auf den Ausgangswert ab (COHEN, LOWENSTEIN u. ROBERTS, Ross). Dieser Typ könnte das Einsetzen und den Ablauf von Stellungsänderungen registrieren.

Beide Typen wurden sowohl im Utriculus als auch im Sacculus des Rochens gefunden (LOWENSTEIN u. ROBERTS). Im Utriculus befinden sich außerdem Receptoren, die, unbeeinflußt von der Lage, stets mit konstanter Frequenz feuern [LOWENSTEIN (1956)].

Ein anderer Typ spricht nur in einem bestimmten Lagebereich an und ist im übrigen stumm. Er ist vor allem in der Lagena vertreten und liefert hier einen sehr steilen Entladungsgipfel in der Normallage (LOWENSTEIN u. ROBERTS).

Außer den genannten wurden noch weitere Typen gefunden, u. a. solche, die Übergangsformen zwischen einigen der erwähnten Typen darstellen: Ein Typ z. B. liefert außer einem lagekonstanten Impulsstrom bei Lageänderungen kurzfristig höhere Impulsfrequenzen [LOWENSTEIN u. ROBERTS, COHEN, L. SCHOEN (1957)].

Die verschiedenen, elektrophysiologisch ermittelten Receptorentypen lassen sich erst zum Teil bestimmten Funktionen im Rahmen der Orientierungstätigkeit zuordnen.

dd) Die verschiedenen Statolithenorgane der Wirbeltiere

Reizung des Utriculus löst bei allen bisher untersuchten Formen, wie Fischen [v. HOLST (1949); LOWENSTEIN (1932); ULRICH; MAXWELL], Fröschen [McNALLY u. TAIT (1934)], Reptilien [TAIT (1932)], Tauben (BENJAMINS u. HUIZINGA), Säugern (VERSTEEGH; SZENTAGOTHAI) Lagereaktionen aus.

Die Utriculi der von v. HOLST (1950a) untersuchten Knochenfische registrieren Drehungen um die Längsachse und um die Querachse.

Bei Plattfischen scheint eine Umstellung vom Utriculus auf den Sacculus als Lageanzeiger erfolgt zu sein. Aus den oben (S. 166) bereits erwähnten Versuchen an Schollen und Flundern geht hervor, daß einer der beiden Sacculi genügt, um bei Drehung um die Längsachse die lageabhängige Augendeviation auszulösen. Ob Utriculus und Lagena noch mitbeteiligt sind, konnte nicht entschieden werden; doch sprechen die Versuche Lyons dafür, in denen sich nach Entfernung der Sacculi noch deutlich schwerkraftabhängige Augenreaktionen auslösen ließen. Es wäre zu prüfen, ob bei ganz jungen Plattfischen, die noch aufrecht wie andere Teleosteer schwimmen, die Utriculi allein die Lage anzeigen.

Wenn die Sacculi nach dem Scherungsprinzip arbeiten, was wir nach den oben (S. 166) erwähnten Ergebnissen annehmen können, und wenn wir voraussetzen, daß — wie beim Utriculus — der Erregungsunterschied zwischen rechts und links für die Drehtendenz, d. h. für die Lageanzeige, maßgebend ist, dann können Sacculi, die genau parallel zueinander stehen, bei Drehung um die Längsachse keine Lageveränderungen registrieren, denn sie liefern dann keine Erregungsunterschiede. Wir müssen folgern, daß entweder die Sacculi der Plattfische nicht genau parallel stehen, oder daß ihre Arbeitsweise von der der Utriculi abweicht. Die Sacculi könnten derart geschaltet sein, daß eine Erregungssteigerung beider Sacculi eine Drehtendenz in der einen und eine Erregungsminderung eine Drehtendenz in der anderen Richtung auslöst. Oder es könnte nur einer der Sacculi wirksam sein. Diese Möglichkeiten wären zu prüfen.

Der Sacculus ist für die Lageorientierung bei Haien (Maxwell), beim Hecht (Ulrich), bei Fröschen [McNally u. Tait (1934)] sowie beim Kaninchen (Versteegh) nicht notwendig. Bei Tauben [Benjamins u. Huizinga (1928)] ist er für die bei Drehung um die Querachse entstehende Raddrehung der Augen allein verantwortlich. Bei Katze und Hund beobachtete Szentagothai auf Berührung der Sacculus-Statolithenmasse hin eine Reaktion der Augenmuskeln: Bei Verschiebung nach hinten Kontraktion beider Musculi recti inferiori, bei Verschiebung nach vorn Erschlaffung dieser Muskeln. Er erhielt ferner durch Druck[1] auf die Statolithenmasse Kontraktion der Musculi recti inferiori, oblique inferiori und recti laterales, durch Zug[1] Kontraktion der Antagonisten dieser Muskeln.

Elektrophysiologischen Messungen zufolge enthalten sowohl der Utriculus als auch der Sacculus des Rochens positionsanzeigende Receptoren (Lowenstein u. Roberts).

Lowenstein u. Roberts fanden ferner, daß die Mehrzahl der von ihnen geprüften Lagenareceptoren nur im Bereich der Normallage ansprach: Die Kurve der Entladungsfrequenz zeigte hier einen steilen Gipfel. Dazu passen Ergebnisse von L. Schoen u. v. Holst: Ein Fisch (*Gymnochorymbus ternetzii*), der nach Entfernung der Utriculus-Statolithen nur

---

[1] Aussagen zu dem Problem, Zug-Druck oder Scherung, lassen sich aus direkten Reizversuchen nur dann gewinnen, wenn die Reizbedingungen in Qualität und Quantität den natürlichen Reizvorgängen angepaßt sind (vgl z. B. Ulrich). In den meisten Fällen kann kaum entschieden werden, ob bei Anwendung von Druck oder Zug nicht Scherungskräfte auftreten, die dann die eigentliche Reizursache darstellen.

noch einen Lagenastein besitzt, kann sich im Bereich der Normallage nach der Schwerkraft orientieren. Paradoxerweise mangelt ihm jedoch die Fähigkeit jeglicher Lageorientierung, wenn er noch beide Lagenasteine hat. Dieser Befund ist zu verstehen, wenn man annimmt, daß die Lagenae wie die Utriculi funktionieren: da die Lagenae parallel zueinander und annähernd parallel zur Dorso-Ventral-Ebene des Fisches angeordnet sind, kann eine Erregungsdifferenz zwischen rechts und links erst auftreten, wenn ein Lagenastein entfernt wird.

McNaughton u. McNally (1946) [zit. nach Lowenstein (1950)] bemerkten nach einseitiger Lagenaentfernung beim Frosch eine leichte Störung der Kopfstellung, wohingegen doppelseitiges Fehlen nach McNally u. Tait (1925) [zit. nach Lowenstein (1950)] keinen erkennbaren Einfluß auf die Gleichgewichtshaltung hatte.

ee) Zusammenfassung und Diskussion

Elektro- und verhaltensphysiologische Versuche, vor allem an Wirbeltieren und Krebsen, ergeben folgendes Bild von der Funktion der Lagereceptoren. Das Sinnesepithel erzeugt eine Dauererregung. Diese wird durch die vom Statolithen ausgeübte Scherung modifiziert: bei Scherung in der einen Richtung verstärkt, bei Scherung in der anderen vermindert. Nach den Versuchen von v. Holst (1950a) bei Knochenfischen (vgl. S. 171) sowie den Versuchen von Magnus (vgl. S. 172) an Meerschweinchen ist anzunehmen, daß eine von innen nach außen gerichtete Scherung eine Erregungssteigerung verursacht, denn die Daueraktivität des Utriculus-Sinnesepithels löst eine Drehtendenz gleicher Richtung aus wie eine von innen nach außen gerichtete Scherung.

Die meisten der elektrophysiologischen Messungen von Lowenstein u. Roberts an Fasern des Utriculus vom Rochen (Selachiern) jedoch zeigen eine Zunahme der Impulsfrequenz bei Heben der gleichen Körperseite, nur wenige Präparate ergaben eine Zunahme der Impulsfrequenz beim Senken. Adrian stellte demgegenüber bei Ableitungen aus den Vestibulariskernen der Katze Frequenzzunahme bei Senken, Frequenzabnahme bei Heben der Seite fest. L. Schoen (1957) fand, daß bei Ableitungen aus dem Hirnstamm-Gebiet des Vestibulariseintritts ein Teil der Neurone bei Senken der gleichen Seite mit Impulsfrequenzsteigerung antwortete, ein anderer Teil bei Heben der gleichen Seite. Da über die zentrale Verrechnung der elektrophysiologisch erfaßten Erregungen noch keine Untersuchungen vorliegen, ist ein Vergleich der verschiedenen Ergebnisse in diesem Punkte noch nicht möglich.

Bei Krebsen passen die elektrophysiologischen Ergebnisse zu denen der Verhaltensversuche: Die Dauererregung löst im Verhaltensversuch eine richtungsgleiche Drehtendenz aus wie eine Scherung von innen nach außen, Scherung in dieser Richtung muß folglich eine Erregungssteigerung der Statocyste verursachen [*Astacus, Palaemonetes, Crangon, Carcinus*; SCHÖNE (1954)]. Die Ableitversuche COHENs an der Hummerstatocyste ergaben in der Tat eine Zunahme der Impulsfrequenz bei Abbiegen der Haare von median nach lateral.

Die Zusammenarbeit der beiden Statocysten erfolgt im Sinne einer einfachen Addition der Erregungswerte der rechten und linken Seite (Abb. 2c). Der Unterschied der Erregungen ergibt die Lagemeldung. Das Statolithenorgan einer Seite genügt für die Richtungslokalisation (Abb. 2b, d)[1].

Zwischen dem physikalischen Reiz (der Scherung) und der physiologischen Wirkung (Einstellung des Fisches oder Krebses; Auslenkung der Krebsaugen) besteht eine lineare Proportionalität, denn beide ändern sich proportional dem Sinus des Winkels zwischen Statocystenachse und Richtung des mechanischen Feldes und proportional der Stärke des mechanischen Feldes. Dem entspricht, daß auch Zwischenglieder der Kausalkette, die vom physikalischen Reiz zur physiologischen Wirkung führt, sich proportional dem Reiz ändern: Die Kurven der Impulsfrequenzen haben Sinusform oder sinusähnliche Form.

Das Scherungsprinzip verleiht dem Sinnesorgan eine große Empfindlichkeit im Bereich der Normallage, verglichen etwa mit dem Prinzip einer Druck-Zug-Reizung, vorausgesetzt, daß in der Normallage die Sinnesepithelien horizontal oder annähernd horizontal stehen, also die Statolithen nicht oder nur wenig scheren: Eine Lageänderung bestimmter Größe verursacht dann im Bereich der Normallage eine größere Änderung der Statocystenerregung als eine gleichgroße Lageänderung etwa im Bereich der Seitenlage.

Das Prinzip der vom Scherungsreiz modifizierten Dauerentladung bedingt, daß die Receptoren praktisch keine Anfangsreibung besitzen, also schon auf kleine Reize sofort ansprechen.

b) Optische Lageapparate

v. BUDDENBROCK (1914) entdeckte an Krebsen ein Verhalten, das er *Lichtrückenorientierung* nannte: Die Tiere drehen ihre Dorsalseite dem Licht zu. v. HOLST (1935) fand die entsprechende Orientierungsfähigkeit

---

[1] Die Anwendung der Taxiennomenklatur auf diese Tatbestände führt zu Schwierigkeiten: Die Richtungsanzeige muß ein telo- bzw. menogeotaktischer Vorgang genannt werden, denn jedes der beiden Sinnesorgane kann die Richtung anzeigen; die Entstehung der Richtungsanzeige dagegen aus der Verrechnung der beiderseitigen Erregungen hat den Charakter eines tropotaktischen Prozesses. Man könnte sagen: Die telotaktische Wirkung des Statolithenapparates beruht auf einem tropotaktisch arbeitenden physiologischen Mechanismus. Darüber hinaus ist der Tropotaxis-Begriff für die Lageorientierung bei Drehen um die Querachse per definitionem nicht anwendbar. Vgl. auch S. 196.

auch bei Fischen; er stellte fest, daß die Wirkung des Lichtes vom Einfallswinkel und von der Lichtintensität abhängt.

Im Statolithenapparat haben Richtung und Stärke des mechanischen Feldes einen gemeinsamen Eingang, beide wirken sich auf die Scherung aus. Sie können vom Receptor somit nicht unterschieden werden. Demgegenüber werden die vergleichbaren Größen des Lichtes, Richtung und Intensität erst durch physiologische Prozesse miteinander in Beziehung gesetzt. Die morphologische Struktur des Auges weist darauf hin, daß Richtung und Intensität getrennt registriert werden können.

Sind mehrere Lichter zugleich vorhanden, so lassen sich ihre verschiedenen Richtungen und Intensitäten in einer Vektorrechnung in eine Resultierende zusammenfassen, die *physikalische Lichtresultierende*. Die *physiologische Lichtresultierende* sei demgegenüber als die Richtung definiert, auf die ein Tier mit optischem Lageapparat, das keine andere Möglichkeit zur Lageorientierung hat, seine Ruhelage einstellt oder einzustellen versucht; ihr sei als fiktive Lichtquelle der physiologische Lichtschwerpunkt zugeordnet.

aa) Wirkung der Lichtrichtung

Viele einseitig geblendete Tiere zeigen im allseits gleichhellen Licht eine Drehtendenz, die bei dem frei schwimmenden oder fliegenden Tier zu Rotationen um die Längsachse führt. Die Richtung der Drehtendenz hängt von der Blickrichtung der noch sehenden Augen oder Augenteile ab: Augen, die nach rechts blicken, auch solche der linken Kopfseite, wirken im allseits gleichhellen Licht rechtsdrehend [Libellen: MITTEL-STAEDT (1950); Dytiscidenlarven: SCHÖNE (1951)].

Für Drehbewegungen um die Querachse gilt Entsprechendes für nach vorn und hinten blickende Augen: Seitensymmetrische Kappenblendung[1] der vorderen Stemmata veranlaßte die Dytiscidenlarven, im allseits gleichhellen Licht vorwärts in Kreisen mit dem Rücken zum Kreiszentrum zu schwimmen, rückwärts aber in Kreisen mit dem Bauch zum Zentrum. Nach Blenden der hinteren Stemmata führen sie die entgegengesetzten Bewegungsfolgen aus: Vorwärts schwimmen sie Kreise mit dem Bauch zum Zentrum, rückwärts Kreise mit dem Rücken zum Zentrum.

In jedem Falle also, ob rechte oder linke, vordere oder hintere Augen geblendet sind, ob die Larven vorwärts oder rückwärts schwammen, war die Drehtendenz mit den sehenden Augen ventralwärts gerichtet. [SCHÖNE (1951)]. Wir können das Verhalten der geblendeten Tiere als

---

[1] Kappenblendung = Abdecken des Auges mit einer lichtundurchlässigen Kappe.

den Versuch ansehen, die Normallage zum Licht einzustellen, d. h. sich
so zu drehen, daß das in Blickrichtung der freien Augen gesehene Licht
in die dorsale Blickrichtung kommt. Zur Durchführung dieser Drehtendenz können völlig verschiedene motorische Aktivitäten in Gang
gesetzt werden: Bei gleicher Blendung schwimmt die Dytiscuslarve
vorwärts mit entgegengesetzter Körperkrümmung und Extremitäten-
arbeit wie *rückwärts*.

Die Stärke der Drehtendenzen hängt vom Winkel ab, den die Lichtrichtung mit der Hochachse bildet. In Blendungsversuchen mit Dytiscidenlarven, in denen rechte gegen linke bzw. vordere gegen hintere
Stemmata ausgespielt wurden, zeigte sich, daß dorsal einfallendes
Licht keine Drehtendenz auslöst. Mit zunehmendem Winkel zwischen
Lichtrichtung und Hochachse steigt die Drehtendenz an. Die nach seitwärts bzw. nach vorn oder hinten blickenden Stemmata lösen die
stärkste Drehtendenz aus. Rückt das Licht weiter nach ventral zu,
so nimmt die Drehtendenz wieder ab [SCHÖNE (1951)].

Auch bei Fischen und Krebsen löst seitwärts einfallendes Licht die
stärksten Drehtendenzen aus: Die Fischversuche v. HOLSTs (1950a)
(Resultanteneinstellung im sich kreuzenden Licht- und Schwerefeld) ergaben die folgenden quantitativen Beziehungen (vgl. S. 189): Die Richt-
wirkung des Lichtes ändert sich proportional mit dem Sinus des Einfalls-
winkels β (Lichtrichtung-Hochachse). Diese Beziehung gilt sowohl für
den Bereich von 0—90°, als auch [BRAEMER (1957)] für den übrigen
Bereich (90—180°). Bei stark herabgesetzter Intensität stellte sich eine
Abweichung von der Sinusregel heraus: das Maximum der Schräglage
lag statt bei 90° erst bei etwa 100°. BRAEMER führt dies darauf zurück,
daß in dem benutzten Dämmerlicht eine Umschaltung auf den Nachtseh-
apparat stattgefunden hat und daß daher die dorsalen Retinabereiche
wegen der hier gehäuft auftretenden Nachtsehelemente an dem optischen
Lagemechanismus bevorzugt beteiligt sind.

Die Sinus-Regel gilt auch bei Garnelen (*Palaemonetes varians*). Es
wurden zwei Arten von Versuchen durchgeführt: Einmal wurde der
Auslenkungswinkel der Augenstiele eines festgehaltenen Krebses unter
Einwirkung verschiedener senkrecht zur Längsachse einfallender Lichtbündel gemessen; das Diagramm Augenauslenkung über Lichteinfalls-
winkel zeigt eine Sinuskurve [SCHÖNE (1955)]. In einer anderen Ver-
suchsreihe wurde das vom schwimmenden Krebs erzeugte Drehmoment
quantitativ bestimmt (SCHÖNE, unveröffentlicht): Die (vorher entstateten) Garnelen wurden mittels eines auf ihrem Rücken befestigten,
am rostralen Ende zugeschmolzenen Glasröhrchens so auf einem vertikal
stehenden, zugespitzten Drahtstab gelagert, daß sie sich mit Hilfe ihrer
frei beweglichen Extremitäten um eine ihrer Längsachse parallele Achse
drehen konnten. Mit dem Röhrchen wurde das äußere Ende einer

Uhrfeder gekoppelt, deren inneres Ende mit dem Lagerstab fest verbunden war. Die Krebse versuchten, den Rücken einem senkrecht zur Drehachse einfallenden Licht zuzuwenden, dabei mußten sie gegen die Federkraft anschwimmen. Die Kurve, in der das Drehmoment in Abhängigkeit vom Winkel Lichtrichtung-Hochachse dargestellt ist, läßt sich mit einer Sinuskurve vergleichen: Das Drehmoment erreicht ein Maximum von etwa 80—100 dyn cm bei einem Winkel von 90°.

α. *Die physiologische Lichtresultierende.* Wenn ein Tier mehreren mechanischen Kräften ausgesetzt ist, so addieren sich diese Kräfte am Statolithen, bevor sie vom Receptor registriert werden (vgl. S. 162). Beim optischen Lageapparat ist das anders: Das Auge ermöglicht es, verschiedene Richtungen getrennt zu registrieren. Es entsteht die Frage, welche Richtung für die Lageorientierung maßgebend ist.

Es sind hier die Versuche mit zwei Lichtern in der Horizontalebene zu erwähnen, soweit sie an schwimmenden Tieren ohne Schweresinnesorgane durchgeführt wurden: So fanden z. B. Buder (1919; zit. nach Fraenkel) an *Euglena* und Fraenkel (1931) an einem *Copepoden*, daß die Tiere sich in eine Richtung einstellen, die der Resultanten einer Vektorrechnung entspricht, in die die beiden Lichter (I_1 und I_2) als Vektoren eingehen. Die Richtung der physiologischen Lichtresultierenden (gemessen als Winkel φ zwischen Einstellrichtung des Tieres und intensitätsstärkerem Licht) ergibt sich aus der Funktion: $\operatorname{tg}\varphi = \dfrac{I_2}{I_1}$.

An Garnelen (*Palaemonetes*) wurden Versuche über die optische Lageorientierung bei Drehen um die Längsachse durchgeführt: Bewegt man zwei Lichtbündel, die unter einem Winkel von 90° miteinander gekoppelt sind, senkrecht zur Längsachse um einen Krebs, so stellt er die Augenstiele stets so ein, als käme ein Lichtbündel aus der Richtung der Winkelhalbierenden [Schöne (1955)]. Mit Garnelen, die sich frei um ein längsachsenparalleles Lager drehen konnten, wurden Versuche mit zwei Lichtbündeln verschiedener Intensität angestellt, die quer zur Längsachse und unter einem Winkelabstand von 90° voneinander einfielen. Die physiologische Lichtresultierende stimmte genau mit der Resultierenden eines Vektordiagramms aus beiden Lichtern überein, es gilt also die erwähnte Tangensbeziehung (Schöne, unveröffentlicht). Dasselbe Resultat brachten Versuche an *Acilius*larven, die in zwei rechtwinklig gekreuzten Lichtbündeln die Atemstellung anstreben (Schöne, unveröff.).

Es zeigen diese Ergebnisse: Die Lichter werden wie Vektoren behandelt, sie werden einfach linear und vektoriell addiert. Die physiologische Lichtresultierende stimmt mit der physikalischen überein. Stärke und Richtung simultaner Lichtreize und ihre physiologische Auswertung sind proportional.

bb) Wirkung der Lichtintensität

Die optische Lageeinstellung hängt außer vom Einfallswinkel auch von der Intensität des Lichtes ab. Aus Messungen der Augenauslenkung von festgehaltenen Garnelen [SCHÖNE (1954)] und aus der Bestimmung des Drehmomentes bei frei um die Längsachse sich drehenden Garnelen (SCHÖNE, unveröffentlicht) ergibt sich: Bei konstantem Einfallswinkel ist die Größe der Drehtendenz proportional dem Logarithmus der

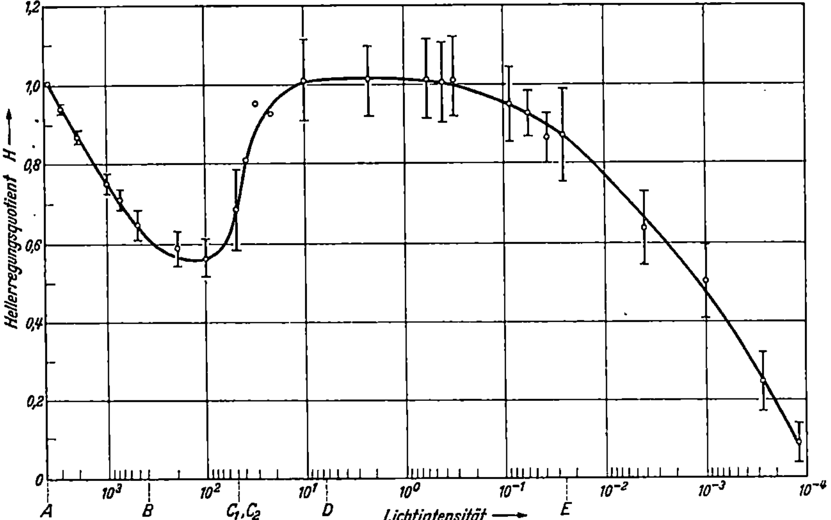

Abb. 3. Die Funktion der Lichtbewertung bei *Pterophyllum Eimeckii*. Aufgetragen ist der Hellerregungsquotient in Abhängigkeit von der Intensität. Der Hellerregungsquotient ist das Verhältnis: stat.-opt. Verhältniszahl bei der Intensität L ($=$ Abszissenwert) zu stat.-opt. Verhältniszahl bei der Ausgangsintensität L_1. Die stat.-opt. Verhältniszahl ergibt sich aus der Schräglage, die der Fisch zwischen Licht- und Schwerkraftrichtung einnimmt (vergl. S. 188). Nach BRAEMER 1957

Intensität. In den Versuchen waren die Tiere an die hellste der verwendeten Intensitäten adaptiert; die Reaktionen wurden immer unmittelbar nach Einstellen der zu prüfenden Intensität gemessen. Verwendet wurden Intensitäten im Bereich von drei Zehnerpotenzen.

Eine Besonderheit bilden die Befunde BRAEMERs (1957) an Fischen (vgl. Abb. 3): Nach der v. Holstschen Methode wurde die Ruheeinstellung im Licht-Schwerefeld (Kreuzungswinkel 90°) in Abhängigkeit von der Intensität untersucht, und zwar über ein Intervall von etwa acht Zehnerpotenzen. Es wurde immer die Endeinstellung nach vollendeter Adaptation gemessen. Bei stufenweise erfolgender Intensitätsminderung ist der Einstellwinkel des Fisches über die erste Zehnerpotenz hin dem Logarithmus der Intensität proportional, erreicht dann einen Minimalwert und steigt über eine weitere Zehnerpotenz hin wieder an,

hält sich für etwa 1—2 Größenordnungen etwa in Höhe des Ausgangs-
wertes und fällt dann endgültig ab, um nahe der achten Zehnerpotenz
zu Null zu werden. Im Bereich des ersten logarithmisch verlaufenden
Abfalles sind nach Braemer die Zäpfchen tätig, dann erfolgt die Umschaltung auf den Stäbchenapparat, die die Bewertung des Lichtes
wieder zunehmen läßt. Histologische Untersuchungen von in den
kritischen Intensitätsbereichen belichteten Retinae unterstützen diese
Deutung.

cc) Zusammenarbeit des rechten und linken Auges

Fällt innerhalb des von beiden Augen umfaßten Sehbereichs der
Garnele *Palaemonetes varians* Licht ein, so ist die Stärke der Lagereaktion unabhängig davon, ob das Licht beide Augen trifft oder ob
es — nach Abdecken eines Auges — nur ein Auge trifft, maßgebend
ist allein die Richtung des Lichtes [Schöne (1955)].

Während eine einseitige Kappenblendung nur den Lichteinfall verhindert, bedeutet die Entfernung eines Auges darüber hinaus eine
erhebliche Störung der zentralen Schalt- und Integrationsmechanismen.
Nach Versuchen v. Holsts (1954) steht ein einäugiger Fisch bei Oberlicht
um etwa 5° zur sehenden Seite geneigt. Bei Ausschalten des Lichtes
kippt er kurzfristig um etwa 10° zur geblendeten Seite und stellt sich
dann langsam auf 0° ein (= Hochachse senkrecht). Wiedereinschalten
des Lichtes bewirkt eine kurz dauernde Neigung von etwa 20° zur
sehenden Seite, die dann in die 5°-Neigung zurückgeht. Ein kappen-
geblendeter Fisch zeigt dieses Verhalten nicht, er steht bei Oberlicht
höchstens 1—2° zur sehenden Seite geneigt, im Dunkeln senkrecht, und
bei Wiederbelichten stellt er sich wieder 1—2° schief, die extrem starken
Einschwingungsvorgänge, wie sie der entäugte Fisch beim Wechsel zeigt,
sind nicht vorhanden. Daraus ist zu schließen, daß von der nicht belichteten Retina eine Daueraktivität ausgeht, die eine lagestabilisierende
Wirkung ausübt, indem sie eine Schnellanpassung an wechselnde Intensitäten ermöglicht.

Manche Garnelenarten (z. B. *Leander xiphias*), denen ein Auge entfernt wurde, rotieren mit der geblendeten Seite voran um die Längsachse
(also in entgegengesetzter Richtung wie nach Kappenblendung), später
neigen sie sich nur noch zur geblendeten Seite (Alverdes). Diese Drehtendenz entsteht bei *Palaemonetes varians* unabhängig vom Lichteinfluß:
In völliger Dunkelheit wurde ein Auge entfernt und danach fortlaufend
die Auslenkung des anderen bestimmt; und zwar wurde der Winkel
zwischen Augenachse und Querachse mittels eines am Auge befestigten,
mit Leuchtfarbe markierten Haares gemessen. Nach einigen Schwankungen während der ersten Minuten steigt die Auslenkung innerhalb
von 10—20 min auf ein Maximum von 60—70° an (normal 5—10°), und

nach etwa 40—100 min sinkt sie wieder auf 30—50°. Durch Licht wird der Ausschlag weiter vermindert. Noch Tage und Wochen nach dem Eingriff konnte im Dunkeln jedesmal ein allmähliches Zunehmen der Augenauslenkung festgestellt werden (SCHÖNE, unveröff.).

All diese nach einseitiger operativer Blendung auftretenden Vorgänge sind noch weitgehend ungeklärt. Sie hängen vielleicht mit einer tonisierenden Wirkung der Retina-Dauererregung zusammen; auch Kompensationserscheinungen werden eine Rolle spielen (vgl. S. 204).

dd) Zusammenfassung und Diskussion

Die optische Lageeinstellung (D_{opt}; vgl. S. 183) der Fische und Krebse ändert sich mit der Lichtrichtung und mit der Lichtintensität gemäß der Beziehung $D_{opt} = l \cdot \sin \beta$; β ist der Winkel zwischen Hochachse und Lichtrichtung, l ist eine Funktion der Lichtintensität.

Bei Fischen entspricht diese Funktion einer oben näher beschriebenen Kurve (Abb. 3); sie zeigt, daß in bestimmten Abschnitten des untersuchten, acht Zehnerpotenzen umfassenden Intensitätsbereichs l dem Logarithmus der Intensität proportional ist.

Bei Krebsen ergab sich für den geprüften Bereich von drei Zehnerpotenzen eine logarithmische Proportionalität: Es gilt $D_{opt} = \log I \cdot \sin \beta$.

Eine logarithmische Bewertung der Intensität erscheint biologisch sinnvoll, sie ermöglicht eine relativ konstante, von Intensitätsschwankungen viel weniger abhängige Leistungsfähigkeit des optischen Lageapparates, als das bei linearer Bewertung der Fall sein würde. Für die Aufgabe des optischen Lageapparates, die Lichtrichtung zu registrieren, wäre eine völlige Unabhängigkeit von der Intensität ideal, wie sie bei der Lichtorientierung um die Hochachse vorzukommen scheint: Nach JANDER ist die Bewegungsrichtung bei Ameisen und Bienen nur von der Lichtrichtung, nicht jedoch von der Intensität abhängig.

Während aber die Intensitäten gleichzeitig gebotener Lichter für die Ermittlung der Lichtresultierenden *linear* proportional verrechnet werden, ist die Bewertung von Intensitätsänderungen in der Zeit dem Logarithmus proportional. Bekanntlich ändern sich auch die Retinapotentiale und die Entladungsfrequenzen des Opticus proportional dem Logarithmus der Belichtungsintensität (vgl. GRANIT). Es ist nicht sehr wahrscheinlich, daß zwei verschiedene Receptorentypen existieren, von denen einer die Intensität logarithmisch proportional, der andere aber linear proportional registriert. Eher denkbar wäre eine andere Möglichkeit: Auch die simultan gebotenen Intensitäten werden dem Logarithmus entsprechend recipiert. Für die Errechnung der Lichtresultierenden werden die Receptorenerregungen zentralnervös derart umgeformt, daß die logarithmischen Proportionen zu numerischen werden.

c) Zusammenarbeit von Statolithenapparat und optischem Lageapparat

Ein wesentliches Ergebnis der Versuche v. Holst[8] (1950a) an Fischen betrifft die Zusammenarbeit von optischem und statischem Lageapparat: Wenn Licht und Schwerkraft gleichzeitig auf einen Fisch einwirken, so stellt er sich, der Richtung und der Stärke von Licht und Schwerkraft entsprechend, in die Resultierende ein. Man kann seine Einstellung am Modell einer Kräftewaage demonstrieren. Dabei sind für die Stärken von mechanischem Feld und Licht die der physiologischen Bewertung entsprechenden Größen einzusetzen: Die Bewertung f des mechanischen Feldes ändert sich linear proportional der Stärke des Feldes F (vgl. S. 165), die des Lichtes (l) proportional einer im einzelnen auf S. 185 dargestellten Funktion der Intensität; in bestimmten Intensitätsbereichen besteht logarithmische Proportionalität.

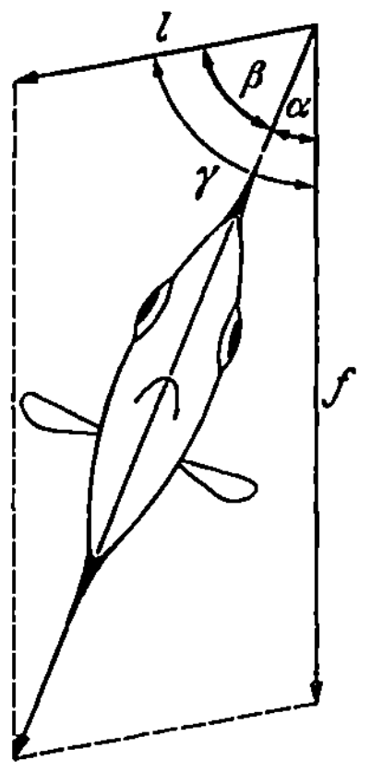

Abb. 4. Vektordiagramm der Einstellung eines Fisches bei gleichzeitiger Einwirkung von Licht und Schwerkraft. (Beschriftung vgl. Definitionen S. 162)

Die am Waagemodell demonstrierbaren Beziehungen lassen sich auch aus einem Vektordiagramm ablesen (Abb. 4): Wird im Versuch bei horizontal einfallendem Licht ($\gamma = 90°$) gleichbleibender Intensität die mechanische Feldstärke variiert, so stellt der Fisch sich so ein, daß der Cotangens des Winkels α (Fischhochachse — mechanisches Lot) sich proportional der Feldstärke ändert, es ergibt sich die „Cotangensregel" $\operatorname{ctg}\alpha = k^1 \cdot F$. Wie man aus der Abb. 4 leicht ableiten kann, stellt sie einen Sonderfall der für alle Winkel zwischen Lichtrichtung und mechanischer Feldrichtung gültigen Regel $\dfrac{\sin\beta}{\sin\alpha} = \dfrac{f}{l}$ dar. Diese Formel legt die Beziehungen zwischen dem Winkel α (Fischhochachse — mechanisches Lot), dem Winkel β (Fischhochachse — Lichtrichtung), der physiologischen Bewertung f des mechanischen Feldes und der physiologischen Bewertung l des Lichtes fest. Sie besagt: Ein Fisch teilt den Winkel γ (Lichtrichtung — mechanische Feldrichtung) durch seine Einstellung stets so auf, daß die Proportion von $\sin\beta$ zu $\sin\alpha$ gleich bleibt; vorausgesetzt, daß die Beträge der mechanischen Feldstärke und der Lichtintensität und damit f und l konstant bleiben[2]. Diese aus dem Verhalten des Fisches resultierende Proportion der Einstellwinkel $\dfrac{\sin\beta}{\sin\alpha}$ wird *statisch-optische Verhältniszahl* genannt [v. Holst (1950)].

---

[1] k ist eine Proportionalitätskonstante.

[2] Die Bewertungen f und l können durch sog. Umstimmungen geändert werden (vgl. S. 197); diese sind jedoch erkennbar und lassen sich im Versuch vermeiden bzw. später rechnerisch eliminieren [v. Holst (1950a)].

Die statisch-optische Verhältniszahl gibt an, wie Licht und Schwerkraft im Verhältnis zueinander physiologisch bewertet werden. Sie ist unabhängig von den *Richtungen* von Licht und Schwerkraft. Abhängig ist sie jedoch von den Bewertungen f des mechanischen Feldes und l des Lichtes, sie wird daher von der Feldstärke und der Lichtintensität beeinflußt.

Aus diesem Ergebnis lassen sich die in den Abschnitten 2a und 2b bereits genannten Regeln über die Funktion des statischen und des optischen Lageapparates der Fische ableiten: Es ergibt sich für die Arbeitsweise des statischen Lageapparates, wenn l und β gleich eins gesetzt werden, $D_{stat} = f \cdot \sin \alpha$, worin f linear proportional F ist; für die Arbeitsweise des optischen Lageapparates ergibt sich, wenn f und α gleich eins gesetzt werden, $D_{opt} = l \cdot \sin \beta$; die Funktion für l s. S. 185.

Ein der obigen Formel $\dfrac{\sin \beta}{\sin \alpha} = \dfrac{f}{l}$ entsprechendes Ergebnis erhielten CROZIER u. COLE an der Schnecke *Limax* sowie *Yagi* an der Stabheuschrecke *Dixippus*. Die Tiere liefen an einer senkrechten Fläche in einem parallel zur Lauffläche einfallenden Licht konstanter Richtung. Ihre Laufrichtung zwischen Schwerkraftrichtung und Lichtrichtung änderte sich mit der Intensität des Lichtes nach folgender Regel:

$$\log I = \frac{\sin \beta}{\sin \alpha} \quad (\alpha = \text{Laufrichtung} - \text{Lot}, \ \beta = \text{Laufrichtung} - \text{Lichtrichtung};$$

Intensität im Bereich um etwa 1,5 Zehnerpotenzen geändert); die Beziehung läßt sich leicht aus der v. Holstschen Formel ableiten, wenn man F und damit f zu eins werden läßt.

Während bei den Fischen, die sich frei einstellen konnten, die physiologische Bewertung von Licht und Schwerkraft von den Richtungen dieser Größen unabhängig waren, ließ sich an Krebsen zeigen, daß die Lichtbewertung unter geeigneten Versuchsbedingungen auch von der Richtung des *mechanischen Feldes* beeinflußt werden kann. Es wurde die Augenauslenkung von (einseitig entstateten) Garnelen (*Palaemonetes varians*) in Abhängigkeit von der Lage im Schwerefeld bei Drehung um die Längsachse gemessen, zunächst im allseits diffusen Licht, dann unter Einwirkung eines Lichtes konstanter Richtung und Intensität (Richtung auf das Auge bezogen). Das gerichtete Licht bewirkte eine zusätzliche Auslenkung der Augenstiele, die sich der von den Statocysten ausgelösten überlagerte. Diese vom Licht verursachte Augenauslenkung war von der Lage des Tieres im Schwerefeld abhängig: Das Licht hatte den größten Einfluß in den Stellungen, in denen die Statocyste horizontal stand, in der also keine Scherung ausgeübt wurde, den kleinsten Einfluß hatte das Licht in den Stellungen stärkster Scherung (SCHÖNE, unveröff.). Dieses Ergebnis wird durch folgenden Befund ergänzt: Die physiologische Wirkung der Lichtrichtung hängt vom Füllungszustand der Statocysten ab: Es wurde die Augenauslenkung in Abhängigkeit vom Lichteinfallwinkel beim Drehen des Lichtes um die Längsachse bestimmt, die Hochachse des Krebses stand dabei vertikal. Die Augenausschläge waren klein bei Tieren mit beidseitig normal gefüllten Statocysten (Beispiel: Maximalamplitude etwa 25 bis 30°), sie waren etwas größer bei einseitig entstateten Tieren, und sie wurden extrem groß bei Krebsen mit leeren Statocysten (etwa 60—80°) (Schöne, unveröff.).

Zum Schluß dieses Abschnittes seien die Befunde der Transpositionen von lichtbezogener Orientierung in schwerkraftbezogene Orientierung erwähnt, die an einer Reihe von Insekten erhoben wurden.

Diese Tiere können den in der Horizontalebene eingehaltenen Winkel zwischen Lauf- bzw. Flugrichtung und Lichtrichtung an der senkrechten, Fläche in einen entsprechenden Winkel zwischen Laufrichtung und Schwerkraftrichtung umsetzen. Bei Bienen (v. Frisch), Ameisen (*Myrmica ruginodis*; Vowles) und Mistkäfern (*Geotrupes*; Birukow) wird winkelgetreu transponiert. Bei der Biene und den untersuchten Ameisen entspricht die Bewegungsrichtung zum Licht einer Bewegungsrichtung entgegen der Schwerkraftrichtung, beim Mistkäfer wird der Lauf zum Licht in einen Lauf in Schwerkraftrichtung gewandelt.

Bei Köcherfliegen (*Trichoptera*) ließ sich erstmals eine Beziehung zwischen dem Verhalten bei gleichzeitiger Einwirkung von Licht und Schwerkraft und dem Verhalten der Transposition von Lichtorientierung in Schwereorientierung finden (Jander, unveröff.): Wenn die Tiere an einer senkrecht stehenden Fläche in einem parallel zur Fläche einfallenden horizontalen Lichtbündel liefen, so bildete ihre Laufrichtung mit der Schwerkraftrichtung einen Winkel von etwa 30°. Die darin deutlich werdende stärkere Bewertung der Schwerkraft zeigt sich auch im Transponierversuch: Der in das Schwerefeld transponierte Laufwinkel war um etwa 27% kleiner als der vorher in der Horizontalebene eingehaltene Winkel zur Lichtrichtung, unabhängig von der absoluten Größe der Winkel; die Einstellung zum Licht ist unabhängig von der Lichtintensität.

d) Die Wirkung der Sinnesorgane auf den Muskeltonus

Im Rahmen ihrer Funktion als Lageanzeiger beeinflussen Statocysten und Augen die Einstellung eines Tieres zur Schwerkraftrichtung bzw. zur Lichtrichtung, sie wirken also auf die Tätigkeit der für die Lagereaktionen verantwortlichen Muskeln ein.

Außer diesem die Lageeinstellung betreffenden Einfluß geht aber noch eine den Muskeltonus ganz allgemein aktivierende Wirkung von den Statocysten (bzw. dem ganzen Labyrinth) aus. Sie wird erkennbar, wenn beide oder auch nur eines dieser Organe entfernt werden: bei *Carcinus* läßt dann die Beißkraft der Scheren nach (Bethe), bei *Cephalo-*

poden wird die Kraft der Arme und Saugnäpfe schwächer (FRÖHLICH), bei *Penaeus* läßt die Kraft des Schwanzschlages nach (FRÖHLICH), bei Säugern sinkt die Spannung der Extremitätenmuskeln (MAGNUS).

Wenn durch einseitige Entstatung auch der Tonus beider Körperseiten nachläßt, so ist vielfach doch *eine* Seite stärker betroffen: BETHE maß die Kraft der Beinzuckung an einseitig statocystenlosen Carcini; die Beine der operierten Seite waren schwächer.

Noch ungeklärt ist die Beobachtung von MAGNUS an Meerschweinchen, daß einseitige Labyrinthausschaltung durch Cocain-Injektion keinen Tonusverlust der gleichseitigen Extremitäten erzeugt, im Gegensatz zur operativen Labyrinthentfernung (vgl. S. 172), obwohl in beiden Fällen die gleichen Drehtendenzen sichtbar wurden, nämlich Augendeviation und Körperneigung zur Seite des ausgeschalteten Labyrinthes.

Die Sinnesendstellen der Statocysten bzw. des Labyrinthes üben also fortlaufend eine tonisierende Wirkung auf die Muskulatur aus. Diese Dauereinwirkung hängt, wie man annehmen darf, mit der dauernden Erregungsproduktion der Receptoren zusammen [vgl. v. HOLST (1950a)], die ja auch im scherungsfreien Zustand (mit mittlerer Frequenz) fortlaufend entladen (= Ruheentladung; vgl. S. 169).

Vermutlich geht auch von den Augen eine tonusfördernde Dauerwirkung aus. Dafür sprechen viele Versuche an entäugten Tieren, z. B. die Beobachtungen FRIEDRICHs an der Heteropode *Pterotrachea:* Er fand, daß nach Exstirpation der Augen die Bewegungen des Tieres erheblich langsamer und matter wurden.

3. Die Lageorientierung als Leistung von Systemen

Von vielen Tierformen ist seit langem bekannt, daß sie ihre Statocysten benötigen, um die Normallage einzunehmen, z. B. Wirbeltiere, Krebse, viele Medusen, Ctenophoren usw. [vgl. v. BUDDENBROCK (1952)]. Von anderen weiß man, daß sie die Statocysten brauchen, um sich in artspezifisch bestimmter Richtung nach unten oder nach oben (= positiv oder negativ geotaktisch) fortzubewegen, z. B. die Polychaeten *Arenicola* und *Branchiomma* beim Eingraben in den Boden, die Wasserwanze *Nepa* beim Aufwärtskriechen u. a. [vgl. BUDDENBROCK (1952)]. Außer diesen sind noch viele andere Formen mit und ohne Statocysten bekannt, deren Bewegungsrichtung vorzugsweise nach oben, nach unten oder horizontal führt, d. h. die sich negativ, positiv oder transversal geotaktisch verhalten.

Lange Zeit herrschte vielfach die Meinung, die Statocysten hätten allein die Aufgabe, Abweichungen von der Normallage oder den bestimmten arttypischen Vorzugsrichtungen zu registrieren und reflexartig Korrektionsbewegungen auszulösen, um die Normallage bzw. diese

Richtungen wieder herzustellen. Spontane, d. h. vom Tier selbst durchgeführte Abweichungen erklärte man z. B. bei Medusen und Rippenquallen damit, daß die Gleichgewichtsorgane in diesem Zustand nicht in Funktion seien; erst zur Wiederherstellung der Normallage würden sie wieder benutzt [Fraenkel, v. Buddenbrock (1952)].

Schon 1926 beschrieb Dembowsky Beobachtungen an grabenden Winkerkrabben, die mit diesen Ansichten schlecht zu vereinbaren waren: Die Tiere gruben ihre Höhlen in verschiedenen Richtungen zum Schwerefeld; wenn die Gefäße mit den grabenden Tieren im Schwerefeld gekippt wurden, so zeigte sich, daß die verschiedenen Richtungen, ob schräg oder senkrecht in den Boden führend, an der Schwerkraftrichtung orientiert waren.

Entsprechendes gilt für die optische Lageorientierung: Die sog. Lichtrückenorientierung zielt keineswegs nur auf die Einstellung des Rückens zum Licht ab. Alle Schwimmbahnen, z. B. der Dytiscidenlarven, ob schräg aufwärts in die Atemstellung, aus der Atemstellung wieder hinab oder unter beliebigem Winkel durchs Wasser führend, erweisen sich als auf die Lichtrichtung bezogen, wie man bei Unterlicht sofort erkennt.

Statocysten bzw. Augen dienen also nicht ausschließlich der Erhaltung bestimmter artspezifischer Stellungen oder Bewegungsrichtungen, wie z. B. Normallage, Richtung zur Reizquelle hin, von ihr fort oder transversal; sie sind ebenso an der Einstellung anderer Richtungen oder Körperlagen beteiligt.

Aus diesen Vorstellungen heraus läßt sich das Bewegungsverhalten von *Dytiscus*larven und Garnelen (*Palaemonetes varians*) erklären, denen beidseitig die Augen bis auf die nach dorsal sehenden Teile geblendet waren [Schöne (1951, 1952)]. Die Tiere wurden im allseits gleichhellen Licht beobachtet. Das Licht kommt für diese Tiere stets von dorsal. Sie geraten, wenn sie schräg abwärts starten, in Kreise mit dem Bauch zum Zentrum, wenn sie aber schräg aufwärts starten, in Kreise, in denen der Rücken dem Zentrum zugekehrt wird. Dieses Verhalten muß damit zusammenhängen, daß die Tiere nur Licht in dorsaler Richtung sehen. Die Kreisbewegungen sind als die Versuche anzusehen, die Einstellung zur Lichtrichtung zu ändern. Und zwar versucht das aufwärts gestartete Tier das Licht von den dorsalen in die vorderen Augen zu bekommen, das abwärts gestartete versucht das Licht in die hinteren Augen zu bekommen. Das bedeutet aber: eine normal sehende Larve dreht sich, um z. B. die Abwärtsrichtung einzuschlagen, solange, bis das Licht die hinteren Augen trifft.

Wir können somit die Sinnesorgane als Kompaßgeräte ansehen, die in die Mechanismen der Lageorientierung eingegliedert sind. Die Orientierungsmechanismen dienen dazu, Lage und Bewegungsrichtung im Raum zu überwachen und zu lenken.

Die neueren Ansichten über die Arbeitsweise derartiger Systeme wurden durch v. HOLST u. MITTELSTAEDT im „Reafferenzprinzip" präzisiert. Sie zeigen weitgehende Parallelen zur Regelungstheorie[1].

Die Orientierungsvorgänge sind danach als Kreisprozesse anzusehen: Die Lage wird von den Receptoren fortlaufend registriert und dem Zentrum gemeldet. Diese Lagemeldungen der Receptoren beeinflussen die lageeinstellende Tätigkeit der Bewegungsorgane des Tieres. Dabei bestehen Unterschiede in der Wirkung von solchen Lagemeldungen, die durch aktive, d. h. vom Tier selbst erzeugte Lageänderungen verursacht werden, und solchen, die durch passive Lageänderungen verursacht werden: Eine aktive Veränderung der Raumlage verursacht eine Receptorenerregung, die *nicht* zu einem die Lageänderung korrigierenden Reflex führt, im Gegensatz zu einer durch passive Lageänderung ausgelösten Erregung. Die durch aktive Bewegung ausgelöste Receptorenerregung wird *Reafferenz* genannt, die durch passive Bewegung erzeugte *Exafferenz*. Diese beiden Erregungen müssen, da sie verschiedene Reaktionen bewirken, im Zentrum verschiedene Voraussetzungen antreffen. Das Zentrum wertet und verrechnet die Reafferenz anders als eine durch Störung von außen verursachte Exafferenz, es muß auf das Eintreffen der Reafferenz irgendwie vorbereitet sein. Die Theorie postuliert nun, daß derjenige zentrale Prozeß, der die Lageänderung in Gang setzt, zugleich die der Lageänderung entgegengerichtete Wirkung der Lagemeldung aufhebt. Zum Beispiel: Auf das Kommando einer übergeordneten, zentralen Instanz hin wird eine abwärtsführende Schwimmlage eingenommen. Dadurch wird die Statocystenerregung geändert. Diese reafferente Erregung wird zentral mit dem Kommando verrechnet, und zwar additiv. Die beiden Größen haben entgegengesetzte Vorzeichen, denn das Kommando hat abwärtsdrehende Wirkung; die von der Abwärtsdrehung verursachte Statocystenerregung aber würde — ohne die zentrale Einflußnahme — zu einer aufwärtsgerichteten Korrekturbewegung führen. Das Ergebnis der Verrechnung von Reafferenz und Kommando beeinflußt die Bewegungsorgane: solange das Kommando überwiegt, dreht sich das Tier weiter abwärts. Wenn Reafferenz und Kommando gleich groß sind, hört die Drehbewegung auf, die dem Kommando entsprechende Lage, die Sollage, ist erreicht. Sie wird so lange beibehalten, bis Kommandoänderungen eintreten.

Auf diese Sollage hin werden auch passive, also durch Außeneinflüsse verursachte Änderungen der Lage korrigiert. Derartige Störungen, die das Tier aus seiner Bahn bringen, führen in der Verrechnungsstelle zu einer Differenz zwischen Statocystenerregung und Kommando. Wenn

---

[1] Parallelen zwischen biologischen Vorgängen und Regelungsprozessen haben unabhängig voneinander aufgezeigt: BÖHM, KÜPFMÜLLER, McCULLOCH, WAGNER, WIENER. Zur Regelungstheorie vgl. OPPELT.

z. B. das Tier nach abwärts von der Bahn abweicht, so überwiegt die Statocystenerregung; das bewirkt eine aufwärtsdrehende Tätigkeit der Bewegungsorgane. Diese hört auf, sobald Erregung und Kommando wieder gleich sind, d. h. die Sollage wieder hergestellt ist. Dieser Vorgang, die Korrektur einer Abweichung von der Sollage, läßt sich mit dem (früher allein bekannten) Lagereflex vergleichen[1].

In der Nomenklatur der Regeltechnik ist der beschriebene Zusammenhang ein einfacher Regelkreis. Seine wesentlichen Bestandteile funktionieren folgendermaßen (vgl. Abb. 5): Das Sinnesorgan (technisch: Fühler) liefert die Lagemeldung (Regelgröße). Die Zentrale (Regler) vergleicht die jeweilige Lagemeldung (Istwert der Regelgröße) mit einer zentralen Größe gleicher Dimension, dem „Sollwert", der entweder dauernd, z. B. strukturell, festliegt oder durch das Kommando (Führungsgröße oder Sollwerteinstellung) gesteuert wird. Aus der Differenz zwischen Sollwert und jeweiliger Lagemeldung bildet sie die Efferenz (Stellgröße), die auf dem Weg über die Bewegungsorgane (Stellglied) die Raumlage und damit auch die Lagemeldung beeinflußt. Die Raumlage wird aber auch von äußeren

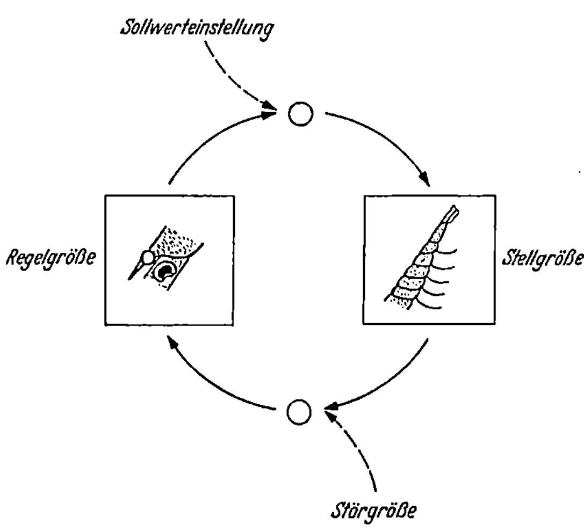

Abb. 5. Regelkreisschema der statischen Lageorientierung eines Krebses. (Der linke Kasten, der Fühler, liefert die Regelgröße, der rechte Kasten, das Stellglied, wird von der Stellgröße gesteuert[2]); vgl. Text

---

[1] Daß man in der Vergangenheit zumeist nur den Teil der Regelsysteme untersuchte, der die Lagereflexe betrifft, lag vor allem an der Art der Methodik: Man zwang den Tieren Reize auf und erhielt dann die auf diese Störung hin einsetzenden Korrekturbewegungen. Obwohl auch in Zwangssituationen Sollwertänderungen der Lage auftreten können, so wird der Sollwert dennoch meist der Normallage entsprechen, denn die spontanen Sollwertänderungen wechseln und streuen in der Richtung und heben sich daher zumeist im Mittel gegenseitig auf. (Es sei denn, man wählt spezielle, auf einen bestimmten Sollwert hinzielende Versuchsbedingungen.) Die Ergebnisse solcher Versuche konnten daher leicht zu der Vorstellung führen, die Funktion der Statocysten und anderer Orientierungsorgane bestehe allein darin, die Normallage bzw. bestimmte (z. B. geo- oder phototaktische) Richtungen wieder herzustellen.

[2] Die Bezeichnungen Regelgröße und Stellgröße stehen versehentlich neben den Kästen, statt über ihnen neben dem abführenden bzw. zuführenden Pfeil.

Kräften (Störgröße) beeinflußt. Ein solches System eliminiert einerseits den Einfluß der Störgröße, folgt aber andererseits dem Kommando.

Um dieser Aufgabe einwandfrei zu genügen, sind die Funktionsgrößen des Kreises (Regelgröße und Stellgröße) ununterbrochen miteinander verbunden, sie wirken dauernd aufeinander ein.

Die Regelkreisvorstellungen gewinnen eine starke Stütze durch den Nachweis, daß aktiv eingenommene Raumlagen Sollagen sind, die mittels der Sinnesorgane überwacht werden.

BRAEMER (1958) untersuchte Fische (*Poecilobrycon eques*), die von Natur aus schräg aufwärts stehen und deren Utriculi, wie sich herausstellte, in dieser Lage eine Scherungserregung liefern. Zentrifugenversuche ergaben, daß die schräge Lage durch Festhalten einer bestimmten Statocystenerregung geregelt wird: Bei Erhöhung der mechanischen Feldstärke stellten sich die Fische weniger schräg, der die Scherung verursachende Winkel wurde kleiner, die Scherung, d. h. die Statocystenerregung, wurde konstant gehalten.

Bei Fischen, deren Utriculi in der Normallage horizontal stehen, läßt sich ein derartiger Nachweis erst erbringen, wenn man sie dazu veranlaßt, eine von der Normallage abweichende Stellung einzunehmen. Das kann geschehen, indem man sie durch Seitenlicht dazu bringt, sich um einen bestimmten Winkel um die Längsachse zu drehen. Wenn man dafür sorgt, daß der Winkel Lichtrichtung — Fischhochachse gleich bleibt, so verändern die Fische auf eine Erhöhung der Feldstärke hin ihre Stellung im Schwerefeld so, daß die Statocystenerregung konstant bleibt (vgl. S. 165).

An Garnelen wurde festgestellt, daß auch Körperlagen, die eine Bewegungsrichtung kennzeichnen, durch Sollwerteinstellungen bestimmt werden: *Palaemonetes varians* und *Crangon crangon* halten die Bahnrichtung beim Abwärtsschwimmen durch Konstanthalten einer bestimmten Scherungserregung inne. Bei Erhöhung von g verkleinerten die Krebse den Neigungswinkel der Abwärtsbahn derart, daß die Scherung (S) immer konstant blieb; es ergab sich: $S = 0{,}6 \cdot g \cdot \sin \alpha = \text{const}$ (vgl. S. 166).

v. HOLST u. L. SCHOEN konnten zeigen, daß auch bei der optischen Lageorientierung die Normallage durch Festhalten eines bestimmten Sollwertes, hier einer Lichtrichtung, geregelt wird. Es wurden die beiden Augäpfel eines Fisches mechanisch so verstellt, daß z. B. das rechte Auge schräg nach oben, das linke schräg nach unten blickte. Das bedeutet einen Eingriff in den Registrierapparat des Regelkreises. Die Folge war, daß der Fisch um eben den Betrag, um den die Augen verstellt sind, die Lichtrichtung falsch lokalisierte, er neigte sich entgegen der Verstellrichtung so weit, bis seine Augen durch Reafferenz meldeten, daß der Sollwert erreicht ist.

13*

Aus diesem Ergebnis geht hervor, daß die Lichtrichtung auf die Augen bezogen wird, nicht auf den Körper. Das gilt auch für Garnelen, wie Versuche zeigten, in denen ein Auge in verschiedenen Stellungen zum Körper fixiert wurde, während an den Ausschlägen des geblendeten anderen Auges die Wirkungen verschiedener Lichtrichtungen abgelesen wurden [Schöne (1952)]. Offensichtlich geht eine passive Verstellung der Augen, obgleich möglicherweise durch Stellungsreceptoren registriert, in den Verrechnungsprozeß der Lageorientierung nicht mit ein. Doch muß ein Fisch, wenn er seine Augen selbst bewegt, über die Augenstellung informiert sein. Denn er dreht, solange man ihn festhält, nur seine Augen zum Licht, zieht aber den ganzen Körper nach, sobald er freigelassen wird. Wir können annehmen, daß das Kommando, das die Augenbewegung verursacht, selbst eine entsprechende Information liefert [vgl. v. Holst u. L. Schoen sowie Dijkgraaf (1956)].

Die von Magnus und seiner Schule untersuchten Labyrinth-, Halsund Körperreflexe stellen Teile mehrerer miteinander verzahnter Regelkreise dar. Als Receptoren fungieren das Labyrinth, die Halsstellungsreceptoren und die Receptoren, die die Bodenberührung des Körpers registrieren. Als Effektoren dienen Augenmuskeln, die Halsmuskulatur sowie die Rumpf- und Extremitätenmuskulatur. Eine Regelkreisdarstellung, die die vielfachen Wechselwirkungen zwischen Statolithenapparat, Halsstellungsreceptoren, Halsmuskeln und Extremitätenbewegung widerspruchsfrei erklärt, haben v. Holst u. Mittelstaedt gegeben.

Die Regelungstheorie hat gegenüber älteren Ansichten über die Orientierungsvorgänge den Vorteil, den Tatsachen besser gerecht zu werden; (man vergleiche die Kontroverse zwischen v. Buddenbrock u. Moller-Racke auf der einen, Mittelstaedt u. v. Holst auf der anderen Seite über die Optomotorik). Mittelstaedt (1954) zeigte den Wert quantitativer Analysen der Systemzusammenhänge, z. B. der Übergangsfunktionen der Glieder eines Regelkreises, auf.

Die Regelkreisvorstellungen führen zu folgenden Überlegungen über die Anwendbarkeit der Taxiennamen auf die Vorgänge der Lageorientierung. Die Taxiennamen sind zur Kennzeichnung von in bestimmter Weise orientierten Verhaltensweisen sehr beliebt. Sie sind in dieser Art der Anwendung als Kürzel der Verhaltensbeschreibung praktisch kaum entbehrlich. Demgegenüber gerät man in Schwierigkeiten, wenn man mit ihnen die Arbeitsweise des beteiligten Orientierungsmechanismus bezeichnen will: Die Taxienbegriffe telo-, tropo-, positiv, negativ oder transversal taktisch bezeichnen ihrer ursprünglichen Definition gemäß (Kühn) eine bestimmte Symmetrie-Einstellung zur Reizquelle. Sie sind nur auf die gleichgewichtserhaltenden Reflexe der Normallage bzw. bestimmter artspezifischer Vorzugsrichtungen (wie positiv, negativ oder transversal) gemünzt. Den Regelkreisen der Lageorientierung kommt aber eine umfassendere Aufgabe zu. Daher sind die Taxiennamen zur Kennzeichnung von Lageorientierungen — sofern sich eine Regelkreisfunktion für sie nachweisen läßt — nicht mehr recht geeignet. Man könnte aus den Definitionen von tropo- und telodie Teile ausklammern, die die motorische Einstellung und die Forderung nach

Symmetrie betreffen und nur den Prozeß der Richtungsermittlung gelten lassen: tropo- entspräche dann der Verrechnung zweier Erregungen antagonistischer Wirkung; telo- der Möglichkeit, die Richtung mit nur einem Sinnesorgan zu bestimmen. Doch kann auch eine Benutzung in diesem Sinne zu einer Komplizierung in der Darstellung führen statt zu vereinfachen: z. B. könnte man die Richtungsanzeige der Statocyste dann einen telotaktischen Vorgang nennen, der durch einen tropotaktisch arbeitenden physiologischen Mechanismus entsteht (vgl. Fußnote S. 181).

Zum Schluß dieses Abschnitts soll die Frage nach den Ursachen von spontanen Verhaltensänderungen gestreift werden:

Verhaltensänderungen kann man als Sollwertänderungen bezeichnen. Sollwerteinstellungen sind vielfach von Außenfaktoren[1] beeinflußbar: Der Fisch *Poecilobrycon eques* nimmt nur im Hellen die arttypische Schrägstellung ein, die eine vom Statolithenapparat geregelte Sollage ist, wie oben gezeigt wurde (vgl. S. 195). Bei einem bestimmten Dämmerungsgrad wird diese Sollage aufgegeben, der Fisch legt sich waagerecht an die Wasseroberfläche an [BRAEMER (1958)].

Die zentralnervösen Prozesse, auf denen derartige Verhaltensänderungen beruhen, kann man als Umstimmung bezeichnen. Umstimmungen, die zu einer Änderung der statisch-optischen Verhältniszahl führen, setzen ein, wenn Fische erhöhtem hydrostatischem Druck ausgesetzt werden, oder wenn man längere Zeit starken Wellenschlag auf sie einwirken läßt [v. HOLST (1950 c)]: Im ersten Fall steigt die Bewertung des mechanischen Feldes, die Fische nähern ihre Einstellung der Schwerkraftrichtung. Im zweiten Fall sinkt die Bewertung des mechanischen Feldes, die Einstellung der Fische nähert sich der Lichtrichtung.

Durch geeignete Versuchsbedingungen lassen sich Umstimmungsvorgänge quantitativ erfassen: So konnte z. B. v. HOLST (1950 c) den Einfluß des „Appetits" auf die statisch-optische Verhältniszahl von Scalaren (*Pterophyllum scalare*) messen: Die hungrigen, im Seitenlicht schräg stehenden Fische kippen kurzfristig stärker zum Licht, wenn sie Beute sehen oder riechen. Die Kippkurve beginnt mit dem Zeitpunkt des Beutefixierens, sie steigt in etwa 5 sec steil an, erreicht den Gipfel, wenn der Fisch zuschnappt und fällt dann in etwa 20—30 sec wieder auf den Ausgangswert ab. Der Kippwinkel wird größer mit der Größe der Beute, er wird kleiner mit zunehmender Sättigung.

4. Zentren und Bahnen

Die Untersuchung zentralnervöser Funktionsbeziehungen ist durch die Anwendung elektrophysiologischer Reiz- und Registriertechnik in den letzten Jahren sehr vorangetrieben worden, speziell an Wirbeltieren.

---

[1] Man sollte unterscheiden zwischen den Außenfaktoren, die eine Sollwertveränderung, also eine Verhaltensänderung bewirken, und denen, die für die beteiligten Orientierungsprozesse wichtig sind [vgl. SCHÖNE (1958)].

Die Receptoren der Statolithenorgane sind über die bipolaren Neurone des Ganglion scarpae mit den im Hirnstamm gelegenen Vestibulariskernen verbunden. Von diesen führen aufsteigende Bahnen zu den Augenmuskelkernen im Mittelhirn sowie zum Cerebellum, absteigende Neurone ziehen in den vestibulo-spinalen Trakt des Rückenmarks. Viele Querverbindungen bestehen zur Formatio reticularis [Buchanan, Benninghoff (1954)].

W. R. Hess [zit. nach v. Holst (1958)] beobachtete in seinen Reiz- und Ausschaltungsversuchen am Zwischen- und Kleinhirn der Katze u. a. auch Verhaltensweisen, die den Kompensationsbewegungen entsprechen, wie sie bei natürlicher Reizung der Statolithenorgane auftreten.

Drehungen um die Längsachse traten auf, wenn Punkte gereizt wurden, die im Faserbündel des Brachium conjunctivum (ventraler Thalamus) liegen. Diese Fasern kommen vom Kleinhirn, sie kreuzen sich nahe dem Nucleus ruber. Bei Reizung hinter der Kreuzung drehten sich die Tiere zur Reizseite, bei Reizung vor der Kreuzung zur Gegenseite.

Drehungen um die Querachse traten bei Reizung von Punkten auf, die im Bereich von der hinteren Kommissur bis zur medianen Partie des Zwischenhirns lagen. Und zwar wurde Drehung nach vorn mehr caudalwärts ausgelöst in einer Zone, in die vestibuläre Fasern eintreten; Drehung nach hinten wurde bei Reizung mehr rostral, z. T. im Tractus rubrospinalis, einer im Nucleus ruber beginnenden, absteigenden Bahn ausgelöst. Einseitige Reizung des Nucleus ruber hatte dabei symmetrische Wirkung.

Bemerkenswert ist, daß die Stärke der Drehung mit der Reizstärke korreliert war: Bei Drehtendenz um die Längsachse trat bei schwacher Reizspannung nur leichte Kopfneigung auf, mit Ansteigen der Spannung wurde die Neigung stärker, griff dann auf den Körper über, bis bei starkem Reiz das Tier seitwärts über den Boden rollte. Die Drehtendenz um die Querachse ließ sich (Drehen nach hinten) von Kopfheben bis zum Aufstellen auf die Hinterbeine und schließlich Überkippen nach hinten steigern.

Wenn Punkte durch Coagulieren zerstört wurden, so erhielt Hess genau spiegelbildlich entgegengesetzte Verhaltensweisen wie vorher bei Reizung dieser Punkte: z. B. neigte eine Katze bei Reizung den Kopf nach rechts, nach Zerstörung dieses Punktes hielt sie den Kopf dauernd nach links geneigt; oder, wenn bei Reizung der Kopf gehoben wurde, so wurde er nach Zerstörung des Punktes gesenkt gehalten.

Diese verschiedenen Lageeinstellungen sind als Antworten auf künstlich induzierte vestibuläre Lagemeldungen aufzufassen. Durch die Reizung werden wahrscheinlich Faserzüge aktiviert, die Statolithenerregung leiten. Durch die *Ausschaltung* wird die (dauernd vorhandene)

Erregung aus dem Vestibularisgebiet blockiert; das bedingt eine Asymmetrie, die umgekehrten Vorzeichens ist wie die bei Reizung auftretende (und durch die Reizstärke modifizierbare) Asymmetrie.

Bei Reizungen im Kleinhirn (Nucleus dentatus) ließen sich entsprechende Einstellungseffekte erzielen wie bei Reizung im Zwischenhirn. Es treten hier Faserzüge aus dem Vestibulariskerngebiet ein.

Lageerregungen lassen sich auch in der Großhirnrinde nachweisen: Auf elektrische Reizung eines Utriculus-Nerven der Katze hin erhielten ANDERSON u. GERNANDT maximale Antworten in einem eng umgrenzten Bezirk des Gyrus ectosylviacus und suprasylviacus der Gegenseite. Diese Repräsentation im Cortex deutet darauf hin, daß die Lagemeldungen für übergeordnete, mit komplexen Verhaltensweisen verknüpfte zentralnervöse Prozesse wichtig sind.

Vestibuläre Erregungen wirken sich zusammen mit den Einflüssen corticaler [KEMPINSKY u. WARD (1950), u. a.] und cerebellärer Impulse (KOELLA u. a.) auf die Tätigkeit der Gliedermuskeln aus. Einen Einblick in die Verflechtung vestibulärer und zentraler Faktoren bieten die Untersuchungen über die Entstehung der Enthirnungsstarre. Als Enthirnungs- oder Streckerstarre wird die übermäßige Streckstellung der Extremitäten beim decerebrierten Tier bezeichnet. Wie schon MAGNUS feststellte, verschwindet die Enthirnungsstarre, wenn beide Labyrinthe entfernt werden; sie ist somit von den vestibulären Erregungen abhängig. Auch von Kleinhirnrinde und -kern gehen Impulse aus, die zusammen mit den vestibulären die Muskelspannung beeinflussen: Reizung bestimmter Rindenbezirke vermindert die Starre, wie WEED (1914) und nach ihm andere feststellten (zit. nach WARD). Einseitige Entfernung des vorderen Kleinhirnlappens führte dazu, daß nur noch die gleichseitigen Glieder gestreckt, die der Gegenseite aber gebeugt sind. Die entgegengesetzte Wirkung hat die einseitige Zerstörung des Nucleus fastigialis im Kleinhirn oder eines DEITERSschen Vestibulariskernes: Die Extremitäten der Gegenseite werden gestreckt, die der gleichen gebeugt. Beidseitige Zerstörung der Fastigialis-Kerne oder der DEITERSschen Kerne reduziert den Grad der Starre; ihr völliger Ausfall wird jedoch erst durch Ausschaltung aller vier Kerne erzeugt (SPRAGUE u. CHAMBERS). Daraus ist zu entnehmen, daß die aus den Kleinhirnkernen kommenden Erregungen und die vestibulären Erregungen der DEITERSkerne bis zu einem gewissen Grade unabhängig voneinander die Muskeltätigkeit beeinflussen.

Nach WARD wird die Enthirnungsstarre durch den Ausfall bestimmter corticaler Hemmungsfelder verursacht, deren Impulse beim intakten Tier die tonusfördernden vestibulären und cerebellaren Einflüsse hemmen. Die Einwirkung geht vermutlich auf dem Weg über die Formatio reticularis vor sich.

Dieser mächtigen, das ganze Stammhirn durchziehenden Struktur kommt bei der Verarbeitung zentraler und peripherer Erregungen und ihrer Umsetzung in efferente Impulsströme eine wesentliche Rolle zu. Sie empfängt und verarbeitet sensible, corticofugale und cerebellofugale Impulse und nimmt Einfluß sowohl auf corticale Vorgänge als auch auf das motorische Geschehen (MAGOUN; GERNANDT u. THULIN; ELDRED, GRANIT u. MERTON).

Einen Hinweis auf die Art dieser integrativen Tätigkeit bieten die Versuche von BAUMGARTEN, MOLLICA u. MORUZZI sowie von BAUMGARTEN u. MOLLICA. Diese Autoren bestimmten mit Mikroelektroden die Entladungsfrequenz einzelner Zellen der Substantia reticularis bulbi unter Einwirkung sowohl afferenter Erregungen (ausgelöst durch Trigeminus- oder Ischiadicus-Reizung) als auch zentrifugaler Impulse vom motorischen Cortex oder vom Kleinhirnvorderlappen. Die Einflüsse konnten hemmender oder fördernder Art sein. Sie veränderten die Entladungsfrequenz der Zelle. Bei gleichzeitigem Eintreffen überlagern sich ihre Wirkungen.

Die über die Rückenmarksbahnen laufende Aktivierung der motorischen Tätigkeit erfolgt sicherlich zum Teil über den Regelmechanismus der Spindelsysteme [vgl. GRANIT, v. HOLST (1956), BURKHARDT]. Die von rostral, z. B. aus der Formatio reticularis, kommenden Impulse bewirken über die efferenten Spindelneurone (γ-Neurone) eine Kontraktion der Spindelfasern und erregen damit die afferenten Spindelneurone, diese „ziehen" über den monosynaptischen Reflex die große Masse der Muskelfasern nach (GRANIT). Die α-Neurone, die direkten Verbindungen vom Zentrum zu den Muskelfasern, sind vermutlich nur bei sehr raschen, plötzlich einsetzenden Muskelaktionen tätig (vgl. GRANIT).

Schon MAGNUS stellte fest, daß der Grad der Streckerstarre des enthirnten Tieres sich mit der Lage im Raum ändert. Er fand ein Maximum nahe der Rückenlage. KOELLA u. Mitarb. untersuchten diese Beziehungen genauer, sie bezogen auch noch den Dehnungszustand des Muskels mit in die Messungen ein: Die isometrisch gemessene Muskelspannung (t) der Vorderbeinstrecker ändert sich linear proportional mit dem Cosinus des Winkels (Θ), um den die Katze aus der Normallage um die Längsachse gedreht wird. Sie ändert sich außerdem proportional dem Logarithmus des Dehnungsgrades (s) dieses Muskels. Die Beziehungen faßt KOELLA in die Formel zusammen $t = 12,5 \cdot (1—0,15 \cos \Theta) \cdot e^{0,21\,s}— 18$. Aus dieser Formel ergibt sich: Die Muskelspannung ist klein bei niederem Dehnungsgrad und in Bauchlage, sie ist groß bei hohem Dehnungsgrad und in Rückenlage; die vestibulären Einflüsse und die vom Dehnungszustand herrührenden Einflüsse wirken multiplikativ zusammen. Die vestibuläre Wirkung ist bei hohem Dehnungsgrad größer als bei niederem.

Man kann versuchen, die Ergebnisse der nervenphysiologischen Untersuchungen mit der Regelungstheorie der Lageorientierung in Beziehung zu setzen. Man könnte sich z. B. folgende Möglichkeit vorstellen: Die Änderungen der in der Formatio reticularis eintreffenden Cortex- oder Kleinhirnimpulse lassen sich mit einem zentralen Sollwertkommando vergleichen, die vestibuläre Lageerregung mit der Regelgröße. Die Integration dieser beiden Regelkreisgrößen würde in der Formatio reticularis vor sich gehen: Zentrale Impulse sollen z. B. eine Steigerung der Dauerentladungsfrequenz einer Zelle bzw. Zellgruppe verursachen und dadurch eine spinalwärts laufende Erregung mit dem Erfolg einer Lageänderung auslösen. Diese bewirkt eine Erregungsänderung des Lagereceptors. Die Erregungsänderung wiederum beeinflußt die Tätigkeit derselben Reticulariseinheit, von der das motorische Kommando ausging, und zwar wirkt sie hemmend. Wenn zentrale Förderung und vestibuläre Hemmung einander gleich sind, hört die Bewegungsänderung auf, die Sollage ist erreicht und wird solange beibehalten, bis die Frequenz der zentralen Impulse sich erneut ändert. Wenn sie z. B. abfällt, wird die Erregung der Reticulariseinheiten infolge der jetzt überwiegenden vestibulären Impulse vermindert, eine gegenlaufende Lageänderung ist die Folge.

5. Kompensation

a) Kompensation im Statolithenapparat

Die Verhaltensstörungen, die der Entfernung einer ganzen Statocyste folgen und die auf den einseitigen Ausfall der lageunabhängigen Daueraktivität des Sinnesepithels zurückzuführen sind (vgl. S. 172), pflegen allmählich schwächer zu werden und schließlich mehr oder weniger zu verschwinden. Sie werden kompensiert.

Bei einseitig des Utriculus beraubten Fischen konnte L. SCHOEN (1950) die kompensatorische Abnahme der Drehtendenzen mittels der v. HOLSTschen Methodik messen. Sie bestimmte die Schräglage, die der Fisch bei Beleuchtung von der operierten Seite einnahm, und die Schräglage, die er bei Beleuchtung von der intakten Seite einnahm. Die Fische drehen sich wegen der einseitig wirkenden Daueraktivität stärker zur operierten als zur intakten Seite (vgl. S. 173). Die Differenz der beiden Schräglagen gibt die Wirkung der Daueraktivität wieder. Sie wurde in Abhängigkeit von der Beobachtungszeit (maximal 40 Tage) aufgetragen. Die so entstandene Kompensationskurve ähnelt einer Exponentialkurve. In den ersten Tagen fällt sie steil ab, dann wird sie immer flacher, nach 40 Tagen nähert sich das Verhalten dem Normalzustand. Ähnliche Kurven erhielt A. KOLB aus Untersuchungen an Fröschen. Sie maß die Schräglage nach einseitiger Labyrinthentfernung.

Der Kompensation liegt ein zentralnervöser Prozeß zugrunde, durch den der einseitige Ausfall allmählich ausgeglichen wird. Dies ergibt sich aus dem Verhalten der Tiere, denen nach Kompensation einseitigen Statocystenausfalls auch die andere Statocyste entfernt wurde. Die jetzt anatomisch wieder „symmetrischen" Tiere zeigten eine entgegengesetzt gerichtete Drehtendenz wie nach dem ersten Eingriff [MAGNUS:

Säuger; v. HOLST (1950a), L. SCHOEN (1950), LÖWENSTEIN (1932): Fische; SCHÖNE (1954): Krebse].

Nach Ausschaltversuchen von SPIEGEL u. DEMETRIADES an Katzen und Kaninchen ist die kompensatorische Ausgleichserregung in den Vestibulariskernen der Defektseite lokalisiert. Großhirn, Thalamus und contralaterale Vestibulariskerne konnten entfernt werden, ohne die Kompensation zu beeinträchtigen (MAGNUS, SPIEGEL u. DEMETRIADES).

Die Kompensationserregung ist, da zentral lokalisiert, lageunabhängig; folglich wirkt sie sich in allen Lagen gleich stark aus. Das Fortschreiten der Kompensation wird daher in den Kurven, in denen die Drehtendenzen über der Lage aufgetragen sind, als eine Verschiebung parallel zur Ordinate auf die Abscisse hin sichtbar (Abb. 2c und d).

Bei Fischen und Fröschen zeigte sich, daß die nach der Zweitentstatung auftretende Drehtendenz von etwa derselben Stärke war wie die nach der Erstentstatung [L. SCHOEN (1950), A. KOLB]. Auch sie wird wieder kompensiert, die Kurve ähnelt der der ersten Kompensation.

Wodurch wird die Kompensation ausgelöst? Sie setzt, wie oben gezeigt wurde, nur ein, wenn die lageunabhängige Daueraktivität einer Seite ausfällt. Wie aus den im Abschnitt 2a dargestellten Ergebnissen hervorgeht, kann die Daueraktivität auf die mittlere (= Ruhe-) Erregung der Lagereceptoren zurückgeführt werden; diese Erregung wird durch die Scherung modifiziert. Die nach einseitiger Entstatung auftretende Drehtendenz würde also auf die große Erregungsdifferenz zwischen rechts und links zurückzuführen sein, die durch den einseitigen Ausfall der Lagereceptoren-Erregung entsteht.

Doch kann eine durch Lagereceptoren verursachte Erregungsdifferenz nicht die (alleinige) Ursache für die Auslösung der Kompensation sein. Denn bei intakten Fischen, die sich z. B. bei Seitenlicht um die Längsachse zur Seite neigen, liefern die Lagereceptoren auch eine Erregungsdifferenz, und dennoch sind Kompensations-, d. h. Anpassungserscheinungen nicht festzustellen, der Statolithenapparat adaptiert nicht [v. HOLST (1950a)]. Ebenfalls gegen die Annahme, es könne die Kompensation durch den Ausfall der Lagereceptoren ausgelöst werden, spricht, daß stets genau bis zum Ausgleich der lageunabhängigen Daueraktivität kompensiert wird, auch wenn der Fisch im Seitenlicht gehalten wird und daher immer schräg steht, d. h. sich in Scherungslage befindet [L. SCHOEN (1950), v. HOLST (1950a)]. Unsere Vorstellungen über die Tätigkeit der Lagereceptoren einerseits und über die Kompensationsvorgänge andererseits führen somit zu zwei Forderungen: einmal muß diejenige Aktivität des Sinnesepithels, deren Ausfall die Kompensation in Gang setzt, sich qualitativ von der Aktivität der Lagereceptoren unterscheiden; zum anderen muß durch die Kompensation die Ruheerregung der Lagereceptoren ausgeglichen werden.

Folgende Möglichkeit würde diesen Forderungen gerecht: Die Kompensation wird durch den Ausfall eines lageunabhängigen· Erregungslieferanten des Sinnesepithels in Gang gesetzt; sie wird beendet, wenn dieser Ausfall zentral ausgeglichen ist. Die Kompensation der Lagereceptoren-Erregung ist mit der Kompensation des anderen Erregungslieferanten gekoppelt, und zwar so, daß bei Beendigung der Kompensation gerade die Ruheerregung des Lagereceptors ausgeglichen ist.

Nach diesen Überlegungen spielen die Lagereceptoren für die *Auslösung* der Kompensation keine Rolle. Dagegen beeinflussen sie den *Ablauf* der Kompensation. Unter Dauereinwirkung von 2 g kompensieren Fische in etwa einem Drittel des Zeitraumes, den andere bei 1 g brauchten [L. SCHOEN (1950)], wie man annehmen darf, wegen der durch die Verdoppelung der Scherung verursachten Verdoppelung der Erregung der Lagereceptoren. Auch der Verlauf der Kompensationskurve läßt sich in diesem Sinne deuten. In den ersten Tagen nach der Entstatung, in denen die Fische noch sehr schräg stehen, geht die Kompensation rasch voran, je mehr die Fische sich aufrichten, desto langsamer geht die Kompensation weiter.

Eine Reihe von zentralen Faktoren, die den Kompensationsgang beeinflussen, und die sich vermutlich auf den zentralen Ausgleichsprozeß auswirken, fand man an Fröschen: Diese kompensieren im Dunkeln ebenso schnell wie im Licht (A. KOLB); operative Ausschaltung des Auges der Labyrinth-Seite dagegen verzögert die Kompensation. Fördernd auf die Kompensation wirkt die afferente Erregung aus gleichseitigen Spinalwurzeln des Plexus lumbalis, Abtrennung der motorischen Wurzeln dieses Plexus, Rückenmarktrennung zwischen 4. und 5. Wirbel oder kurz hinter der Medulla oblongata und die gleichseitige Vorderhirnhälfte [BIRUKOW (1952)].

Krebse weisen den Fischen gegenüber einige Besonderheiten in der Kompensation auf [SCHÖNE (1954)]. Sie vermögen eine durch Scherung verursachte Erregung zu kompensieren: Nach Entfernung einer Statolithenmasse wird in der Normallage eine schwache Drehtendenz sichtbar; sie beruht auf der Scherungswirkung der intakten Statolithenmasse, die infolge der Neigung der beiden Statocysten gegeneinander in der Normallage vorhanden ist. Diese Scherungswirkung wird kompensiert (vgl. Abb. 2e). Ebenso wird auch der Erregungsunterschied zwischen rechts und links kompensiert, der infolge ungleicher Statolithenfüllung der beiden Statocysten entsteht. Diese Fähigkeit ist für alle Krebse wichtig, die sich nach jeder Häutung ihre Statolithen selbst einfüllen. Denn dabei wird eine symmetrische Abmessung der Statolithengewichte oft nicht erreicht. Das System hat jedoch den Nachteil, daß auch die durch eine länger dauernde Scherung verursachten Erregungen kompensiert werden: die Statocyste adaptiert langsam (SCHÖNE, unveröff. Beobachtungen).

Der durch Kompensation erreichte Gleichgewichtszustand ist für lange Zeit von sehr labiler Art. Noch Wochen und Monate nach der einseitigen Entstatung wird ein Tier wieder rückfällig, wenn es in „aufregende" Situationen gerät: Ein Stichlingsmännchen, das plötzlich einen Nebenbuhler sieht, gerät wieder in wilde Rotationen um die Längsachse [v. HOLST (1950c)]; ein Hund, vor dem ein Kaninchen auftaucht, zeigt beim Versuch, es zu jagen, wieder die typischen Bewegungsstörungen (CAMIS); Garnelen schwimmen rotierend davon, wenn man sie zu fangen versucht (Beob. d. Verf.). Es scheint infolge der plötzlich stark ansteigenden zentralnervösen Aktivität der zentrale Kompensationszustand gestört zu werden.

b) Kompensation im optischen Lageapparat

Ein intakter Fisch, der sich zwischen Schwerkraftrichtung und seitlich einfallendem Licht schräg einstellt, ändert auch bei Dauereinwirkung des Seitenlichtes seine Schräglage nicht. Ebenso behält ein Fisch die Schräglage bei, die er bei Oberlicht infolge mechanischer Verstellung beider Augen einnimmt (vgl. S. 195). In beiden Fällen registriert der optische Lage-Apparat eine Verschiebung des Lichtes. Sie wird nicht kompensiert. Wenn dagegen ein Auge entfernt wird, so setzt ein Kompensationsprozeß ein, der auch den durch die mechanische Augenverstellung bedingten Effekt mit ausgleicht (v. HOLST u. L. SCHOEN). Auch im optischen Lageapparat des Fisches ist also ein Eingriff in den Receptorenbestand notwendig, um eine Kompensation in Gang zu setzen, ähnlich wie beim Statolithenapparat.

Die Kompensation erfolgt zentral. Wird bei einem kompensierten Fisch auch das andere Auge entfernt, so dreht er sich in entgegengesetztem Sinne um die Längsachse wie nach der ersten Entäugung, d. h. mit der erstoperierten Seite voran [v. HOLST (1935)].

Die Kompensation hängt von der Intensität des Lichtes ab: Ein einseitig entäugter Fisch (schwarzer Tetra) steht am Operationstag im allseits gleichhellen Licht, z. B. 40° zur sehenden Seite geneigt. Wird die Intensität auf 0,6% herabgesetzt, so geht die Neigung bis auf etwa 10° zurück. 13 Tage nach der Operation neigt sich dieser Fisch bei Ausgangsintensität nur noch etwa 10° zur sehenden Seite, eine Intensitätsverminderung auf 0,6% läßt ihn sich auf etwa 25° zur geblendeten Seite legen [L. SCHOEN (1951)]. Diesem Ergebnis entspricht das Verhalten einseitig entäugter Fische, die nach der v. HOLSTschen Methodik (S. 165) im gerichteten Licht untersucht wurden. Die Lichtrichtung wurde senkrecht zur Fischlängsachse verändert und die Schräglage gemessen. Bei herabgesetzter Intensität sind alle Schräglagen um einen annähernd gleichbleibenden Betrag zu geblendeten Seite verschoben.

Aus diesen Versuchen ist zu schließen, daß sich bei der Kompensation zentral ein Zustand einstellt, der die drehende Wirkung des noch verbliebenen Auges aufhebt und der von der Intensität abhängig ist.

Wir können annehmen, daß beim einseitig entäugten Tier jede Intensitätsänderung eine Verschiebung der physiologischen Lichtresultierenden mit sich bringt. In deren Errechnung gehen nicht nur die verschiedenen Lichter des Sehbereichs ein, sondern auch die zentrale Kompensationserregung. Mit dieser Annahme sind auch die starken Einschwingvorgänge, die der einseitig entäugte Fisch bei Wechsel von Oberlicht und Dunkelheit zeigt, zu verstehen (vgl. S. 186).

Dytiscidenlarven kompensieren im Gegensatz zu Fischen auch den durch Kappenblendung verursachten Lichtausfall, d. h. sie gleichen die durch die Blendung verursachte Verschiebung des physiologischen Lichtschwerpunktes aus. Das gilt sowohl für einseitige Blendung als auch für symmetrische Blendung vorderer oder hinterer Augengruppen [SCHÖNE (1951, 1952)]. Diese Kompensation ist von der Intensität abhängig: Auf eine Verminderung der Intensität hin rotieren kompensierte Larven zur geblendeten Seite; wenn die Intensität erhöht wird, rotieren sie zur sehenden Seite. Eine ähnliche Deutung läßt sich für die Beobachtung MITTELSTAEDTs (1950) an teilgeblendeten, fliegenden Libellen geben: Bei Ausgangsintensität rotieren die Tiere zur sehenden Seite, von einem bestimmten Grad der Intensitätsminderung an aber zur geblendeten Seite.

Literatur

ADRIAN, D.: Discharges from vestibular receptors in the cat. J. Physiol. **101**, 389 bis 407 (1943).

ALVERDES, F.: Stato-, Photo- u. Tangoreaktionen bei zwei Garneelenarten. Z. vergl. Physiol. **4**, 700—765 (1926).

ANDERSON, S., and B. E. GERNANDT: Cortical projection of vestibular nerve in cat. Acta oto-laryng. (Stockh.) Suppl. **116** (1954).

BAUMGARTEN, R. v., u. A. MOLLICA: Der Einfluß sensibler Reizungen auf die Entladungsfrequenz kleinhirnabhängiger Reticulariszellen. Pflügers Arch. ges. Physiol. **259**, 79—96 (1954).

— — u. G. MORUZZI: Modulierung der Entladungsfrequenz einzelner Zellen der substantia reticularis durch corticofugale u. cerebelläre Impulse. Pflügers Arch. ges. Physiol. **259**, 56—78 (1954).

BENJAMINS, C. E.: Contribution à la connaissance des réflexes toniques des muscles de l'oeil. Arch. néerl. Physiol. **2**, 536—544 (1918).

— u. E. HUIZINGA: Untersuchungen über die Funktion des Vestibularapparates bei der Taube. II. Mitteilung. Pflügers Arch. ges. Physiol. **220**, 565—582 (1928).

— — Untersuchungen über die Funktion des Vestibularapparates bei der Taube. III. Mitteilung. Pflügers Arch. ges. Physiol. **221**, 105—118 (1928).

BENNINGHOFF, A.: Lehrbuch der Anatomie des Menschen. 3. Band: Nervensystem, Haut und Sinnesorgane. München-Berlin: Urban & Schwarzenberg 1950.

BIRUKOW, G.: Studien über statisch-optisch ausgelöste Kompensationsbewegungen u. Körperhaltung bei Amphibien. Z. vergl. Physiol. **34**, 448—472 (1952).

BIRUKOW, G.: Photogeomenotaxis bei *Geotrupes silvaticus*. Panz. und ihre zentralnervöse Koordination. Z. vergl. Physiol. 36, 176 (1954).

BÖHM, H.: Studium gen. 4, 28—41 (1951).

BRAEMER, W.: Verhaltungsphysiologische Untersuchungen am optischen Lageapparat bei Fischen. Z. vergl. Physiol. 39, 374—398 (1957).

— Zur Gleichgewichtsorientierung schrägstehender Fische. Z. vergl. Physiol. 40, 529—542 (1958).

BREUER, J.: Über die Funktion der Otolithenapparate. Pflügers Arch. ges. Physiol. 48, 195—306 (1891).

BUCHANAN, A. R.: The course of secondary vestibular fibres in the cat. J. comp. Neurol. 67 (1937).

BUDDENBROCK, W. v.: Über die Orientierung der Krebse im Raum. Zool. Jb., Zool. Physiol. 34, 479—515 (1915).

— Vergleichende Physiologie. Bd. I, Sinnesphysiologie. Basel: Birkhäuser 1952.

— u. I. MOLLER-RACKE: Beitrag zum Lichtsinn der Fliege *Eristalomyia tenax*. Zool. Anz. 149, 51—61 (1952).

BURKHARDT, D.: Die Sinnesorgane der Skelettmuskeln und die nervöse Steuerung der Muskeltätigkeit. Erg. Biol. 20, 27—66 (1958).

CAMIS, M.: The physiology of the vestibular apparation. Transl. and annotated by R. S. Creed, Oxford: Clarendon Press 1930.

COHEN, M. J.: The function of receptors in the statocyst of the lobster *Homarus americanus*. J. Physiol. 130, 9—34 (1955).

CROZIER, W. J., and W. H. COLE: The phototropic excitation of *Limax*. J. Physiol. 12, 669—674 (1929).

— and T. J. B. STIER: Geotropic orientation in Arthropods. II. *Tetraopes*. J. Physiol. 12, 675—693 (1929).

DEMBOWSKY, J. B.: Notes on the behaviour of the fiddler crab. Biol. Bull. 50, 179—201 (1926).

DIJKGRAAF, S.: Bau und Funktionen der Seitenorgane und des Ohrlabyrinths bei Fischen. Experientia (Basel) 8, 205—216 (1952).

— Kompensatorische Augenstieldrehungen und ihre Auslösung bei der Languste. Z. vergl. Physiol. 38, 491—520 (1956).

— Structure and functions of the statocyst in crabs. Experientia (Basel) 22, 394 bis 399 (1956).

ELDRED, E., R. GRANIT and P. A. MERTON: Supraspinal control of the muscle spindles and its significance. J. Physiol. 122, 498—523 (1953).

FAUVEL, P.: Recherches sur les otocystes des annélides polychètes. Ann. Sci. nat. Zool., 9. Ser., T. 6, 1—149 (1907).

FLEISCH, A.: Tonische Labyrinthreflexe auf die Augenstellung. Pflügers Arch. ges. Physiol. 194, 554—573 (1922).

FRAENKEL, G.: Der statische Sinn der Medusen. Z. vergl. Physiol. 2 (1925).

— Die Mechanik der Orientierung der Tiere im Raum. Biol. Rev. 6, 37—84 (1931).

FRIEDRICH, H.: Studien über die Gleichgewichtserhaltung und Bewegungsphysiologie bei *Pterotrachea*. Z. vergl. Physiol. 16, 345—361 (1932).

FRISCH, K. v.: Die Sonne als Kompaß im Leben der Bienen. Experientia (Basel) 6, 210—221 (1950).

FRÖHLICH, A.: Studien über die Statocysten wirbelloser Tiere. I. Versuche an Cephalopoden usw. Pflügers Arch. ges. Physiol. 102, 415—473 (1904).

— II. Versuche an Krebsen. Pflügers Arch. ges. Physiol. 103, 149—169 (1904).

GERNANDT, B., and C. A. THULIN: Vestibular connections of the brainstem. Amer. J. Physiol. 171, 121—133 (1952).

GRANIT, R.: Receptors and sensory perception. New Haven: Yale University Press 1955.

GROEN, J. J.: The semicircular canal system of the organs of equilibrium-I. Physics in Medicine and Biol., October 1956.
— O. LOWENSTEIN and A. J. H. VENDRIK: The mechanical responses from the end-organs of the horizontal semicircular canal in the isolated elasmobranch labyrinth. J. Physiol. 117, 329—396 (1952).
HOLST, E. v.: Über den Lichtrückenreflex bei Fischen. Pubbl. Staz. Napoli 15, 143—158 (1935).
— Die Arbeitsweise des Statolithenapparates bei Fischen. Z. vergl. Physiol. 32, 60—120 (1950a).
— Die Tätigkeit des Statolithenapparates im Wirbeltierlabyrinth. Naturwissenschaften 37, 265—272 (1950b).
— Quantitative Messungen von Stimmungen im Verhalten der Fische. Symp. Soc. exp. Biol. 4, Animal behaviour (1950c).
— Einfluß der nichtbelichteten Retina auf das Gleichgewichtsverhalten von Fischen. Naturwissenschaften 41, 507—508 (1954).
— Zentralnervensystem. Fortschr. Zool. 10 (1956).
— Zentralnervensystem. Die Funktionsstruktur des Zwischenhirns. Fortschr. Zool. 11 (1958).
— u. H. MITTELSTAEDT: Das Reafferenzprinzip. Naturwissenschaften 37, 265—272 (1950).
— u. L. SCHOEN: Der Einfluß mechanisch veränderter Augenstellungen auf die Richtungslokalisation bei Fischen. Z. vergl. Physiol. 36, 433—442 (1954).
JACOB, W.: Über das Labyrinth der Pleuronectiden. Zool. Jb., Allg. Zool. 44, 523—574 (1928).
JANDER, R.: Die optische Richtungsorientierung der roten Waldameise. Z. vergl. Physiol. 40, 162—238 (1957).
KATZ, B.: Actions potentials from a sensory nerve ending. J. Physiol. 111, 248 bis 260 (1950).
— Depolarization of sensory terminals and the initiation of impulse in the muscle spindle. J. Physiol. 111, 261—282 (1950).
KEMPINSKY, W., and A. WARD: Effect of section of vestibular nerve upon cortically induced movement in cat. J. Neurophysiol. 13, 295—304 (1950).
KINZIG, H.: Untersuchungen über den Bau der Statocysten einiger dekapoden Crustaceen. Verh. Naturhist. med. Ver. Heidelberg 14 (1918).
KOELLA, W. P.: Influence of position in space on cerebellar inhibitory and facilitory effects in the cat. Amer. J. Physiol. 173, 443—448 (1953).
— H. NAKAO, R. L. EVANS and J. WADA: Interaction of vestibular and proprioceptive reflexes in the decerebrate cat. Amer. J. Physiol. 185, 607—613 (1956).
KOLB, A.: Untersuchungen über zentrale Kompensation und Kompensationsbewegungen einseitig entstateter Frösche. Z. vergl. Physiol. 37, 136—160 (1955).
KÜHN, A.: Die Orientierung der Tiere im Raum. Jena: G. Fischer 1919.
KUIPER, J. W.: The microphonic effect of the lateral line organ. Publ. of the Biophys. group of the „Natuurkundig Laboratorium" Groningen 1956.
KÜPFMÜLLER, K.: Die Systemtheorie der elektrischen Nachrichtenübertragung. Leipzig: S. Hirzel 1949.
LOWENSTEIN, O.: Experimentelle Untersuchungen über den Gleichgewichtssinn der Ellritze. Z. vergl. Physiol. 17, 806—854 (1932).
— Labyrinth und Equilibrium. Symp. Soc. exp. Biol. 4, Animal Behaviour (1950).
— The effect of galvanic polarization on the impulse discharge from sense-endings in the isolated labyrinth of the thornback Ray. J. Physiol. 127, 104—117 (1955).
— and R. D. M. ROBERTS: The equilibrium function of the otolith organs of the thornback Ray. J. Physiol. 110, 392—415 (1949).

LYON, E. P.: A contribution to the comparation physiology of compensatory motions. Amer. J. Physiol. 3, 86 (1899).

McCULLOCH, W. S., and J. PFEIFFER: Of digital cornputers called brains. The Scientific Monthly 69, 368—376 (1949).

McNALLY, W. J., and J. TAIT: Ablation experiments on the labyrinth of the frog. Amer. J. Physiol. 75, 155—179. (1925).

MAGNUS, R.: Körperstellung. Berlin: Springer 1924.

— u. A. DE KLEYN: Über die Funktion der Otolithen, Otolithenstand bei den tonischen Labyrinthreflexen. Pflügers Arch. ges. Physiol. 186, 6—38 (1921).

MAGOUN, H. W.: Physiol. Rev. 30, 459 (1950).

MAXWELL, S. S.: Labyrinth and Equilibrium. Philadelphia u. London 1923.

MITTELSTAEDT, H.: Physiologie des Gleichgewichtssinnes bei fliegenden Libellen. Z. vergl. Physiol. 32, 422—463 (1950).

— Zur Analyse physiologischer Regelungssysteme. Verh. dtsch. Zool. Ges. Wilhelmshaven 1951.

— Reafferenzprinzip und Optomotorik. Zool. Anz. 151 (1953).

— Regelung und Steuerung bei der Orientierung der Lebewesen. Regelungstechnik 2, 225—248 (1954).

— Regelung in der Biologie. Regelungstechnik 2, 177—200 (1954).

OPPELT, W.: Kleines Handbuch technischer Regelvorgänge. Weinheim/Bergstr.: Verlag Chemie G.m.b.H. 1954.

QUIX, F. H., and O. WERNDLY: The otolithic pressure as a function of the position of the cranium. Verh. Kon. Akad. Wetensch. Z. Section 23 (1924).

RAABE, W.: Beiträge zum Orientierungsproblem der Wasserwanzen. Z. vergl. Physiol. 35, 300—325 (1953).

ROSS, P. T.: Electrical studies on the frogs labyrinth. J. Physiol. 86, 117—146 (1936).

SCHMIDT, H.: Die Regelungstechnik als technisches und biologisches Grundproblem. Z. VDJ 85, 81—88 (1941).

SCHOEN, L.: Quantitative Untersuchungen über die zentrale Kompensation nach einseitiger Utriculusausschaltung bei Fischen. Z. vergl. Physiol. 32, 121—150 (1950).

— Das Zusammenspiel beider Augen als Gleichgewichtsorgane der Fische. Verh. dtsch. Zool. Ges. Wilhelmshaven 1951.

— Mikroableitungen einzelner zentraler Vestibularisneurone von Knochenfischen bei Statolithenreizen. Z. vergl. Physiol. 39, 399—417 (1957).

— u. E. v. HOLST: Das Zusammenspiel von Lagena und Utriculus bei der Lageorientierung der Knochenfische. Z. vergl. Physiol. 32, 552—571 (1950).

SCHÖNE, H.: Die Lichtorientierung der Larven von *Acilius sulcatus* L. und *Dytiscus marginalis* L. Z. vergl. Physiol. 33, 63—98 (1951).

— Zur optischen Lageorientierung (Lichtrückenorientierung) von Dekapoden. Naturwissenschaften 39, 552—553 (1952).

— Statocystenfunktion und statische Lageorientierung bei dekapoden Krebsen. Z. vergl. Physiol. 36, 241—260 (1954).

— Über den optischen Lageapparat der Krebse. Verh. dtsch. Ges. Erlangen 1955.

— Kurssteuerung mittels der Statocysten (Messungen an Krebsen). Z. vergl. Physiol. 39, 235—240 (1957).

— Complex behaviour. In: T. H. WATERMANN, Physiology of Crustacea. New York: Academic Press 1958 (im Druck).

SPIEGEL, E. A., u. S. D. DEMETRIADES: Die zentrale Kompensation des Labyrinthverlustes. Pflügers Arch. ges. Physiol. 210, 215—222 (1925).

SPRAGUE, J. M., and W. W. CHAMBERS: Regulation of posture in intact and decerebrate cat. I. Cerebellum, Reticular Formation Vestibular Nuclei. J. Physiol. **16**, 451—463 (1953).

SZENTAGOTHAI, J.: Die Rolle der einzelnen Labyrinthrezeptoren bei der Orientation von Augen und Kopf im Raum. Budapest: Akademiai, Kiado 1952.

TAIT, J., and W. J. McNALLY: Some features of the action of the utricula maculae (and the associated action of the semicircular canals) of the frog. Philos. Tran. Roy. Soc. London. B **224**, 241 (1934).

TRINCKER, D.: Bestandspotentiale im Bogengangssystem des Meerschweinchens und ihre Änderungen bei experimentellen Cupula-Ablenkungen. Pflügers Arch. ges. Physiol. **264**, 351—382 (1957).

TSCHACHOTIN, S.: Die Statocyste der Heteropoden. Z. wiss. Zool. **90**, 344—413 (1908).

ULRICH, H.: Die Funktion der Otolithen, geprüft durch direkte mechanische Beeinflussung am lebenden Hecht. Pflügers Arch. ges. Physiol. **235**, 548—553 (1935).

VERSTEEGH, C.: Ergebnisse partieller Labyrinthexstirpation bei Kaninchen. Acta oto-laryng. (Stockh.) **11**, 396—407 (1927).

VOWLES, D. M.: The orientation of ants (II. orientation to light, gravity and polarized light). J. exp. Biol. **31**, 356—375 (1954).

VRIES, H. DE: The mechanism of the labyrinth otoliths. Acta oto-laryng. (Stockh.) **38**, 262—273 (1950).

— Physical aspects of the sense organs. Progr. Biophys. **6**, 208—263 (1956).

WAGNER, R.: Biologische Regelmechanismen. Z. VDI **36**, 123—130 (1954).

WARD, A. A.: Decerebrate rigidity. J. Neurophysiol. **10**, 89—103 (1947).

WERNER, C. F.: Studien über die Otolithen der Knochenfische. Z. Zool. **131**, 502 bis 587 (1928).

WIENER, N.: Cybernetics. New York: J. Wiley 1949.

YAGI, N.: Phototropism of *Dixippus morosus*. J. gen. Physiol. **11**, 257 (1928).

Namenverzeichnis
Author Index

Die *kursiv* gesetzten Seitenzahlen beziehen sich auf die Literatur
Page numbers in *italics* refer to the bibliography

Sachverzeichnis

Subject Index

Berichtigung zum Band XX

Im Beitrag „Selektive Befruchtung" von *Carl-Gerold Arnold*, Seite 79, letzte Zeile und Seite 80, Zeilen 1—6, muß es heißen:

Die B-Pollenschläuche werden grundsätzlich auch von den B-Samenanlagen angezogen, aber **nicht so schnell wie von den l-Samenanlagen.** Das Ergebnis der $B \cdot l \times B \cdot II$-Kreuzung bei spärlicher Bestäubung wird also dadurch bedingt, daß zwar die Stärke des Anziehungsvermögens (= Affinität) von B, bzw. $l - B$ gleich ist, daß aber die Geschwindigkeit, mit der die l-Samenanlagen den B-Pollen anziehen, höher ist als . . .